U0170017

高岭土高值化及其应用

郑玉婴 著

科学出版社

北京

内 容 简 介

本书针对高岭土进行高值化改性，设计和制备了聚丙烯/高岭土、尼龙 6/高岭土、高岭土/PVC、聚丙烯酰胺/高岭土等系列复合材料，系统研究、探讨了复合材料结构与性能的变化，以期获得高岭土高值化及高岭土/聚合物复合材料，为实现高岭土系列复合材料的应用提供了理论指导与实践基础。

本书可供材料科学研究人员和生产人员及材料科学有关专业的高校师生参考阅读。

图书在版编目（CIP）数据

高岭土高值化及其应用 / 郑玉婴著. —北京：科学出版社，2021.12

ISBN 978-7-03-070261-6

Ⅰ. ①高⋯ Ⅱ. ①郑⋯ Ⅲ. ①高岭土–研究 Ⅳ. ①P619.23

中国版本图书馆 CIP 数据核字(2021)第 219792 号

责任编辑：贾 超 高 微 / 责任校对：杨 赛
责任印制：吴兆东 / 封面设计：东方人华

科 学 出 版 社 出版
北京东黄城根北街 16 号
邮政编码：100717
http://www.sciencep.com

北京中科印刷有限公司 印刷
科学出版社发行 各地新华书店经销
*
2021 年 12 月第 一 版 开本：720×1000 1/16
2021 年 12 月第一次印刷 印张：19
字数：380 000
定价：**138.00 元**
（如有印装质量问题，我社负责调换）

前　　言

我国是高岭土资源比较丰富的国家,高岭土开采方便、价格低廉、应用广泛。目前我国高岭土资源绝大部分应用在一些较为低端的行业。福建龙岩是中国高岭土的主要产地之一,但是福建龙岩高岭土和广东茂名高岭土在品质上还有差距。本书以福建和广东高岭土为原料,研究龙岩高岭土的改性及应用以提高其附加值,扩大其应用领域。

高岭土是一种典型的层状硅酸盐,是迄今发现的最适宜用于制备纳米复合材料的无机相之一。采用插层的方法将这种层状结构剥离,可以得到制备纳米复合材料的前驱体。本书以福建和广东高岭土为主要原料,采用一次插层和二次插层等不同手段,研究龙岩高岭土的插层工艺,采用原位聚合等新方法赋予插层土功能化基团,将其应用在不同的聚合物中。

以龙岩高岭土为主要原料,采用乙酸钾、二甲亚砜(DMSO)和尿素三种插层物改性高岭土,考察这三种插层物对高岭土的插层效果。采用甲醇对 DMSO 预插层高岭土进一步插层,扩大高岭土的插层范围。然后用苯乙烯原位聚合的方法,制备高岭土/聚苯乙烯插层复合物。将其应用到等规聚丙烯(iPP)聚合物中,制备PP/Kao-PS 纳米复合材料,考察插层复合物对聚丙烯聚合物的结构和力学性能的影响。研究聚丙烯/高岭土纳米复合材料的等温和非等温结晶动力学。用结晶动力学理论研究复合材料的球晶生长速率,利用 Kissinger 法和 Cebe 法计算复合材料的结晶活化能。

熔融法制备聚丙烯/高岭土复合材料,研究偶联剂种类、偶联剂用量、不同表面处理条件、相容剂用量等因素对聚丙烯/高岭土复合材料的结构和性能的影响。

将甲醇插层高岭土与 4, 4′-二苯基甲烷二异氰酸酯(MDI)和己内酰胺发生反应,改性后的高岭土内表面接有酰亚胺基团(Kao-CL),具备成为己内酰胺阴离子开环聚合活性中心的条件,考察聚合条件对己内酰胺阴离子聚合的影响。用 Jeziorny 法、Ozawa 法和莫志深方法研究 MCPA6 和 MCPA6/Kao-CL 复合材料的非等温结晶动力学。

合成一系列羊毛酸金属皂稳定剂,并研究稀土复合稳定剂的结构与性能,将其应用于高岭土/PVC 纳米复合材料,考察稀土复合稳定剂对高岭土/PVC 纳米复合材料的力学性能、加工流变性能和热稳定性能的影响。

采用铝钛复合偶联剂对高岭土进行有机化改性处理,抑制高岭土的团聚,改善无机高岭土粒子与 PVC 的相容性，提高高岭土在 PVC 基质中的分散性，制备高岭土/PVC 复合材料，研究高岭土表面偶联剂改性前后对 PVC 性能的影响。考察高岭土在 PVC 体系中与钡锌稳定剂形成协同效应，以提高高岭土/PVC 复合材料体系的热稳定性。

采用甲醇置换 K/DMSO 插层复合物中的 DMSO，制备高岭土/甲醇插层复合物，以此为前驱体与表面活性剂十六烷基三甲基氯化铵(CTAC)进行插层反应，制备卷状高岭土插层复合物。以卷状高岭土插层复合物为原料，研究高温煅烧和盐酸溶液洗涤对卷状高岭土插层复合物的结构的影响，并制备二氧化硅纳米管。以二氧化硅纳米管为载体，采用溶胶-凝胶法与二氧化钛(TiO_2)复合制备复合光催化剂，研究复合光催化剂的光催化降解效率。

以茂名高岭土为原料，利用液相插层法将 DMSO 分子插入高岭土层间，研究 DMSO 浓度、反应时间对复合物插层率的影响，制备插层率高达 98.2%的 K/DMSO 复合物。采用甲醇二次插层置换，制备高岭土/甲醇复合物。高岭土/甲醇复合物湿样层间距为 1.08 nm。以片状高岭土/甲醇复合物湿样为前驱体，表面活性剂 CTAC 为插层的方法，制备高岭土纳米卷。纳米卷内径约 20 nm，CTAC 分子排列于纳米卷壁间，纳米卷壁间距 3.76 nm。高岭土片层的卷曲和剥离同时进行，随着 CTAC 甲醇溶液浓度的增加和反应时间的延长，高岭土纳米卷的内径基本不变，卷壁层数、外径增加，高岭土的卷曲程度更高。卷壁间 CTAC 分子被洗去后，纳米卷/甲醇复合物仍然保持卷状结构，纳米卷内径基本不变、卷壁收缩，卷壁间距在湿态和自然风干后分别为 1.10 nm 和 0.86 nm。高岭土纳米卷形成机理与 CTAC 分子的插层减弱高岭土层与层间的作用、加强高岭土铝氧八面体和硅氧四面体的不适应性以及表面活性剂的模板效应有关。

以高岭土/甲醇复合物湿样为前驱体，丙烯酰胺单体插入高岭土层间，热引发聚合制备聚丙烯酰胺/高岭土插层复合材料，聚合前后高岭土层间距均为 1.13 nm。

制备高岭土有机插层复合物，研究 DMSO 浓度、反应时间对高岭土有机复合物的影响，优化高岭土有机插层复合物的反应条件。使用甲醇二次插层时，分析置换次数对高岭土/甲醇复合物插层率的影响。采用激光粒度分析仪、场发射透射电子显微镜(FE-TEM)、粉末 X 射线衍射仪(XRD)、傅里叶变换红外光谱仪(FTIR)、热重分析(TG)、^{29}Si 交叉极化/魔角旋转核磁分析(^{29}Si CP/MAS NMR)等手段对高岭土有机复合物进行表征，分析其结构和性能。

制备高岭土纳米卷，研究表面活性剂浓度、反应时间对高岭土纳米卷形貌的影响。利用 XRD、FTIR、SEM、TEM、N_2 吸附-脱附测试、^{29}Si CP/MAS NMR 等手段对高岭土纳米卷的结构与性能作表征。

制备聚丙烯酰胺/高岭土插层复合材料、聚丙烯酰胺/高岭土纳米卷复合材料，以丙烯酰胺单体分别插入高岭土层间和高岭土纳米卷壁间，原位聚合制备了聚丙烯酰胺/高岭土插层复合材料、聚丙烯酰胺/高岭土纳米卷复合材料，利用 XRD、FTIR、TEM、紫外-可见漫反射光谱和 TG 对复合材料结构与性能进行表征。

　　制备聚丙烯/高岭土插层复合材料、聚丙烯/高岭土纳米卷复合材料。利用聚苯乙烯插层、包覆改性片状高岭土，与聚丙烯熔融共混挤出制备聚丙烯/高岭土插层复合材料。利用苯乙烯在纳米卷管内、壁间、表面原位聚合改性高岭土纳米卷，与聚丙烯熔融共混挤出首次制备聚丙烯/高岭土纳米卷复合材料。利用 XRD、FTIR 对改性高岭土、高岭土纳米卷进行表征。研究聚丙烯/高岭土插层复合材料和聚丙烯/高岭土纳米卷复合材料的断面形貌，改性高岭土、纳米卷在聚丙烯中分散性和界面相容性，复合材料热学性能和力学性能。

　　采用高岭土改性 PVC 膜材，探讨配方及工艺条件等因素对其性能的影响，为实际生产提供理论基础。

　　采用有机改性煅烧高岭土增强 PVC 薄膜，并利用 FTIR、TG、环境扫描电子显微镜(E-SEM)、扭矩流变仪、力学性能测试、XRD 和紫外-可见光谱等手段对改性高岭土及高岭土/PVC 复合材料的结构与性能进行了表征分析。

　　设计 PVC 增塑糊的基本配方，并利用旋转黏度仪分析配方各组分的添加量对体系黏度及其稳定性的影响，并通过 XRD、TG 和 E-SEM 等方法探索塑化温度与时间对 PVC 增塑糊固化性能的影响。

　　以高岭土原土为原材料，经过多次置换插层、煅烧、酸洗等工序得到二氧化硅纳米管，并以此为载体采用溶胶-凝胶法制备 TiO_2 负载二氧化硅纳米管(TiO_2-SiNT)光催化剂。利用 XRD、FTIR、SEM、^{29}Si CP/MAS NMR、TEM 和 TG 对其进行了结构与性能表征。

　　将 TiO_2-SiNT 催化剂作为改性剂添加到含氟涂层剂中，并对膜材进行表面处理，经过 1000 h 紫外加速老化后，以及在户外暴露 6 个月，考察膜材白度、光泽度和表面耐污等性能变化。

　　尼龙 6(PA6)分子中含有酰胺键，其强烈的氢键作用使 PA6 分子间具有较大的作用力，使得 PA6 材料拥有优良的力学性能，因此在许多场合中代替金属，成为应用最广泛的工程塑料之一。随着工业 4.0 的到来，对承力部件、电子电器元件、汽车零件等提出了高强、质高等要求，PA6 的增强改性课题便随之提出。本书使用低廉易得的高岭土和高强度、高模量的芳纶纤维对 PA6 增强改性。为了提高高岭土/PA6 复合材料的界面强度，使用硅烷偶联剂 KH-791 对高岭土进行表面修饰。同时使用马来酸酐对芳纶纤维进行化学刻蚀，改变其表面粗糙程度和极性，改善芳纶纤维/PA6 复合材料的界面黏附性能。

　　通过力学性能测试和结构表征设计和制备高岭土/PA6 复合材料，然后使用马来酸酐对芳纶纤维进行刻蚀处理，增强芳纶纤维/PA6 复合材料的机械强度，将不同时间梯度处理后的芳纶纤维与 PA6 经均匀共混最后制成高性能芳纶纤维/PA6/

高岭土复合材料，研究三种组分质量比对复合材料结构和性能的影响。

本书是对所开展的部分研究工作和取得成果的详细介绍和总结。

全书共 19 章，第 1 章介绍高岭土结构、改性方法、聚合物/黏土复合材料研究现状、研究进展等；第 2 章介绍一次插层法制备高岭土有机复合物；第 3 章介绍功能化的高岭土插层复合物；第 4 章介绍聚丙烯/高岭土纳米复合材料；第 5 章介绍聚丙烯/高岭土纳米复合材料的结晶动力学；第 6 章介绍未改性煅烧高岭土/聚丙烯复合材料；第 7 章介绍微细煅烧高岭土的表面有机改性研究；第 8 章介绍尼龙 6/高岭土纳米复合材料；第 9 章介绍改性高岭土增强 PVC 薄膜；第 10 章介绍 PVC 增塑糊；第 11 章介绍 TiO_2/改性高岭土复合催化剂；第 12 章介绍 PVC 膜材表面处理及力学性能；第 13 章介绍新型稀土稳定剂的研究及其在聚氯乙烯/高岭土复合材料中的应用；第 14 章介绍二次插层法制备高岭土有机复合物；第 15 章介绍高岭土纳米卷；第 16 章介绍聚丙烯酰胺/高岭土纳米复合材料；第 17 章介绍聚丙烯/高岭土纳米卷复合材料；第 18 章介绍芳纶纤维/尼龙 6/高岭土复合材料；第 19 章对全书进行总结。

在本书编写过程中，研究生邓中文、郭勇、葛亮、李峰、龙海和王翔提供了研究工作内容，为本书的出版付出了辛勤努力，做出了贡献，在此表示由衷的谢意。

由于作者水平有限，书中难免有不妥和疏漏之处，敬请读者批评指正。

作　者

2021 年 12 月

目　　录

第1章 绪 论

1.1 引 言

早在20世纪60年代，曾经成功预言过地球同步通信卫星的著名科幻大师阿瑟·克拉克(Arthur C. Clarke)就预言纳米材料是未来人类走向太空的首选材料[1]。如今是纳米材料蓬勃发展的时代，以碳纳米管和石墨烯为代表的新型纳米材料引起越来越多科研工作者的关注。但是这些研究大多仅限于实验室阶段，真正用于现实还遥遥无期。但聚合物基纳米复合材料是现在能实现的，且已经有工业化的产品。

1987年日本丰田中央研究所的 Fukushima 和 Inagaki[2]将蒙脱土分散在尼龙中，开拓了聚合物黏土/纳米复合材料的新领域。直到现在，层状硅酸盐以及聚合物/层状硅酸盐纳米复合材料(polymer-layered silicate nanocomposites)一直是科研院所和高校的研究热点。

高岭土是一种典型的1∶1型层状黏土，具有良好的可选性、白度、分散性、绝缘性和耐火耐酸性。目前高岭土已经广泛应用于造纸、陶瓷、橡胶、化工、涂料、医药和国防等行业。我国对于高岭土等层状黏土的研究始于20世纪90年代，研究时间与日本和欧美等国家相比还比较短，相关高附加值产品的应用还处于起步阶段。因此，开展相关领域的理论和基础性研究有着十分重要的意义。

1.2 高 岭 土

1.2.1 高岭土资源分布

高岭土可以用通式 $Al_2Si_2O_5(OH)_4$ 来表示，主要呈土状和石状。我国高岭土已知矿点有700多处，其中200处矿点探明储量约为30亿吨。能用于造纸的非煤系高岭土主要储存在广东、广西、河北和福建等地。此外，巴西、英国、乌克兰是拥有丰富高岭土资源的国家，也是世界主要的高岭土生产国。

煤系高岭土是我国特色的高岭土资源[3]，主要分布在我国东北和西北的石炭-二叠纪煤系中，以煤层中夹矸、顶底板或单独矿层形式存在，具有矿层厚、分布广和易开采等特点。但是也存在杂质多、黏度大等缺点，需用煅烧等手段进行深加工才能应用。总体来说，我国高岭土储量高，但是质量大多不高，这也为高岭土产品提高附加值增加了难度。

目前，我国县级以上高岭土生产企业 100 多家。全国高岭土矿年生产能力超过 600 万吨，精选矿约 360 万吨。我国主要的高岭土生产厂家有如下几家。

(1)广东海印集团股份有限公司，1998 年在深圳证券交易所挂牌上市。目前海印集团旗下有广东茂名高岭科技有限公司和广西北海高岭科技有限公司两大生产基地，并于 2010 年参股加拿大 KALAMAZON 矿业公司，成为具备国际领先实力的高岭土企业。旗下茂名矿区高岭土的储量超过 1500 万吨的矿山，年生产能力为 30 万吨。北海矿区目前已探明高岭土储量 6070 万吨，远期储量预计超 1 亿吨，高岭土产品年产规模可达 100 万吨。

(2)中国高岭土有限公司，是上市公司中国中材集团有限公司的子公司。矿区位于苏州阳山。目前年采矿生产能力 27 万吨，年选矿生产能力 20 万吨，年高岭土粉生产能力 10 万吨。

(3)龙岩高岭土股份有限公司，其母公司为龙岩工贸发展集团有限公司(上市公司)。东宫下矿区位于龙岩市城北东直径约 4 km，原矿储量约 5294 万吨，公司生产规模为年产原矿 60 万吨，其中水洗精矿 5 万吨。

(4)淮北金岩高岭土开发有限责任公司，其母公司为淮北矿业(集团)有限责任公司(上市公司)和安徽雷鸣科化股份有限公司(上市公司)。其淮北矿区以煤系高岭土为主，已探明储量约 3.4 亿吨，年生产能力超过 20 万吨。

1.2.2 高岭土类型

高岭土矿主要依据成矿作用分类，主要分为风化、沉积和蚀变三大类。

(1)风化高岭土又分为风化残积亚型和风化淋积亚型。风化残积亚型主要分布在热带和亚热带地区。这些地区温度和降水量比较适合，为风化淋滤提供了条件，代表矿区为福建龙岩矿区。风化淋积亚型的形成与地表水和地下水的活动有关，是一种比较少见的矿床类型，主要分布在我国的四川、贵州和云南三省交界的地方。

(2)沉积高岭土又分为沉积风化亚型和黏土岩亚型。沉积风化亚型多沉积于断陷盆地、河谷洼地，又分为软质和砂质两类。其中砂质土白度高，含铁量低，是能用于纸张和涂料的高品质土。广东茂名高岭土就是沉积风化亚型砂质土的代表。黏土岩亚型多与煤矿伴生，山西大同和安徽淮北的高岭土就是这种类型。

(3)蚀变高岭土又分为热液蚀变亚型和热泉蚀变亚型。热液蚀变亚型与火山活动有关，多伴生明矾石、三水铝石等非黏土矿物，代表矿区为苏州阳山高岭土矿。热泉蚀变亚型与现代中、低温地热温泉有关，围岩为花岗石，主要分布在云南腾冲和西藏羊八井等地热区。

1.2.3　高岭土结构

高岭土族矿物主要包括高岭土、埃洛石、珍珠石和地开石四种。其中珍珠石和地开石很少见，埃洛石是一种层间含有水的高岭土。这里主要介绍高岭土的结构特征。

高岭土是典型的 1∶1 型二八面体层状硅酸盐。它由硅氧四面体和"氢氧铝石"八面体连接成的结构层沿 c 轴堆垛而成，并在 a 轴和 b 轴方向上连续延伸。高岭土的单元晶层一面为 OH 层，另一面为 O 层，羟基具有很强的极性，两层之间以强氢键结合（O—H 键长 0.289 nm），见图 1-1。高岭土的层间距只有 0.72 nm，几乎无晶格取代现象，在扫描电子显微镜（SEM）和透射电子显微镜（TEM）下可以看到六边形片状晶体结构，见图 1-2 和图 1-3。高岭土晶体结构主要是三斜晶系，晶体结构参数为 $a_0 = 0.514$ nm，$b_0 = 0.893$ nm，$c_0 = 0.737$ nm，$\alpha = 91.8°$，$\beta = 104.8°$，$\gamma = 90°$；$Z = 1$。

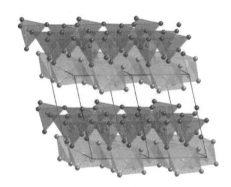

图 1-1　高岭土晶体结构图

图 1-2　高岭土的 SEM 照片

图 1-3　高岭土的 TEM 照片

1.3　高岭土表面改性的研究进展

用于聚合物填充改性的填料，无论是有机的、无机的还是金属粉末等，都和所填充的聚合物基体在极性上有所不同，甚至相差很大。当然，如果不经过表面改性处理就直接将这些填料填充至聚合物基体中也是可以的，但是这将造成填料在所填充塑料基体中分散不均匀，甚至发生团聚现象，也将造成填料与所填充基体界面作用力较弱，最终导致塑料材料各方面性能急剧下降，同时也将影响塑料材料的加工性能。而如果对填料进行预先表面处理，将会大大降低填料的表面能，使其由极性转变成非极性，从而与所填充塑料基体相容，大大改善填料在其中的分散情况，减少团聚现象，提高填料与基体材料的界面作用力，当复合材料受到外力作用时，由于强有力的界面结合力，部分外力会转移到填料上，继而提高复合材料的力学性能。

1.3.1　高岭土等填料改性方法

高岭土等填料在众多工业领域都有着广泛的应用，除了在塑料、陶瓷、化妆品、涂料和造纸业中应用广泛，还可作为污染物吸附剂等。为了提高无机粒子和聚合物复合材料的性能，需要对无机粒子进行表面改性。高岭土表面改性的方法主要如下几种。

1. 煅烧改性

高温煅烧高岭土可以脱除水和挥发性物质。煅烧温度一般为 500～1200℃。高温煅烧后的高岭土性质稳定，具有亮度高、化学稳定性和绝缘性好、磨耗度低和不透明性。

当煅烧温度接近 500℃时，高岭土中的羟基以蒸气的形式蒸发，晶体也跟着瓦解。随着温度的升高，羟基的脱除越来越快，一直持续到 650℃左右，此时水合铝硅酸盐变成以三氧化二铝 (Al_2O_3) 和二氧化硅 (SiO_2) 为主要组成的物质，称为煅烧陶土或偏高岭土；温度再升高，此时基本保持原来的多边形，高岭土经煅烧脱羟基之后变成了非晶质的高岭土结晶。

$$Al_2O_3 \cdot 2SiO_2 \cdot 2H_2O \xrightarrow{500\sim700℃} Al_2O_3 \cdot 2SiO_2 + 2H_2O$$
$$\text{高岭土} \qquad\qquad\qquad \text{偏高岭土}$$

$$(Al_2O_3 \cdot 2SiO_2) \xrightarrow{925℃} (Al_2O_3 \cdot 3SiO_2) + SiO_2$$
$$\text{偏高岭土} \qquad\qquad \text{硅尖晶石} \quad \text{方英石}$$

$$(Al_2O_3 \cdot 3SiO_2) \xrightarrow{\quad 1100℃ \quad} (Al_2O_3 \cdot SiO_2) + 2SiO_2$$
　　硅尖晶石　　　　　　　　　　似莫来石

$$(Al_2O_3 \cdot SiO_2) \xrightarrow{\quad 1400℃ \quad} (3Al_2O_3 \cdot 2SiO_2) + SiO_2$$
　　似莫来石　　　　　　　　　　莫来石

2. 酸碱处理

黏土矿物经过酸活化处理后，提高了表面和催化性能。黏土矿物的酸淋洗过程主要包括：黏土颗粒的解聚、矿物杂质的去除、八面体片层的溶解和 Si—O 四面体片发生缩聚形成 SiO_2。因此，黏土矿物的结构和化学组成发生改变，使得表面积、多孔性和酸活性中心增加，而这些变化主要取决于酸处理的强度。酸处理后黏土固体组分包含：未被酸攻击的黏土层和含水层、无定形及部分质子化的二氧化硅相。这些大比表面积的二氧化硅胶体用于吸附剂和催化剂载体方面有着巨大的潜力。然而，偏高岭土的酸活性的研究报道较少。理论上，在碱处理的过程中，偏高岭土中铝氧层和硅氧层都可以被溶解。人们对于纤维状黏土（海泡石、坡缕石）和蒙脱石（皂石、蒙脱土）的碱处理关注较少，而高岭土通过碱处理制备沸石材料的研究较多。

Belver 等[4]研究了高岭土在不同煅烧温度处理后与酸碱反应的活性，并证实盐酸处理可以制备活性 SiO_2，而氢氧化钾处理的产物是 K-F 沸石。以黏土矿物为硅源，如高岭土、蛭石、海泡石、莫来石等，通过强酸处理的方式制备活性 SiO_2 已经是一种稳定高效的方法。Okada 等[5,6]通过选择性酸淋洗去除 Al_2O_3，得到具有特殊纹理特性的 SiO_2 为主的产物。Barrer 等[7]采用碱溶液水热处理偏高岭土制备了 K-F 沸石，试验中通过添加一定量的 SiO_2 到反应介质中，分别得到了 K-I、K-M 和 L 型沸石，这主要取决于碱溶液的浓度和 SiO_2 的添加量。

3. 表面偶联改性

煅烧高岭土的表面偶联改性是指通过化学方法，使高岭土的表面包覆一层有机化合物（偶联剂），从而使高岭土表面由亲水疏油变为亲油疏水，这样可以提高高岭土在填充塑料或橡胶时与有机基体的相容性。高岭上依靠表面改性剂包覆等实现表面性质的变化，因此改性剂的选择和应用是表面改性的关键；此外，表面改性的工艺和设备也是改性技术的重要组成部分。

4. 表面包覆

高岭土的表面包覆是指在高岭土表面包覆一层有机物或无机物从而改进其性能的方法。该法简单方便、使用性强，对于要求不高的高岭土产品常用此法。

（1）物理涂覆：利用高聚物或者树脂等对粉体表面处理达到表面改性的工艺，是一种简单的改性工艺。采用简易共混法与超声波分散溶液共混法将 SiO_2 纳米粒子均匀分散到水溶性酚醛树脂中，通过测定改性后树脂涂敷砂的抗压强度，研究 SiO_2 纳米粒子的加入量对树脂涂敷力学性能的影响，确定改性树脂用 SiO_2 纳米粒子的最佳用量，并通过 SEM 分析采用简易共混法与超声波分散溶液共混法时 SiO_2 纳米粒子在树脂基体中分散性能的差异。结果表明，采用超声波分散溶液共混法分散纳米粒子要优于简易共混法，可以使 SiO_2 纳米粒子均匀地分散到酚醛树脂中，从而大幅度提高树脂的力学性能。但是当 SiO_2 纳米粒子用量过多时，易发生团聚，致使树脂力学性能反而下降，经试验确定，SiO_2 纳米粒子的最佳用量为树脂质量分数的 3%。

(2) 化学包覆：利用有机物分子中的官能团在无机粉体表面的吸附或者化学反应对颗粒表面进行包覆使颗粒表面改性的方法。将硬脂酸溶于热乙醇溶液包覆在稀土盐粉体表面，并将硬脂酸包覆后稀土盐粉体和热塑性聚氨酯共混制得防辐射复合材料，研究硬脂酸对稀土盐粉体的改性效果，以及不同用量的硬脂酸对稀土盐粉体填充的热塑性聚氨酯材料力学性能的影响。结果表明，适量硬脂酸的包覆改性，可提高复合材料的力学强度。

(3) 胶囊化改性：在粉体颗粒表面上覆盖均质且有一定厚度薄膜的一种表面改性方法。以硅烷偶联剂对 SiO_2 纳米粒子进行表面改性，采用乳液聚合方法在改性 SiO_2 纳米粒子表面接枝苯乙烯单体，制备核壳结构的聚苯乙烯接枝 SiO_2 复合纳米粒子。采用傅里叶变换红外光谱仪（FTIR）、TEM 对聚苯乙烯接枝 SiO_2 复合纳米粒子的表面结构及其在聚丙烯中的分散状况进行表征，接枝改性后 SiO_2 纳米粒子能够在聚丙烯基体中均匀分散，使聚丙烯复合材料的力学性能显著提高。

5. 表面化学接枝法

表面化学接枝法是指利用高岭土表面的活性羟基在一定条件下能与其他物质形成化学键或被其他基团取代的原理而对高岭土表面进行改性处理。

6. 吸附

高岭土表面能够吸附聚合物分散剂、有机小分子分散剂、表面活性剂等，使高岭土表面的带电状况发生改变。通过此法改性的高岭土颗粒，主要适用于悬浮态体系，如造纸涂布液等。

7. 沉淀反应

通过无机化合物在无机粉体表面的沉淀反应，在粉体表面形成一层或多层"包膜"的表面改性方法。利用硫酸钛水解，在高岭土表面形成一层二氧化钛制成高岭土/二氧化钛复合粉体，探讨二氧化钛包覆高岭土的机理，研究悬浮液浓度、反应温度及搅拌速度对包覆效果的影响，制备出包覆效果良好的高岭土/二氧化钛复合粉体。

8. 机械力化学

利用超细粉碎及其他强烈机械作用有目的地对粉体表面进行激活，在一定程度上改变粉体表面的晶体结构、溶解性能、化学吸附和反应活性等。采用高能球磨法制备碳酸钙(纳米)/二氧化硅(微米)复合粒子。用粉末 X 射线衍射仪(XRD)、SEM、TEM、能谱分析仪(EDS)和 FTIR 研究球磨过程中复合粉体的相组成和微观组织;对碳酸钙/二氧化硅复合粒子的粒度、形态、结构进行测定与表征。结果表明,随着球磨时间的延长,复合粉体的细化和均匀化效果变好,可形成结合紧密的球形化碳酸钙/二氧化硅复合粒子。

1.3.2 表面改性剂种类及改性机理

1. 表面改性剂种类

1)偶联剂

目前工业上用于矿物粉体等填料表面改性的偶联剂按化学结构可分为硅烷类、钛酸酯类和硬酸酯类,下面分别介绍各种偶联剂的性质特点。

偶联剂是一类具有两种不同性质官能团的物质,分子中含有化学性质不同的两种基团,一种是亲无机物的基团,另一种是亲有机物的基团,用以改善无机物与有机物之间的界面作用,从而大大提高复合材料的性能。用钛酸酯偶联剂分别对云母和碳酸钙进行表面改性,将改性云母和(或)改性碳酸钙填充于聚丙烯中,制备聚丙烯/云母复合材料、聚丙烯/碳酸钙复合材料和聚丙烯/云母/碳酸钙复合材料,然后将各种复合材料在热带地区暴露六个月以后对其力学性能进行测试,结果发现,聚丙烯/云母/碳酸钙复合材料性能较聚丙烯/云母复合材料、聚丙烯/碳酸钙复合材料优越,但仍有部分性能的损失。而填料偶联剂表面处理在保持力学性能不损失方面起到帮助作用。用硅烷偶联剂对鸡蛋壳粉进行表面改性,并将改性鸡蛋壳粉填充于聚丙烯中,制备出聚丙烯/鸡蛋壳粉复合材料。测试结果显示,复合材料的拉伸模量和弯曲模量均有大幅提高,而拉伸强度和弯曲强度却没有显著变化。在改性鸡蛋壳粉填充量为 10%和 20%时,复合材料拉伸模量和弯曲模量提高最为显著。

硅烷偶联剂是一种特殊结构的有机硅化合物,其通式为 $R_nSiX_{(4-n)}$,式中 R 为非水解的有机官能团;X 为可水解基团,遇到水溶液、空气中的水分或无机物表面吸附的水分都可水解。硅烷偶联剂反应一般分为两步。

第一步,硅烷水解:

$$RSiX_3 + H_2O \longrightarrow RSi(OH)_3 + HX$$

第二步,硅烷偶联剂水解产物与高岭土表面发生反应:

$$高岭土—OH + RSi(OH)_3 \longrightarrow 高岭土—O—Si(OH)_2R + H_2O$$

钛酸酯偶联剂是无机填料与颜料广泛应用的偶联剂，其通式为 $(RO)_mTi(OXR'Y)_n$，式中 $1 \leqslant m \leqslant 4$，$m+n \leqslant 6$；R 为短链烷基；R' 为长链烷基；X 为 C、N、P、S 等元素；Y 为羟基、氨基或双键等基团。钛酸酯偶联剂与中心元素钛相结合形成不同亲水基团和亲油基团，按化学结构式分为单烷氧基型、螯合型和配位型三种。

铝酸酯偶联剂，是 1986 年由福建师范大学张文贡等研制的一种新型偶联剂，其结构为 $(C_3H_7O)_mAl(OCOR)_n(OCORCOOR)_{3-m-n}(OAB)_y$，$y = 0 \sim 2$。铝酸酯偶联剂与无机填料表面反应活性大，热分解温度高，色浅无毒，使用时不需稀释，运输包装方便。

此外，还有其他类型偶联剂，如铝钛偶联剂、锆铝酸酯偶联剂、硼酸酯偶联剂、磷酸酯偶联剂、锡酸酯偶联剂、稀土偶联剂、木质素偶联剂、有机铬偶联剂等。

2）表面活性剂

表面活性剂是指具有固定的亲水亲油基团，在溶液的表面能定向排列，能使表面张力显著下降的物质。表面活性剂的分子结构具有两亲性，一端为亲水基团，另一端为憎水基团。用硬脂酸对高岭土进行干法改性，用季铵盐对高岭土进行湿法改性，并将改性高岭土填充于聚丙烯中制备聚丙烯/高岭土复合材料，测试结果显示，后一种改性方法制备的复合材料在冲击强度上有很大提高。同时观察到其在聚丙烯基体中有更好的分散效果，复合材料的晶体结构也更加完善。对复合材料进行冲击测试时，表面改性剂与聚丙烯基体形成的界面层能起到很好的缓冲作用。

3）有机硅

有机硅是指含有 Si—O 键且至少有一个有机基团直接与硅原子相连的化合物。有机硅是以硅氧烷链为憎水基，聚氧乙烯链、羧基、酮基或者其他极性基团为亲水基的一类特殊的表面活性剂，俗称硅油或者硅树脂。以硅烷偶联剂、钛酸酯偶联剂和羟基硅油作为表面改性剂对超细氢氧化镁进行改性，并填充至高密度聚乙烯制备出高密度聚乙烯/氢氧化镁复合材料，研究氢氧化镁填充量、氢氧化镁表面改性、表面改性剂用量等因素对复合材料力学性能的影响。结果显示，当氢氧化镁填充量达到 70 份时，复合材料表现出明显的脆性拉伸断裂性。改性后氢氧化镁能有效提高复合材料的拉伸强度，而对断裂伸长率的影响较小。羟基硅油能有效改善复合材料的韧性。当氢氧化镁填充量达到 140 份时，用羟基硅油处理钛酸酯改性氢氧化镁，复合材料的断裂伸长率和冲击强度均有所提高，但拉伸强度略有下降。

4）不饱和有机酸

不饱和有机酸作为填料的表面改性剂一般带有一个或者多个不饱和双键或者多个羟基，碳原子数一般在 10 以下。以甲基丙烯酸为表面改性剂对纳米碳酸钙进行改性并填充至三元乙丙胶，获得良好的力学性能。FTIR 测试显示甲基丙烯酸有效地改善纳米碳酸钙与基体的相互作用。

5）水溶性高分子

通常所说的水溶性高分子是一种强亲水性的高分子材料，能溶解或溶胀在水中形成水溶液或分散体系。在水溶性高分子的结构中含有大量的亲水基团。以六水合硝酸镁、氢氧化钠和聚丙烯酸钠为原料，采用直接沉淀法合成改性纳米氢氧化镁，考察反应温度、反应时间、镁离子初始浓度、聚丙烯酸钠添加量对平均直径和沉降体积的影响，得出改性的最佳条件，通过 FTIR、XRD、TEM 等对改性前后的样品进行对比分析。结果表明，改性后聚丙烯酸钠吸附在氢氧化镁颗粒表面，并且衍射峰主峰强度提高、团聚程度降低。

2. 表面改性理论

有许多理论解释改性粉体与高分子基体之间的结合原理，主要有化学键理论、表面浸润理论、变形层理论和拘束层理论等。绝大多数偶联机理的理论研究工作是以硅烷偶联剂和玻璃纤维为例解释的。

1）化学键理论

化学键理论提出最早，也是迄今被认为比较完善的一种理论。该理论认为偶联剂含有一种化学官能团能够与玻璃纤维表面的硅醇或其他无机填料表面的质子形成共价键，还含有一种或者几种官能团能够与聚合物分子相键合，使偶联剂在无机相与有机相之间产生相互连接的桥梁作用，使界面结合作用力较强。

2）表面浸润理论

众所周知，在粉体混入树脂形成复合材料的过程中，如果液态树脂能够对粉体产生良好的浸润，那么复合材料的力学性能便会提高很多。高分子材料填料的有机化改性可用此理论解释。

3）变形层理论

为了缓和冷却时树脂和填料之间因不同热收缩率产生的界面应力，希望处理过的无机物与邻接的树脂界面之间的相是柔曲可变形的，此时复合材料的韧性便是最强的；无机物经偶联剂处理后其表面可能会择优吸收树脂中的某一配合剂，相间区域的不均衡固化可能导致产生比偶联剂在聚合物与填料之间的单分子层厚得多的挠性树脂层，即可变形层，它使界面应力变松弛，阻止界面裂缝的扩展，因而界面的结合强度得到了改善。

4）拘束层理论

复合材料中的填料模量较高，树脂的模量较低，它们之间容易形成界面区，偶联剂也属于此界面区；若此界面区的模量介于高模量填料和低模量树脂之间，则能够均匀地传递应力。偶联剂除了能够在填料表面产生黏合作用外，还能够在界面上产生"紧密"聚合物的作用；界面上的偶联剂具有能与树脂发生反应的基团，在界面上起到增加交联密度的作用。

此外，可逆水解理论把变形层理论、化学键理论和拘束层理论联系起来，它把化学键理论的特点和拘束层理论中的刚性界面结合起来，又能允许变形层理论中的应力松弛。

1.3.3 粉体表面改性工艺与技术

粉体表面改性工艺主要有三种：湿法、半干法和干法。

（1）湿法改性工艺是在一定含量的浆料中添加配制好的表面改性剂及助剂，在搅拌分散和一定温度条件下对粉体进行表面改性的工艺。湿法改性工艺由制浆、脱水和干燥等步骤组成，工艺复杂，但是此法改性剂分子可以均匀包覆在粉体表面，适用于各种可水溶或者可水解的表面改性剂。

采用异丙醇溶解的钛酸酯偶联剂对重质碳酸钙进行超声湿法表面改性，改性后的重质碳酸钙粉体活化指数最高可达98.9%，吸油值由改性前的0.69 mL/g下降到0.51 mL/g，分散于50 mL液状石蜡中形成的分散相在静置3 h后其体积依然保持在48 mL以上，定性较好。采用差示扫描量热仪（DSC）和FTIR对改性重质碳酸钙进行分析，结果表明，超声条件下改性剂与重质碳酸钙表面发生了化学反应或键合。

（2）半干法改性工艺是将适量的水、改性剂及助剂的混合物混入粉体中，在搅拌器中边搅拌边混入，同时加热到一定温度，反应一定时间即完成偶联活化作用，产物经稍微干燥即得到所需产品。此法适用于各种可水溶或者可水解的表面改性剂。

（3）干法改性工艺是将偶联剂及其助剂用微量的稀释剂稀释后，在高速搅拌机中边搅拌边将其加入，或利用喷雾的方法加入。同时，加热到一定温度完成偶联作用。到一定时间将物料排出，即得改性产品。这一方法完全省略了脱水和干燥工艺，反应后的物质是可以直接利用的产品，因而大大简化了改性工艺，极大地提高了生产效率。采用干法改性工艺，用硬脂酸对水镁石表面进行改性，通过对改性后水镁石的活化指数、沉降时间、邻苯二甲酸二辛酯（DOP）/水镁石黏度进行测试，确定了硬脂酸的最佳用量为1.5 wt%（质量分数），以乙醇为分散剂的最佳稀释比例为1/10，最佳改性时间为80 min。最佳条件下改性水镁石与未改性水镁石FTIR谱图对比分析表明，硬脂酸与水镁石之间发生的是酸碱反应，在水镁石表面生成硬脂酸镁；同时，对改性水镁石用热乙醇洗涤前后的FTIR谱图分析表明，硬脂酸镁以物理吸附的形式存在于水镁石表面。

1.4 高岭土的有机插层研究现状

1.4.1 高岭土的有机插层原理

插层法是制备纳米复合材料的主要方法之一。与蒙脱土层间有可交换阳离子不同，高岭土的插层主要是依靠极性分子减弱其层间氢键，在热力学上是一个熵减的过程。因此，高岭土的插层反应在热力学上是比较困难的，需要在一定条件下才能进行。

一般认为，极性有机小分子对高岭土的插层反应是通过破坏其层间的氢键以及和高岭土结构中的氧或羟基形成新的氢键而实现的。例如，乙酸钾中的羰基和二甲亚砜(DMSO)中的亚硫酰基可以和铝氧面的羟基形成氢键[8]。尿素中的氨基可以和硅氧面的氧形成氢键。同时尿素中也含有羰基，能够同时形成上述两种氢键。但是这两种氢键都比较弱，因此插层物很不稳定，会因水洗、受热等原因造成插层物脱嵌。插层物的稳定性与形成氢键的个数有关，形成的氢键越多也就越稳定。

1.4.2　高岭土的有机插层方法

插层法是制备聚合物/黏土纳米复合材料的主要方法之一。根据插层剂的种类和反应状态，高岭土的插层反应方法可以分为液相插层法、蒸发溶剂法和机械力法。

(1)液相插层法。液相插层法是插层剂在液态、溶液或熔融状态下进行的插层反应。常见的高岭土插层剂如 DMSO、水合肼在室温下为液体，尿素、乙酸钾等易溶于水，这些都能用液相插层法制备插层复合物。

(2)蒸发溶剂法。蒸发溶剂法是指小分子在蒸发溶剂浓缩混合体系的过程中进入高岭土层间而实现的插层反应。该种方法实际上也属于液相插层，只是整个反应过程中溶剂不断蒸发，溶液浓度不断增大。

(3)机械力法。机械力法是指通过机械力化学作用实现插层。例如，磨盘型化学反应器就是用机械力的压缩、剪切、摩擦等作用使天然黏土实现剥离。

1.4.3　高岭土的有机插层效果表征

高岭土的层间距为 0.716 nm，其层间域为 0.292 nm。有机分子插入高岭土层间后，引起层间域膨胀，其层间距也相应增大，XRD 的 d_{001} 值可以直接反映出这种变化。由 XRD 谱图可以得出层间距、插层率两个参数。层间距的变化可以说明有机分子是否插入高岭土层间，但不能反映插层作用进行的程度。插层率(R_I)则说明插层反应进行的程度，可以用式(1-1)表示：

$$R_I = I_c/(I_c + I_k) \tag{1-1}$$

式中，I_c 为插层高岭土中膨胀高岭土的(001)面衍射峰强度；I_k 为插层高岭土中未膨胀高岭土的(001)面衍射峰强度。

插层后，膨胀高岭土越多，相应的未膨胀的高岭土越少，d_{001} 的衍射峰强度则减弱得越多。用插层率可以反映复合物中膨胀高岭土所占的百分比,即反映插层反应进行的程度。

1.4.4　有机插层的影响因素

高岭土的有机插层过程除了破坏其层间氢键,还会使层间分子排列趋向有序。影响插层过程的主要因素有:高岭土本身的特征、插层物的性质和外部环境等。

(1)高岭土本身的特征。高岭土本身的特征是决定插层反应能否进行的首要因素。产地决定了高岭土的生成环境,进而决定它的规整性、粒度、结构缺陷和杂质含量。首先,很多规整性差的高岭土不适合插层反应,例如,Frost 等[9]发现在澳大利亚南部 Birdwood 地区出产的高岭土,因为以高度无序包裹高度有序的形式存在,所以很难进行插层反应。其次,如果高岭土的粒度过大,那么插层剂从晶体边缘渗透到晶体内部的时间过长,不利于反应进行。如果粒度太小,有机分子进入层间产生的弹性变形会使另一端快速收缩,也不利于插层反应。在实际中最优的插层粒度为 2~5 μm。最后,如果高岭土有无序堆垛,则其硅氧复三方环和八面体空位会存在排列缺陷问题,会严重影响插层效果。

(2)插层物的性质。插层反应本质上还是界面反应,其发生作用的前提是界面吸附作用。高岭土层间的不对称性使其产生极性从而容易吸附极性的有机小分子。高岭土的结构特征决定了只有少数几种有机小分子能够直接进入层间,而大多数有机分子要用二次置换的方法才能进入层间。

(3)外部环境。水和温度是影响插层反应的重要因素。特别是水的含量对插层反应影响极大。少量的水能够破坏纯液相连接的结构,未成键的分子比例增加,有利于插层作用的进行。

1.4.5　高岭土的有机插层研究进展

高岭土与有机/无机小分子插层作用的研究始于 1959 年,当时日本九州大学和田光司将脱去层间水分子的埃洛石放入不同的离子溶液中浸泡,结果发现失去层间水的埃洛石层间距会有不同程度的扩大[10]。这一结果促使他对高岭土/乙酸钾复合物进行了深入研究,发现复合物的层间距扩大到 1.4 nm。高岭土的有机插层可以分为如下三个阶段。

第一个阶段是一次插层阶段。乙酸钾的插层作用被发现以后,很多科学工作者将目光转向这个方向。1966 年,Ledoux 发现了甲酰胺、尿素和肼的插层作用[11]。1968 年,Olejnik 制备了 K/DMSO 插层复合物[12]。这一阶段的表征手段多为 FTIR 和 XRD。常见的能直接插入高岭土层间的化合物见表 1-1。

表 1-1　常用的能直接插入高岭土层间的化合物

名称	偶极矩/deb*	层间距/nm
乙酸钾	—	1.44
脲	—	1.07
二甲亚砜	4.3	1.16
甲酰胺	3.71	1.03
乙酰胺	3.76	1.09
N-甲基甲酰胺	3.83	1.09
N-甲基乙酰胺	3.73	1.13
二甲基甲酰胺	3.82	1.21
二甲基乙酰胺	3.85	1.23
水合肼	1.19	0.94
氧化吡啶	4.28	1.25

*1deb=3.33564×10^{-30}C·m。

第二个阶段是二次插层阶段。对于不能直接进行高岭土插层的分子，可以通过置换法直接插层得到"预插层体"层间的小分子，制备出高岭土插层复合物。1994 年，Tunney 等[13]用 K/DMSO 为预插层体制备了高岭土/乙二醇插层复合物，层间距为 0.94 nm。2000 年，Gardolinski 等[14]同样以 K/DMSO 为前驱体制备了高岭土/苯甲酰胺复合物，最大层间距可以达到 1.437 nm。Bizaia 等[15]发现经过功能化的卟啉能够置换 K/DMSO，形成卟啉/高岭土催化剂，在环己酮-己内酯的催化过程中能够连续催化五次而催化活性不会下降。其置换过程见图 1-4。这一阶段表征手段随着时代的进步也逐渐丰富起来，XRD、FTIR、拉曼(Raman)光谱、魔角旋转核磁共振谱(MAS NMR)、热分析、比表面积测试(BET)、SEM 和 TEM 等的广泛应用为我们研究其反应机理提供了可能。澳大利亚昆士兰大学 Frost 教授和他的团队做了大量的工作，特别是用拉曼光谱在高岭土结构排列的检测[16-19]。

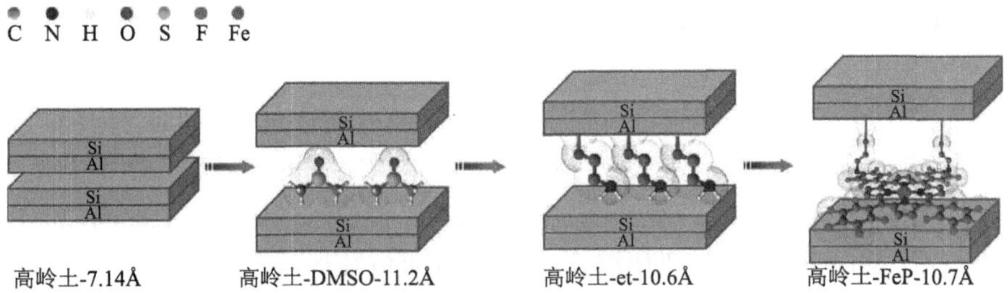

图 1-4　代表性的二次置换过程[27]

第三个阶段以高岭土/甲醇（K/MeOH）这种通用预插层体的制备促进了大量新插层复合物的合成。1996 年，Tunney 等[20]制备了这种通用性更强的预插层体。能直接插层于高岭土层间的有机物仅有极少数强极性有机小分子，其他有机分子的插层是用置换插层的方法制备的。但是，仍然有许多有机物用上述这些预插层体不能进行置换，而用 K/MeOH 却能够制备出相应的插层复合物，如直链烷基胺[21]、硝基苯胺[22]等。同时 K/MeOH 还可以作为纳米反应器制备纳米金属/高岭土插层复合物和管状纳米材料[23]。在这个阶段日本早稻田大学 Yoshihiko Komori 和 Kazuyuki Kuroda 做了大量前瞻性和开创性工作[21, 23-26]。

1.5　粉体填料在塑料中的作用

在所使用的塑料材料中，大约有 10%的无机或者有机物质粉末。这种通过添加无机或者有机物质粉末，达到塑料原材料成本降低，或者在某些方面的性能得到提高，或者赋予塑料材料全新的功能等目标，称为塑料填充改性。所得到的含有百分之几到百分之几十填料的复合材料称为填充材料。

填充改性是塑料改性的重要途径，而塑料改性是塑料工业中最活跃、最具发展潜力的领域之一，主要有以下原因。

(1)它是获得具有独特功能新型高分子材料的捷径。为了满足某种用途的要求，如阻燃、耐老化等，开发出一种全新分子结构的高分子化合物难度较大，有时甚至是不可能实现的，而填充改性则很容易做到。以改性海泡石与膨胀型阻燃剂复配的方式对不饱和聚酯进行改性，所制得的海泡石/不饱和聚酯复合材料具有较好的阻燃性能。以炭黑为填料，在聚丙烯中加入适量的环氧树脂和玻璃纤维，可制备新型的抗静电和导电聚丙烯复合材料。用纳米 TiO_2 与聚丙烯共混制得聚丙烯/TiO_2 纳米复合材料，复合材料的耐老化性能较聚丙烯有较大程度提高，其微观结构和力学性能也有所改善。

(2)它是在保证使用性能的前提下降低塑料制品成本的最有效途径。以硅灰石为填料填充聚丙烯制得打包带，在硅灰石填充量高达 50%～65%时，打包带性能优越，不仅在力学性能上达到使用要求，且打包带表面纹路清晰，使用时咬合牢固。而硅灰石非常廉价，大大降低了原材料的成本。

(3)它是提高产品技术含量、增加其附加值最适宜的方法。例如，传统的塑料材料增韧是通过与橡胶或者热塑性弹性体材料共混实现的。虽然韧性得以提高，但模量和耐热性显著下降，有时仍需同时加入矿物粉末来保持一定的刚性。但新的刚性粒子增韧机理指出，使用无机粒子同样可以在保持材料的刚性基本不变的情况下，使基体材料的韧性得到明显的提高，只要将无机刚性粒子与高分子基体之间的界面问题解决好即可。

（4）它是调整塑料行业产业结构、提高企业对市场需求的适应性、增强企业市场竞争力的常用手段。

1.6 塑料填充改性常用的粉体材料

填充改性用的粉体填料应具有以下特征：

（1）具有一定几何形状的固体物质；

（2）属于相对惰性的物质，即通常不与所填充的基体树脂发生化学反应；

（3）在所填充基体树脂中的质量分数一般不低于 5%。

将填料的化学组成按盐、氧化物、单质和有机物四大类划分，较准确地将各种填料进行了归属，见表 1-2。

表 1-2 填料按化学组成分类

化学类型	实例
盐	硅酸盐：硅酸镁(高岭土、滑石粉、硅灰石)、硅酸钙、硅酸铝
	碳酸盐：碳酸镁、碳酸钙
	硫酸盐：硫酸钡(重晶石)
氧化物	三水合氧化铝(氢氧化铝)、二氧化钛、氧化铝(金刚砂)
单质	金属(铝、铁、铜等制成粉、片、纤维、球状物)
	结晶态碳(石墨)
有机物	煤粉、木粉

此外，按其化学结构可分为无机填料和有机填料，或按填料的作用分为普通填料和功能性填料，按其来源可分为矿物填料、植物填料和合成填料，按其形态可分为球状、块状、片状、纤维状等。

1.6.1 作为填料使用的粉体材料特性

1. 几何特性

通常作为填料使用的粉体材料多是颗粒形状的。对塑料的性能来说，填料颗粒的几何形状对填充体系的物理机械性能有着重要的影响[2]，如长方体的方解石、长石，片状的高岭土、云母等，纤维状的硅灰石、海泡石等。

2. 粒度

一般来说，填料的颗粒粒度越小，假如它能分散均匀，则填充材料的力学性能越好；但同时颗粒的粒度越小，要实现其均匀分散就越困难，需要更多的助剂和更好的加工设备，生产成本将会大幅度提高。因此，根据实际需要对粉体颗粒的粒度大小加以选择非常重要。

3. 比表面积

填料颗粒表面粗糙程度不同。即同样体积的颗粒，其表面积不仅与颗粒的几何形状有关，也与其表面的粗糙程度有关。比表面积即单位质量填料的表面积，它的大小对填料与树脂之间的亲和性、填料表面活化处理的难易和成本都有直接关系。通常比表面积大小可通过氮气等温吸附方法进行测定。

4. 表面自由能

填料颗粒表面自由能的大小关系到在所填充的基体树脂中分散的难易。当比表面积一定时，表面自由能越大，颗粒之间越容易团聚。在填料表面处理时，降低其表面自由能是主要目标之一。

5. 吸油值

单位质量的填料能够吸收增塑剂邻苯二甲酸二辛酯（DOP）的量称为吸油值。在使用增塑剂的塑料制品中，如果填料的吸油值高，增塑剂的消耗会增大。填料的吸油值大小与填料粒度大小、分布及颗粒表面的构造有关。

6. 硬度

硬度高的填料可以使填充塑料材料的耐磨性提高，特别是对于在基体中加入了硬度较高的填料的填充体系在加工过程中易对加工设备与模具的表面造成严重磨损，而这种严重磨损所带来的经济损失远超过使用填料所带来的经济利益，从而限制了这种类型的粉体填料在塑料中的应用。

7. 白度

填料的白度高低对所填充塑料材料及制品的色泽乃至外观有着至关重要的影响。

8. 热性能

填充塑料加工大多数都涉及加热、熔融、冷却定型等过程，填料本身的热性能及其与塑料基体之间的差别同样也会对加工过程产生影响。

1.6.2 填料的作用机理

关于填料的作用机理，目前尚无统一的说法，普遍认可的说法可归纳为以下几种。

（1）填料与聚合物基体之间可形成一定数量的化学键、次价键。当复合材料受到外力作用时，化学键和次价键可以吸收一部分外力，并将其余部外力传递到相邻的界面，从而有效地消耗部分外力，起到补强的作用。

（2）填料与聚合物基体之间以次价键或范德瓦耳斯力相连，形成海-岛结构，当复合材料受到外力作用时，将应力传递到填料与聚合物基体的界面层，此时次价键断裂，并逐步形成微小裂纹。裂纹的形成过程可以有效地吸收部分外界应力或者能量，从而改善力学性能。

（3）对于长径比较大的填料，当复合材料受到外力作用时，外力首先作用于填料上。这类填料较聚合物基体有更高的力学性能，发挥增强的作用。但需特别注意加工这类填料在聚合物中的取向问题。

1.6.3 常用填充剂种类

1. 碳酸钙

碳酸钙是在塑料填充改性所用粉体材料中最重要的一类，占黏填料总使用量的70%。采用干法改性工艺用脂肪酸类表面改性剂和钛酸酯类偶联剂对轻质碳酸钙进行表面改性，并将改性轻质碳酸钙填充到丁苯橡胶中制备硫化胶。与未改性轻质碳酸钙相比，改性轻质碳酸钙填充丁苯硫化胶的拉伸强度及断裂伸长率均有提高。

2. 滑石粉

滑石粉是在塑料填充改性所用粉体材料中仅次于碳酸钙的第二大类粉体材料。经硅烷偶联剂改性后滑石粉分散性良好，活性指数较高。在聚氨酯基体中添加约15%的改性超细滑石粉时，聚氨酯弹性体具有较好的综合力学性能，良好的耐油性、耐水性、加工收缩性、尺寸稳定性。

3. 高岭土

在我国，用于塑料填充的高岭土主要分为两类。一类是水洗高岭土，是黏土的一种。另一类是煤系高岭土，是和煤伴生的硬质高岭土矿石。采用硅烷偶联剂对煅烧高岭土进行表面改性，并将改性后的高岭土作为填料填充到三元乙丙橡胶（EPDM）中，使得EPDM复合材料的力学性能明显提高。将高岭土作为增强填料分别填充于天然橡胶、丁苯橡胶、顺丁橡胶、丁腈橡胶、三元乙丙橡胶、氯丁橡胶和硅橡胶，制备出高岭土/橡胶复合材料，可使高岭土/橡胶表现出较优异的力学和耐热性能以及良好的界面相容性。对煤系煅烧高岭土进行表面改性，并添加到聚乙烯农膜中，可以起到保温助剂的效果，并且对大棚膜的水滴和雾滴的形成起到一定的抑制作用，促进了农作物的生长。

4. 云母粉

云母的主要成分是硅酸钾铝。云母的晶型是片状的，其径厚比较大。云母主要用于提高塑料制品的刚性和耐热性。以硅烷偶联剂和白油的混合液对云母进行干法改性，将改性云母填充聚丙烯进行光老化前后的力学性能比较，具有高径厚比的云母容易在塑料流体流动过程中沿着流动方向并行取向，取向后的云母不仅有利于提高聚丙烯材料的力学性能,而且云母对紫外光具有层间反射、干涉和遮蔽等效应,同时降低云母粒度,提高径厚比,可有效提高改性聚丙烯的力学性能和抗紫外光老化性能。以庚二酸为表面改性剂对云母进行改性并填充聚丙烯,复合材料的拉伸强度和弯曲模量均随云母含量的增加而增加,特别是冲击性能得到了明显的提高。

5. 硅灰石粉

天然硅灰石具有 β 型硅酸钙化学结构,是一种钙质偏硅酸盐矿物,理论上含有 51.7%的 SiO_2 和 8.3%的 CaO。硅灰石具有典型的针状填料特征。以干法改性工艺采用马来酸单酯稀土及适量白油对硅灰石进行表面改性后填充于尼龙 6,与硅烷偶联剂包覆处理的硅灰石相比,采用马来酸单酯稀土包覆处理的硅灰石改性尼龙 6 时,硅灰石的分散均匀性较好,改性尼龙 6 的拉伸强度、缺口冲击强度、耐磨损性能都得到了提高,吸水率及成型收缩率显著降低。

6. 蒙脱土

蒙脱土是一种层状硅酸盐。采用一步混合法和两步混合法通过熔融插层制备出聚丙烯/纳米蒙脱土复合材料。采用三种不同种类的蒙脱土,并探讨不同接枝率的聚丙烯接枝马来酸酐对蒙脱土在聚丙烯基体中的分散情况以及对复合材料力学性能的影响。XRD、TEM 和力学性能测试结果显示,插层率和力学性能,特别是模量、拉伸强度和冲击强度随着马来酸酐含量和聚丙烯接枝率的增加而增加。同时显示,两步混合法较一步混合法效果要好。

1.7　填充塑料的性能

1.7.1　填充塑料的加工性能

填料对塑料加工性能的影响主要体现在对熔体黏度的影响和对熔体弹性(或刚性)的影响。

采用振动黏度计,可以考察碳酸钙粒度大小、含量及颗粒形貌对聚氯乙烯增塑糊黏度及稳定性的影响。研究结果显示,用 4.5 μm 碳酸钙配制的增塑糊初始黏度最大,且黏度稳定性最低;聚氯乙烯树脂为 100 份时,随碳酸钙含量的增加,增塑糊的初始黏度增大,黏度稳定性降低;聚氯乙烯和碳酸钙总量为 120 份时,随碳酸钙含量的增加,增塑糊的初始黏度减小,黏度稳定性升高;用规则菱形碳酸钙配制的增塑糊黏度相对较小,用棉絮状碳酸钙配制的相对较大,且黏度稳定性最低。

采用熔体流动速率仪,可以考察中空玻璃微珠填充聚丙烯复合材料的挤出胀大行为。研究结果显示,在 200℃时,挤出胀大比随着剪切应力的增加而提高,基本呈线性关系;当荷载为 3.80 kg 时,挤出胀大比随着温度的升高而下降,基本呈线性关系。在 190℃时,挤出胀大比随着中空玻璃微珠体积分数的增加而减小,呈非线性关系；当体积分数为 10%，荷载为 3.80 kg 时，挤出胀大比随着中空玻璃微珠粒度的增加而有所提高。

1.7.2　填充塑料的力学性能

不同类型的填料添加至塑料基体中所表现出来的力学性能的变化是不同的，有的会使原有的力学性能显著提升，而有的则会使复合材料某些方面的力学性能损失很大。

纳米蒙脱土填充至线形低密度聚乙烯中，同时以聚乙烯接枝马来酸酐作为相容剂制备聚乙烯/纳米蒙脱土复合材料，并对复合材料的拉伸模量、透气性及纳米蒙脱土的分散情况做了研究。结果表明，随着聚乙烯接枝马来酸酐用量的增加以及蒙脱土的充分剥离，复合材料的拉伸模量和透气性提高。同时还发现，双螺杆挤出机对蒙脱土的剥离效果更为明显。

将球形玻璃微珠和(或)片状滑石粉填充至尼龙 6 中，制备出相对应尼龙 6 复合材料，并对复合材料进行单轴拉伸、冲击及三点弯曲测试以考察填料用量的增加对复合材料力学性能的影响。结果显示，复合材料的拉伸强度和弹性模量随着填料用量的增加而增加，而复合材料的冲击强度和最大伸长率则随着填料用量的增加而降低。当填料用量在 10%～20%范围内，复合材料的力学性能提高幅度最大。

将二氧化硅和滑石粉分别填充至聚丙烯中制备出聚丙烯/二氧化硅复合材料和聚乙烯/滑石粉复合材料，并对两种复合材料的力学性能进行测试。结果显示，聚丙烯/滑石粉复合材料表现出更高的杨氏模量和冲击强度，而聚丙烯/二氧化硅复合材料则表现出更高的屈服强度。在所有的应变测量中，两种复合材料均因填料的加入而表现出下降的结果。

以聚乙二醇、氨丙基三乙氧基硅烷、甲基三乙氧基硅烷和 3-巯丙基三甲氧基硅烷分别对天然沸石进行表面改性，并将表面改性天然沸石填充聚丙烯制备聚丙烯/天然沸石复合材料，对所制备复合材料进行干法和湿法拉伸测试。结果显示，天然沸石经硅烷表面改性后可使复合材料的力学性能显著提高。

以钛酸酯偶联剂对滑石粉进行表面改性并填充聚丙烯，制备聚丙烯/滑石粉复合材料。对复合材料力学性能进行测试，结果显示，随着滑石粉用量的增加，复合材料拉伸模量提高，而抗拉强度、屈服强度、断裂伸长率和缺口冲击强度下降。滑石粉经钛酸酯偶联剂表面改性后，增强了滑石粉与聚丙烯基体的界面作用力，同时在聚丙烯基体中分散更加均匀。

1.7.3　填充塑料的其他性能

填充塑料由于填料的存在，其材料的硬度、摩擦性能、热性质、电性质乃至耐腐蚀性、降解性、燃烧性能等都会有所变化[2]。

　　将超细高岭土填充至聚四氟乙烯,制备出聚四氟乙烯/高岭土复合材料作为一种固体润滑剂。对复合材料进行测试,结果显示,高岭土填充量为10%时,复合材料的摩擦系数从0.12提高至0.22,相比于纯聚四氟乙烯,复合材料的耐磨性提高了两个数量级。

　　用天然高岭土和二甲亚砜插层分别改性高岭土,采用溶液插层法制备出聚氯乙烯/高岭土纳米复合材料,对复合材料进行测试,结果显示,较聚氯乙烯基体,纳米高岭土的加入提高了复合材料的热稳定性。复合材料显示出良好的紫外穿透性,但随着高岭土含量的增加,这种紫外穿透性将会下降。

　　利用原位聚合法制备不饱和聚酯树脂/高岭土纳米复合材料,并对复合材料的热稳定性、阻燃性和力学性能进行测试,探讨高岭土对不饱和聚酯树脂成炭和阻燃性能的影响。结果显示,高岭土的层状结构可能在不饱和聚酯树脂聚合过程中被剥离,并且不饱和聚酯树脂的热分解速率变缓,失重率降低。复合材料在燃烧过程中,高岭土片层迁移到材料的表面,并在燃烧区域形成的炭层中自动排列形成含高岭土片层的致密坚硬的焦炭保护层,起到良好的绝缘体和传质屏障作用。

　　将纳米级碳酸钙、微米级碳酸钙以及氢氧化物和金属配合物复合阻燃体系填充于软质聚氯乙烯中,并对复合材料的氧指数、剩炭率、烟密度等级、冲击强度、拉伸强度、断裂伸长率以及材料流变性能等参数进行测定。结果显示,氢氧化物和金属配合物复合阻燃体系可以提高软质聚氯乙烯阻燃、消烟性能,但同时会降低材料的力学性能;而纳米碳酸钙能明显提高软质聚氯乙烯的力学性能,而对材料的流变性能及阻燃、消烟性能影响不大。

　　以钛酸酯偶联剂分别对滑石粉和膨润土进行表面改性,通过熔融共混制备出聚乙烯/滑石粉和聚乙烯/膨润土填充母料。采用吹塑法制备了单一填充母料和混合填充母料聚乙烯复合薄膜,研究了填充母料的种类和用量对聚乙烯复合薄膜机械性能和光降解性的影响。结果显示,两种母料都对聚乙烯复合薄膜起到一定的增韧作用;在相同条件下,滑石粉母料填充薄膜的力学性能高于膨润土,单一母料填充薄膜的力学性能优于混合母料填充薄膜的力学性能。在光照试验中,聚乙烯复合薄膜的机械性能下降。FTIR谱图中显示滑石粉和膨润土均能有效地促进聚乙烯复合薄膜的降解。

1.8　聚合物/黏土复合材料研究现状

1.8.1　聚合物/高岭土复合材料的制备

　　聚合物/高岭土复合材料的制备主要通过两条途径来实现:一是先对剥片高岭土进行有机改性,改善与聚合物的相容性,再将其填充到聚合物基质中从而得到聚合物/高岭土复合材料。采用这种方法制备聚合物/高岭土复合材料的关键是对高岭土的剥片以及有机改性。二是以有机插层改性过的高岭土为前驱体，即首先将极性小分子插入黏土层间形成前驱体，然后选取合适的有机分子取代前驱体的极性小分子形成纳米黏土有机复合物。这种插层复合法是目前制备聚合物/高岭土复合材料的一种重要方法，也是当前材料科学研究的热点。

1988 年，Sugahara 等[27]最早报道了一种制备聚合物/高岭土复合材料的方法。他们先制得 K/DMSO 前驱体，再用丙烯腈置换层间的 DMSO，最后丙烯腈单体在一定温度下发生聚合反应，制备出聚丙烯腈/高岭土纳米复合材料。李彦锋等[28]用前驱体 K/MeOH 制备了聚甲基丙烯酸甲酯/高岭土复合材料，复合材料除了具有良好的热稳定性和力学性能外，还具有很好的紫外线阻隔性。

赵松方等[29]用熔融插层法制备了两种聚丙烯/高岭土纳米复合材料。结果表明，有机改性过的高岭土被聚丙烯剥离后，能促进聚丙烯异相成核结晶。他们还发现高岭土的剥离分散有利于提高材料的热稳定性。赵松方等采用不饱和硅烷偶联剂对高岭土预处理，同样采用熔融插层法得到聚丙烯/高岭土复合材料。结果表明，高岭土以 YDH-570(硅烷偶联剂-570)为桥梁很好地在基体中分散。其反应历程见图 1-5。

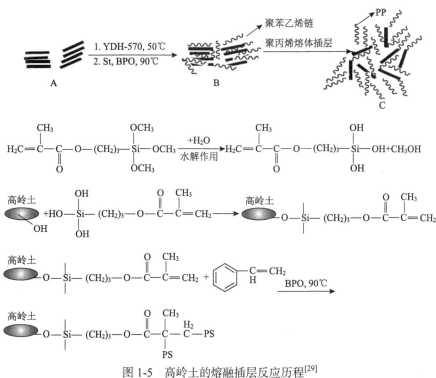

图 1-5 高岭土的熔融插层反应历程[29]

St:苯乙烯；BPO：过氧苯甲酰

1.8.2　聚合物/黏土复合材料的结构表征

聚合物/黏土复合材料主要研究是在层间距的变化上,所以可以用 X 射线衍射(XRD)、透射电子显微镜(TEM)等来表征这种层间距的变化。高分子链行为的变化可以用示差扫描量热法(DSC)、热重分析(TG)、傅里叶变换红外光谱(FTIR)、固体核磁共振(SSNMR)等来表征。

1. X 射线衍射

同表征插层复合物一样,XRD 也可以用来表征聚合物在高岭土层间的分布情况。在聚合物/高岭土复合材料中,如果高岭土以原有的晶体粒子分散于聚合物中,样品的 XRD 谱图将呈现原有晶体的衍射谱图,其(001)峰反映的晶胞参数 c 轴尺寸恰好是高岭土的层间距 d。如果高岭土的片层之间插入了聚合物的分子链,那么根据(001)面衍射角用布拉格(Bragg)方程可以计算出高岭土片层间距的变化。Vaia 等[30]研究了聚合物插层有机黏土的动力学过程,XRD 谱图与时间的关系见图 1-6。

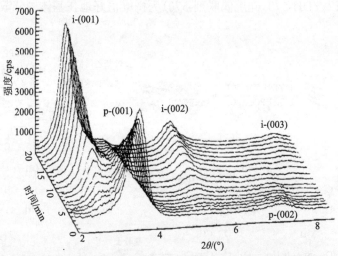

图 1-6　黏土插层聚合物复合材料的 XRD 谱图与时间的关系

2. 透射电子显微镜

TEM 能够直观地观察聚合物/黏土复合材料的微观性能。Zeng 等[31]研究了 PMMA/黏土纳米复合材料,将取向的复合材料沿截面方向制成超薄切片缠绕在铜网栅上,在高倍透射电子显微镜下观察,其 TEM 照片如图 1-7 所示。

3. 示差扫描量热法

DSC 可以表征黏土对聚合物基体结晶行为的影响。戈明亮等[32]使用自制有机季鏻盐改性黏土，其 DSC 熔融曲线如图 1-8 所示。从图中看出 149℃附近出现一个 γ 晶的熔融峰，经过积分可以得到 γ 晶的含量约为 12.4%。

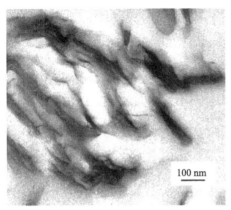 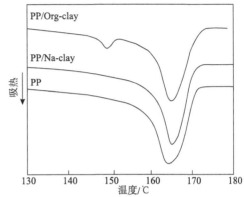

图 1-7　PMMA/黏土纳米复合材料的 TEM 照片　图 1-8　聚丙烯/黏土复合材料的 DSC 熔融曲线[32]

4. 固体核磁共振

SSNMR 能够从结构和动态两个方面调查聚合物在黏土层间的排布情况。Tunney 等[33]用 SSNMR 很好地表征了聚乙二醇在高岭土层间的排布情况。

1.8.3　聚合物/黏土复合材料的性能

1. 力学性能

与其他固相增强材料和纤维类材料相比，层状硅酸盐材料可以在二维方向起到增强作用，而且质量更轻，添加量更少，可以兼顾强度和韧性。表 1-3 为日本宇部（UBE）PA6/黏土与普通 PA6 的力学性能对比。

表 1-3　UBE PA6/黏土与普通 PA6 的力学性能对比

类型	黏土含量/%	拉伸强度/MPa	弯曲强度/MPa	缺口冲击强度/(kJ/m²)
PA6	0	69	115	6.2
PA6/黏土	2	96.0	138	6.1

2. 阻隔性能

因为黏土的层状结构在聚合物中是平面取向，所以复合材料有优异的阻隔性能。美国超晶科技集团与日本三菱瓦斯化学株式会社合作开发出 PAMXD6/纳米黏土阻隔材料，可以用于三层聚对苯二甲酸二乙酯（PET）塑料瓶的芯层，氧透过率比纯 PET 低 100 倍，比标准 PAMXD6 对二氧化碳和氧的阻隔率分别提高 50%和

70%，用三层结构(PET/M9/PET)的瓶包装啤酒，保质期可达到 180 天。

3. 烧结性

以高岭土/聚合物插层纳米复合材料为原料，制备出的陶瓷材料，不仅可改善材料成型的条件，降低陶瓷固化的烧结温度，还可大幅提高陶瓷的韧性。高岭土化学成分中的 Si/Al 比值与 Sialon 材料接近，因此高岭土是制备 Sialon 材料较为理想的原料。高莉等[34]利用高岭土/葡萄糖插层复合物为前驱体，采用原位碳热还原、氮化反应技术能够在相对较低的合成温度且更简单的设备要求条件下制备出合成 β-Sialon。

4. 阻燃性

水滑石类层状硅酸盐，在受热时能够放出水和二氧化碳，自身也对烟气和酸性气体有吸附作用，是一种很好的阻燃材料。漆宗能等[35]研发了一种 NPET/蒙脱土纳米复合材料，阻燃效果优异。

5. 光学性能

1999 年，Kuroda 等[36]发现了聚合物/黏土纳米复合材料的非线性光学性能，拓宽了聚合物/黏土纳米复合材料的使用范围。2001 年，Takenawa 等[22]将邻硝基苯胺和对硝基苯胺插入高岭土中，两种分子都在层间单层排布。对硝基苯胺的有序性高于邻硝基苯胺，并表现出二阶非线性光学特性，同时观察到二次简谐波。

1.8.4　聚丙烯/黏土复合材料研究现状

严格来说，聚丙烯(PP)是任何丙烯聚合出来的产物，正是由于齐格勒-纳塔有机金属催化剂催生聚丙烯的快速发展，因此聚丙烯应为由齐格勒-纳塔催化剂生产的立构规整性材料。聚丙烯分子是一种排列规整的结晶聚合物，为白色、无味、无毒、质量较轻的热塑性树脂，具有容易加工，冲击强度、挠曲度和电绝缘性好等系列优点，广泛应用在汽车、电器、电子、包装、建材以及家具等行业。在五大通用塑料中，聚丙烯的产量仅次于聚乙烯和聚氯乙烯，排第三位，国内消费量仅次于聚乙烯。我国聚丙烯的产量增长非常迅速，但仍然不能满足国内市场需求，尤其是塑料制品业迅速增长的需求。

虽然聚丙烯有很多优点，但是也有一些不足之处。聚丙烯的最大缺点是耐寒性差，低温易断裂；其次是收缩率比较大，抗蠕变性能差，制成的产品尺寸稳定性差，并且容易发生翘曲变形。为了改进聚丙烯的性能，延长聚丙烯的使用寿命，扩大应用范围，需要对聚丙烯进行改性。

聚丙烯的改性方法有很多种，大致可以划分为化学改性和物理改性。化学改性主要指改变聚丙烯的分子链结构，从而改进其性能，主要包括共聚法、接枝法、氯化法、交联法、氯磺化法等；物理改性是通过改变聚丙烯材料的高次结构来改善材料的性能，主要包括共混改性法、填充改性法、复合增强法、表面改性法等几大类。

1. 化学改性

聚合物本身就是化学合成材料，因此也很容易进行化学改性。化学改性产生时间甚至比共混还要早。聚丙烯的化学改性包括嵌段共聚、接枝共聚、氯化、交联、氯磺化、互穿聚合物网络等，是一个门类比较繁多的体系。

1）嵌段共聚

聚丙烯嵌段共聚使用的茂金属催化剂是由过渡金属与环状不饱和茂环结构组成的配位有机金属络合物。丙烯和乙烯等共聚得到无规共聚物。丙烯均聚后共聚可以制得聚乙烯、乙丙橡胶和聚丙烯组成的嵌段共聚物，其中乙丙橡胶在聚丙烯和聚乙烯中起相容剂的作用，把三相的比例进行调整可以获得刚性、耐冲击性均衡的共聚物。

2）接枝共聚

聚丙烯的接枝方法有溶液接枝、熔融接枝、辐射和光接枝、高温热接枝、气相接枝、固相接枝、等离子接枝等。极性聚丙烯可作为共挤出复合膜的黏结层和热熔胶，也可作为聚丙烯和其他极性聚合物共混用的相容剂。

3）氯化聚丙烯

氯化聚乙烯有固相氯化法、悬浮水相氯化法和溶液氯化法。

4）交联聚丙烯

交联聚丙烯是聚丙烯用射线辐射或者添加有机过氧化物产生的；交联聚丙烯可以提高材料的力学性能和热性能。聚丙烯与活性单体反应得到的改性聚丙烯能够与空气中的水分或氧发生交联反应。这种产品耐热、耐磨损、耐油浸和抗蠕变性得到很大提高，因此广泛应用在汽车、家电、工业零部件等行业。

2. 物理改性

1）共混改性法

聚合物共混是指两种或两种以上的聚合物材料、无机材料和助剂在一定的温度下进行机械混合，最终形成一种分布均匀的新材料的过程。共混改性在聚合物改性中是最普遍且效果很好的方法。共混改性可以大幅度提高聚合物的性能，可以使共混组分实现性能上的互补。将价格较低的聚合物添加到价格较高的聚合物中，如果能够不降低聚合物的性能，则成本降低，因此共混改性在高分子材料科学研究和工业应用中一直很受欢迎。

2）填充改性和纤维增强复合材料

聚合物中填充高岭土、膨润土、炭黑、硅石、碳酸钙和滑石等无机粒子能够降低成本，或者改善聚合物的性能。由于无机物填充剂与有机高分子材料在性能上的不同或者互相补充，为填充改性提供了巨大的研究空间和应用领域；填充改性不仅可以改善聚合物性能，同时在降低材料成本方面发挥着重要作用。

有机填充物具有低密度、价廉、无磨蚀、高填充量、可循环利用、可降解和可再生等优点而得到广泛应用。纤维增强复合材料的强度受纤维的体积分数以及纤维与基体的界面结合情况的影响很大。纤维增强复合材料不仅可以改变力学性质，在声、光、电和热等方面也可以调节。在增强基体复合材料过程中，纤维起到承受重量和提高强度的作用；基体起到保护和固定纤维的作用，基体在纤维两端以界面剪切的方式向纤维传递重量。

3. 聚丙烯/黏土复合材料的制备

石阳阳[37]将有机煅烧高岭土与聚丙烯(PP)进行熔融共混制备出 PP/高岭土复合材料。用 TEM、SEM、XRD、TG 和 DSC 对复合材料的微观形貌、热稳定性、结晶等特征进行研究，通过拉力测试研究了复合材料的力学性能。结果表明：当高岭土用量低于 5 phr 时(phr 代表质量分数，是以树脂质量为 100，其他物质质量与树脂质量的比值，下同)，片层均匀分散在 PP 基体中；高岭土的加入，促进了聚丙烯 β 结晶成核，提高了 PP 结晶速率和热稳定性；高岭土用量为 3 phr 时，复合材料的拉伸强度、断裂伸长率相对于纯 PP，分别提高了 37%、18%。

刘曙光[38]将不同改性硬质高岭土与聚丙烯共混、挤出、造粒、注塑成型，制备了 PP/改性高岭土复合材料。采用 XRD、SEM、电子万能试验机、水平垂直燃烧仪、极限氧指数测定仪等测试手段对复合材料的结构、界面形貌、力学性能、阻燃性能等性能进行了测试表征。研究结果表明，经铝钛酸酯偶联剂改性后的煅烧高岭土在 PP 中分散均匀，其阻燃性能与力学性能有明显的提高。刘曙光研究了煅烧硬质高岭土插层改性的技术方法，利用乙酸钾的吸潮特性，将乙酸钾和煅烧硬质高岭土按照一定比例进行物理研磨后制得超细片层材料。通过 XRD 和 FTIR 测试可以看出，部分乙酸钾能够进入高岭土的片层结构，撑大其层间距，使高岭土片层层间距扩大。对插层改性高岭土进行表面改性处理，与 PP 共混、挤出、造粒、注塑成型后，测试结果表明，在添加剂相同的基础上，PP/插层改性高岭土复合材料的力学性能和阻燃性能较 PP/改性高岭土略有提高。

郑玉婴等[39]用湿法对高岭土进行表面改性，采用熔融共混法制备了 PP/高岭土/PP-g-MAH 复合材料。利用 FTIR、TG、XRD 和 SEM 等表征方法，进行结构、力学和热学性能测试。结果表明：改性剂可与高岭土很好地反应，并且与马来酸酐接枝的聚丙烯(PP-g-MAH)产生良好的协同作用。复合材料的拉伸强度提高了 10.6%，缺口冲击强度优于未改性高岭土复合材料。XRD 测试表明，复合材料的各峰位置没有明显变化，高岭土具有异相成核作用，大大提高了结晶度；高岭土使 PP 基体的热变形温度提高了 18℃。SEM 分析得出，改性高岭土均匀地分散于 PP 基体中。

宋理想[40]利用 DMSO 插层改性高岭土，破坏层间的氢键，然后采用乙酸钾(KAc)取代层间的 DMSO 分子，使层间距进一步扩大，为具有阻燃功能的甘氨酸

(Gly)小分子的插层提供了有利条件。最终用 Gly 和第二步反应的产物作用。FTIR
和 XRD 分析表明，Gly 分子插入高岭土层间，制备了高岭土/甘氨酸插层复合物
（K-Gly）。SEM 和 XRD 表明 K-Gly 形成了剥离结构，在材料中分散均匀。当 1.5%
K-Gly 代替膨胀型阻燃剂（IFR）时，PP/IFR/K-Gly 能使 PP/IFR 的极限氧指数（LOI）
从 27.3 提高到 32.9，且 UL-94 达到 V-0 级；热释放速率（HRR）和总释放热（THR）
均有较大幅度的降低，并且能够有效地抑制烟的生成。锥型量热仪（CONE）测试
后的残炭照片和 SEM 观察表明，K-Gly 的加入使炭层更加连续、致密。TG 结果
表明，K-Gly 能够提高 PP/IFR 的热稳定性及最终的残炭量。

王鉴等[41]以钛酸酯偶联剂（NDZ-105）改性的高岭土为填料、马来酸酐接枝的
聚丙烯（PP-g-MAH）为相容剂，与聚丙烯（PP）熔融共混制备复合材料，测定了复
合材料的力学性能，并通过 XRD、FTIR、TG、SEM 等测试方法研究其结构。测
试结果表明，NDZ-105 分子包覆到高岭土颗粒表面，有效改善了高岭土与 PP 基
体的相容性；改性高岭土在 PP 基体中起到异相成核作用，并诱导 PP 基体产生 β
晶型；与纯 PP 及 PP/未改性高岭土复合材料相比，PP/改性高岭土复合材料的拉
伸强度、冲击强度、屈服强度、弹性模量、维卡软化温度和外推起始失重温度均
明显提高，分别增加了 7.6%、31%、21%、89.3%、8.4℃和 97℃。

有一些层状硅酸盐如蒙脱土，由于片层间的作用力很弱，可以很容易地分散在
适当的溶剂中。然后将 PP 和溶剂混合，再蒸发溶剂。黏土片层会重组成一个有序
的多层结构，聚丙烯分子链进入层间形成纳米复合材料。其过程如图 1-9 所示。

刘晓辉等[43]将丙烯酰胺、适量引发剂的水溶液、有机土和甲苯制成稳定的乳液，
再慢慢滴加入溶解有 PP 的甲苯溶液，然后保温 1 h，制得聚丙烯/蒙脱土（PP/MMT）
纳米复合材料。结果表明层间距由 1.94 nm 提高至 4 nm 左右，动态储能模量明显高
于纯聚丙烯。邱方道等[44]将 PP 溶解到三氯苯中，然后加入三种不同的商业黏土，充
分混合均匀后蒸发溶剂，得到三种复合材料。结果表明，经过有机改性的商业黏土
的分散性明显好于未改性的黏土，而且改性黏土还能促进 PP 生成 γ 晶型。

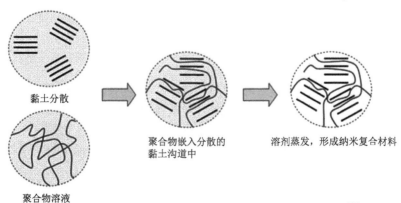

黏土分散

聚合物溶液

聚合物嵌入分散的
黏土沟道中

溶剂蒸发，形成纳米复合材料

图 1-9 溶液法制备聚合物/层状硅酸盐纳米复合材料示意图[42]

溶液插层法有很多局限性，如缺乏连续生产的能力、没有一种通用的溶剂等。熔融插层法是最接近工业生产的一种方法，也是比较环保的一种方法，如图 1-10 所示。

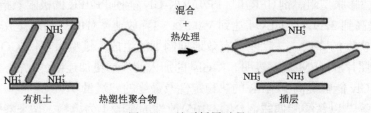

图 1-10　熔融插层过程

Kurokawa 等[45, 46]用聚丙烯酰胺插层蒙脱土，再用 PP-g-MAH 包覆与 PP 共挤，结果发现复合材料性能提高不大。Liu 等[47]采用环氧丙烷、甲基丙烯酸酯处理有机蒙脱土，得到一种新型共插层有机蒙脱土。这样能得到比一般有机黏土更大的层间距，而且这种共插层单体能与 PP 主链发生接枝反应，有利于层间距的进一步增大。

马晓燕等[48]用有机累托石和聚丙烯在双螺杆挤出机上造粒，制得累托石/聚丙烯纳米复合材料，当黏土含量为 2%时，复合材料拉伸强度提高 65.7%，断裂伸长率提高 289.3%，冲击强度提高 14.1%，10%失重率时对应的热分解温度提高 50 K。戈明亮[49]采用固相法对黏土进行插层改性，此法不采用水、乙醇等溶剂，工艺时间缩短，改性效率提高，环境污染减少。

原位聚合法能够利用单体聚合来克服层间作用力，这是一种高效的方法，也是很有商业前景的一种方法。Lee 等[50]将低聚物 ECTs 插入有机蒙脱土层间，再在层间聚合，其过程如图 1-11 所示。

Sun 等[51]直接将丙烯和催化剂分散到有机蒙脱土层间，在温和的条件下制备了高性能的 PP/黏土纳米复合材料。Hwu 等[52]用一种催化剂和类似的办法制得 PP/Mont（蒙脱土）纳米复合材料，与纯 PP 相比结晶度更高，体积密度、维氏硬度、熔体温度、熔值比都比纯 PP 高。

4. 黏土对聚丙烯力学性能的影响

在黏土分散良好的情况下，复合材料的拉伸性能和冲击性能都能够得到改善。但是当含量超过某一个较小的临界值时，继续增加黏土含量，冲击强度就不会再提高，反而会下降。冯西桥[53]从力学的角度出发探讨了蒙脱土含量对复合材料力学性能的影响。他认为过多的蒙脱土不会被嵌入聚合物中，而会对复合材料的总体模量起到负作用。

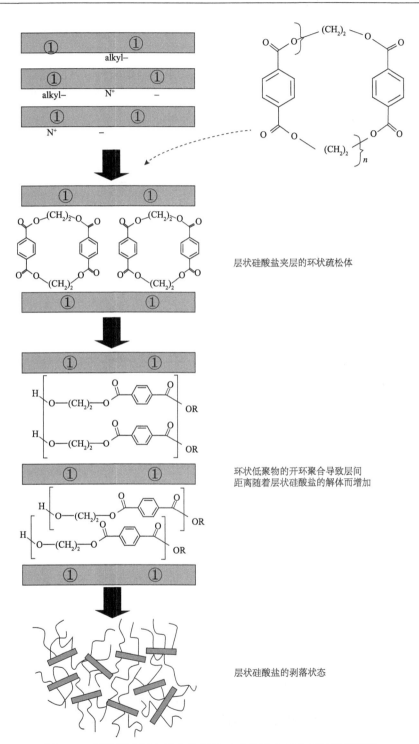

层状硅酸盐夹层的环状疏松体

环状低聚物的开环聚合导致层间
距离随着层状硅酸盐的解体而增加

层状硅酸盐的剥落状态

图 1-11　原位聚合制备聚合物/层状硅酸盐纳米复合材料示意图[50]

PP-g-MAH 的加入可以有效地提高插层效果[54]。但是接枝物本身的聚合度较低，过多的加入会使其力学性能下降。徐卫兵等[55]认为当接枝物含量为 10 wt%（质量分数）时复合材料的拉伸强度最高。程雷[56]采用马来酸酐、苯乙烯双单体接枝聚丙烯作为相容剂，通过熔融共混法制备 PP/膨润土纳米复合材料，当相容剂含量为 5 wt%时，拉伸性能和冲击性能同时达到最大值。

5. 黏土对聚丙烯结晶行为的影响

图 1-12 是 PP 典型 WAXD 谱图，PP 是典型的结晶聚合物，其有 α、β、γ 三种不同的结晶形态。黏土的加入能够影响 PP 的结晶形态。

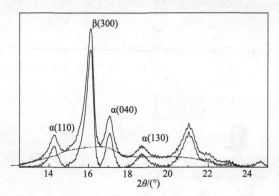

图 1-12　PP 典型 WAXD 谱图的非晶区计算及其 α 晶型、β 晶型的衍射位置示意图

Maiti 等[57]发现虽然黏土能够起到成核剂的作用，但是其对线性生长速率和总的球晶生长速率没有太大的影响。Yuan 等[58]研究了不同含量的黏土对 PP/黏土纳米复合材料结晶性能的影响，随着黏土含量的增加，复合材料的结晶温度和半结晶时间都提高。Ray 等[59]采用快速扫描量热法研究了 PP/黏土纳米复合材料的结晶行为，这种方法能很好地模拟注塑等现实加工过程，对生产有很好的指导意义。

马继盛等[60]认为蒙脱土一方面能够限制聚丙烯分子链的运动，使结晶度降低，另一方面还能作为成核剂，使结晶完善，提高结晶度。但是前者是主要作用，所以总结晶度是降低的。欧玉春等[61]用界面改性剂改性高岭土，发现复合材料的结晶过冷度降低，球晶尺寸变小，韧性明显提高。

Liu 等[62]将管状埃洛石加入聚丙烯中发现其对聚丙烯有 α、β 双成核作用。当埃洛石含量为 20 份时，β 晶含量最多。从 SEM 照片中可以发现明显的 β 晶，如图 1-13 所示。Nam 等[63]研究发现加入蒙脱土后的复合材料的 XRD 谱图中会出现一个新峰 $2\theta=19.3°$，这是 γ 晶的(130)面的衍射峰。而且 γ 晶随着蒙脱土含量的增加而增加。蒙脱土含量为 2 wt%时，聚丙烯没有出现 γ 晶型；含量为 4 wt%时，γ 晶型比例为 6.7%；含量为 7.5 wt%时，γ 晶型比例为 10.5%。

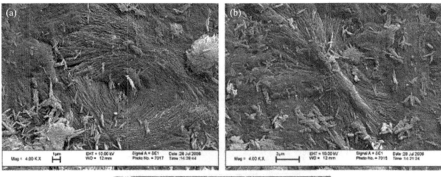

图 1-13 复合材料的 β 晶 SEM 照片

6. 黏土对聚丙烯的其他影响

黏土的纳米分散对于聚合物的热稳定性有明显的提高，因为黏土有一定的气体阻隔作用，可以阻隔氧气的渗入和降解后低分子产物的逸出。同时黏土的片层结构可以阻挡气体的渗入，提高复合材料的气密性。

任显诚等[64]研究了 PP/高岭土复合材料抗紫外线性能，研究发现高岭土对于提高聚丙烯抗紫外线能力优于其他普通填料，如碳酸钙和滑石粉。Tidjani 等[65]研究了 PP-g-MAH/OMMT 和 Wolf 法[66]制备的复合材料的光氧化性，发现虽然黏土对材料的热降解性能有显著提高，但是对于延缓光氧化性能无显著效果。

Solomon 等[67]研究了聚丙烯/黏土复合材料的流变性，研究表明黏土含量为 2 wt%时，低频区的弹性模量呈线性，储能模量明显提高，而且黏度对温度的敏感度也高于纯 PP。

1.8.5 尼龙 6/黏土复合材料研究现状

1. 尼龙 6/黏土复合材料的制备

尼龙 6/黏土复合材料的制备主要有两种方法，分别是熔融插层法和原位聚合法。

Liu 等[68]用熔融挤出的方法制备了尼龙 6/蒙脱土纳米复合材料，其力学性能与纯尼龙 6 相比大幅提高。Hasegawa 等[69]改进了工艺，他们以钠基蒙脱土浆为原料，经双螺杆挤出造粒，得到了尼龙 6/蒙脱土纳米复合材料，其生产过程如图 1-14 所示。结果表明，与纯尼龙 6 相比，复合材料表现出高强度、高模量、高热变形温度、低透气性。

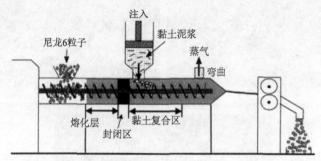

图 1-14　Hasegawa 等制备尼龙 6/蒙脱土纳米复合材料的过程[69]

原位聚合法是制备尼龙 6/黏土复合材料的最初方法，并且已经有商业化的产品出现。日本的丰田中央研究所和宇部在这方面做了大量工作。他们也制作了最早的商业化的聚合物/黏土纳米复合材料产品，用于混合动力汽车的正时皮带盖，见图 1-15。

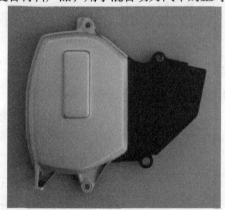

图 1-15　汽车正时皮带盖

2. 尼龙 6/黏土复合材料的性能

1）力学性能

Chavarria 等[70]研究了尼龙 6/蒙脱土纳米复合材料。结果表明，在 270℃时，蒙脱土含量 4.3 wt%（质量分数），所得的复合材料模量提高 66.8%，拉伸强度提高 31.2%，断裂伸长率大幅降低。可见纳米复合材料在强度提高的同时脆性也变差。对比不同挤出温度下制得的尼龙 6/蒙脱土纳米复合材料，可知 270℃下挤出的复合材料要比 240℃下挤出的复合材料增强效果明显。但是 270℃挤出的尼龙 6 在屈服前就断裂了，可见其脆性有很大提高[70]，见表 1-4。

表 1-4 不同复合材料的力学性能[70]

黏土纳米复合材料	模量/GPa	拉伸强度/MPa	屈服应变/%	断裂伸长率/%
240℃ PA-6				
0.0 wt% MMT	2.89	68.9	3.8	275
2.9 wt% MMT	4.09	85.3	3.2	191
4.3 wt% MMT	4.50	86.2	3.0	49
270℃ PA-6				
0.0 wt% MMT	2.80	66.6	3.7	272
2.7 wt% MMT	4.06	84.5	3.0	143
4.9 wt% MMT	4.67	87.4	2.7	7.5
270℃ PA-66				
0.0 wt% MMT	2.91	72.6	3.9	211
2.9 wt% MMT	3.92	80.4	4.0	10
4.4 wt% MMT	4.24	–	–	4

为了提高强度和韧性，Gonzáles 等[71]在材料中加入橡胶以达到增韧的效果。他们制备了一系列含有不同百分比橡胶的尼龙 6/有机蒙脱土/丁苯橡胶纳米复合材料，结果表明 30 wt%丁苯橡胶、70 wt%尼龙 6 和外加 3 wt%有机黏土的纳米复合材料韧性最好。

2）热学性能

Cho 等[72]研究了尼龙 6/蒙脱土纳米复合材料的热学性能，结果发现玻璃化温度、熔融温度、结晶温度、分解温度都与纯尼龙 6 差别不大，均在 10℃以内。Hao 等[73]研究了不同组成的有机蒙脱土/尼龙 6 纳米复合材料的阻燃性和防燃滴落性及其阻燃机制。结果发现，黏土和传统阻燃剂在阻燃作用上具有协同效应；蒙脱土/尼龙 6 纳米复合材料在燃烧时不会有滴落物。他们制备的蒙脱土/传统阻燃剂/尼龙 6 复合材料具有良好的阻燃性，5%OMT-10%RPM/PA66 的极限氧指数（LOI）值为 30.8，5%OMT-15%RPM/PA66 的阻燃性达到了 UL94-V0 标准。5%MMT/PA66-PPO PLSN 合金的 LOI 值为 30。

3）其他性能

普通尼龙 6 是乳白色样品，透明性较差。高透明度的尼龙 6 制备工艺比较复杂，将黏土加入普通尼龙 6 中也能提高其透明度，日本丰田中央研究所制备了透明的纳米复合材料，见图 1-16。

另外，由于黏土的加入，尼龙 6/黏土纳米复合材料对气体和液体的阻隔性都比纯尼龙要好。此外，还有关于尼龙 6/黏土纳米复合材料的流变性能、电性能等的研究。

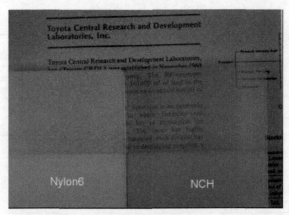

图 1-16　尼龙 6/黏土纳米复合材料(NCH)和纯尼龙 6 的透明性对比

1.8.6　聚氯乙烯/黏土复合材料研究现状

1. 膜结构概述

建筑膜结构材料是 20 世纪 50 年代继水泥、钢铁、玻璃和木材之后出现的又一种新型的建筑材料。建筑膜材具有质量轻、强度高、柔韧性好、透光性好、耐候性优异等特性,并且在建筑设计上具有造型丰富、与环境融合性好等优点。建筑膜结构还具有施工周期短、无遮挡大跨度的可视空间、经济性等特点。但是膜结构也存在一些亟需解决的问题,如耐久性、隔热与隔声效果、节能环保、自清洁性能等。

根据建筑造型的需要和结构受力、传力的特点,膜结构可以分为整体张拉式、骨架支承式、空气支承式和索系支承式或以上结构形式的组合等形式。膜结构材料应用的建筑领域主要有:大型体育场馆设施、商业公共设施、文化娱乐设施和交通服务设施等。目前国内外广泛应用于膜结构的柔性材料主要分为两大类:涂层织物类和热塑化合物类。

2. 膜结构材料类型

1)涂层织物类

涂层织物类膜结构材料主要是指由高强度纤维(如聚酯纤维、玻璃纤维、芳纶纤维、碳纤维等)织成的基材与聚合物(如聚氯乙烯、聚四氟乙烯、聚氨酯、硅酮等)涂层构成的复合材料。图 1-17 为涂层织物类膜结构材料示意图。

目前,建筑中广泛应用的涂层织物类膜材主要是聚四氟乙烯(PTFE)类膜材和聚氯乙烯(PVC)类膜材,二者的性能总结见表 1-5。PTFE 膜材是在玻璃纤维基材上涂覆 PTFE 树脂制成的复合材料。PTFE 为化学惰性材料,玻璃纤维具有强度高、尺寸稳定性好、耐热性好等优点,因此 PTFE 膜材具有强度高、防污自洁性好、耐紫外线能力强、阻燃、使用寿命长、可焊接等优点。PVC 膜材是以聚酯纤维织物为基材与 PVC 覆层材料复合而成。PVC 膜材具有价格低廉、韧性好等优点，但是在实际使用过程中，PVC 膜材抗紫外线能力较弱，增塑剂会迁移到膜材表面，易黏附灰尘等污染物，从而影响膜材的透光性和美观。PVC 膜材需要通过表面处理，提高其防污自洁、耐候及印刷等性能。

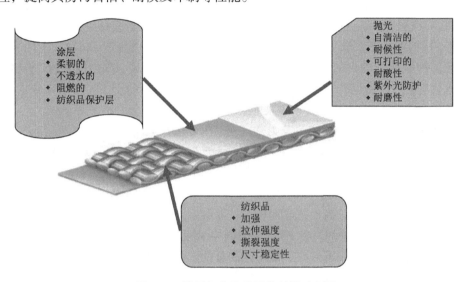

图 1-17 涂层织物类膜结构材料示意图

表 1-5 PTFE 膜材和 PVC 膜材的性能

性能	组织外观	撕裂强度	尺寸稳定性	阻燃性	透明度	自洁性能
PTFE 膜材			+	+	+	++
PVC 膜材	++	++				

性能	加工性能	柔韧性	挠曲寿命	耐化学性	耐低温性	耐热性
PTFE 膜材				++	+	++
PVC 膜材	++	++	+			

注：+代表好；++代表很好。

2）热塑化合物类

新型膜结构材料开发是推动膜结构行业发展的重要动力，氟化热塑性膜材［乙烯-四氟乙烯共聚物（ETFE）、氟化乙烯丙烯共聚物（FEP）、四氟乙烯、六氟丙烯和偏二氟乙烯的聚合物（THV）等］的问世，带来了膜结构行业的又一次技术革新。ETFE 制备的均质膜材已经成功应用于现代膜结构建筑中，如北京奥运会"水立方"场馆。ETFE 膜材表面非常光滑，具有自洁性优异、透光性高、隔热性好、阻燃、使用寿命长等优点。在气承式结构中,每一个气枕采用多层膜加工制作,每层膜采用不同形式的设计,可以充分优化建筑外形的美学效果和建筑环保性能。

3. PVC 膜材制备工艺

在国内,膜结构材料还处在起步阶段,很多方面制约着膜结构行业的发展。PTFE 膜材只有少数几家可以生产,基本属于空白,而 ETFE 膜材更是被国外垄断。目前,国内的生产厂家主要集中在低端 PVC 膜结构材料的生产,材料的使用寿命较短,PVC 膜材的自洁性能与可焊接性仍是一对矛盾因素。国内的 PVC 膜材在性能上与国外产品也有一定差距。PVC 膜材占有很大的市场比例,前景十分乐观,研究开发高性能 PVC 膜材具有重大的经济和社会效益。

PVC 膜材的生产工艺主要分为贴合法、压延法和涂层法三种[55]。贴合法是将预先成型的 PVC 面膜和底膜通过发送装置,与聚酯纤维基布在高温辊下层压复合成型的一种加工方法。该工艺制备的产品撕裂强度较好,但剥离强度较差。压延法是将 PVC 粉与增塑剂等加工助剂经充分搅拌后,直接在基布上通过高温辊热压复合的一种成型工艺。该工艺过程相对较复杂,产品的撕裂强度较好,但剥离强度一般。涂层法是通过刮刀将 PVC 增塑糊均匀地涂布在纤维织物上,经烘干、塑化等工艺成型的一种加工方法。该工艺制备的产品剥离强度很好,但撕裂强度相对变差。通过工艺流程与 PVC 增塑糊配方的优化设计,可以得到性能优异的产品,目前涂层法是 PVC 膜材比较常用且较为先进的一种成型工艺。

1) 刮涂工艺

图 1-18(a)~(b) 为刮涂工艺的示意图。刮涂工艺是指通过刮刀在基材的表面进行涂覆的一种加工方法。从图 1-18(a) 中可以看出,刮刀在支承辊(金属或橡胶辊)上面,溶胶(或增塑糊)的涂布过程在支承辊上完成。浮动刮刀涂布工艺如图 1-18(b) 所示,刮刀停靠在悬空的基材上面,整个加工过程中基材必须保持拉紧的状态。另外一种刮涂工艺[图 1-18(c)]中,基材依附着橡胶传送带,刮刀停靠在基材上。该工艺以橡胶传送带作为支撑面,基材所受的张力较小,特别适合轻质的基材。图 1-18(d) 所示为刮刀的几种类型。其中,A 为锐角刮刀,适合制备薄的和无渗透的涂层;B 和 C 为球形或半圆形刮刀,刮刀的背面具有储存溶胶的作用;D 为特殊形状刮刀,为了适应一些粗糙的基材或膨胀性溶胶的涂布,刀具被制备成带有"后跟"的形状。控制刮涂工艺涂层厚度的主要因素有:刮刀与基材的间距、基材的类型、刮刀的类型与刮涂的工艺、溶胶(或增塑糊)的黏度和基材运行的线速度。

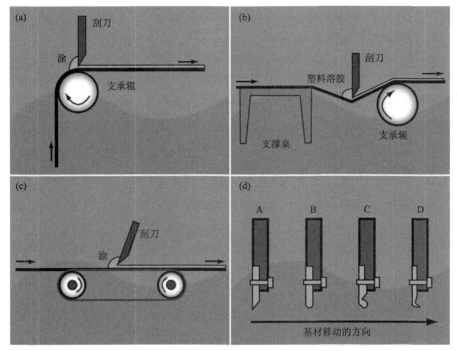

图 1-18　刮涂工艺示意图(a～c)和刮刀类型(d)

2)辊涂工艺

图 1-19 为辊涂工艺示意图。图 1-19(a)为直接辊涂工艺,其中 B 为涂布辊,A 辊为计量辊,计量辊在基材的上方施加一定压力,涂布辊的运转方向与基材的行进方向一致。与涂布辊配合的刮刀,可以调整涂布量。该工艺适合低黏度溶胶(或增塑糊)的涂布,基材的涂布量较少。图 1-19(b)为"吻"辊涂工艺,基材与下方的光辊接触进行涂层,涂布量与光辊的运转速度和溶胶(或增塑糊)黏度有关。该工艺适合高速涂布,溶胶(或增塑糊)的流动性要好。图 1-19(c)为凹版印刷涂布工艺,涂布辊表面刻有凹孔,可以储存一定量的溶胶(或增塑糊),通过刮刀调整涂布量,借助基材上方橡胶支承辊的压力,将溶胶涂布印刷在基材上。该工艺适合表面罩光漆的涂布,涂布量为 10～15 g/m²。图 1-19(d)和(e)均为间接辊涂工艺,这两种工艺不适合在纤维织物表面直接涂覆,适合于表面光滑的基材(纸张或涂层前处理过的纤维织物)。间接辊涂工艺的表面涂布效果好,可以涂覆较薄的涂层,精确度高,涂布量为 30～100 g/m²。图 1-19(d)为三辊涂布工艺,B 为涂布辊,C 为支承辊,A 为计量辊,该工艺中涂布辊的切向线速度一般是基材运行线速度的 3～4 倍,基材运行方向与涂布辊运转方向一致。涂布辊上剩余的溶胶(或增塑糊)通过刮刀收集到糊槽中。图 1-19(e)为四辊涂布工艺,基材运行方向与涂布辊运转方向相反,通过 D 辊(墨斗辊)将溶胶(或增塑糊)供给 B 辊(涂布辊)。计量辊上剩

余的溶胶(或增塑糊)通过刮刀收集到糊槽中。控制辊涂工艺涂层厚度的主要因素有：涂布辊与计量辊(或刮刀)之间的间距、基材上支承辊施加的压力、涂布辊与其他辊筒的相对速度、辊涂工艺类型和溶胶(或增塑糊)的黏度。图 1-19(f)所示为丝网印刷涂布工艺，该项技术来源于纸张印刷业。涂布质量取决于丝网的目数、开口度和开口率。

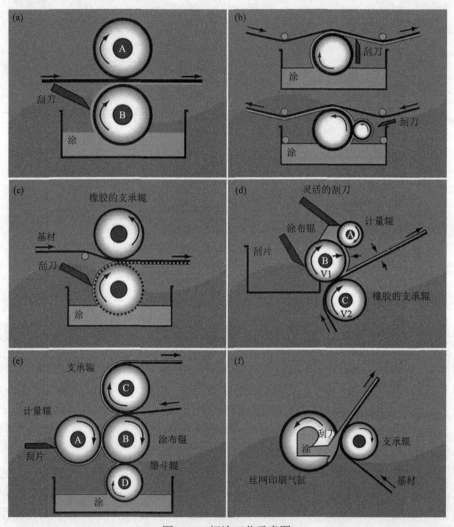

图 1-19　辊涂工艺示意图

3)涂层工艺

涂层工艺的基本流程为：基材→预涂层→烘干→涂层→烘干→涂层→烘干→……→塑化/成型→冷却/切边等→收卷。

在涂层过程中，纤维织物的经向和纬向都需要施加较大的张力，保证经向和纬向的纱线尽可能伸直以提高产品抗蠕变性能和尺寸稳定性。世界知名的膜结构材料生产厂家主要集中在欧美等少数几家企业，如法国法拉利（Ferrari）公司、德国杜肯（Duraskin）和米勒（Mehler）公司、比利时希运（Sioen）公司、美国 ASATI 和 ARIZON 公司等。其中，Ferrari 公司采用 Precontaint 专利技术，保证基布从退卷发送开始，整个涂层过程中经向和纬向纱线持续受到一定的张力，使产品具有更优异的尺寸稳定性、抗蠕变性能和抗紫外线性能。其专利核心内容如图 1-20 所示。国内膜材生产工艺中，基材经向所受张力较大，而纬向基本无张力，从而导致产品在经纬向上的差异较大。

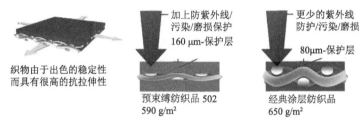

图 1-20　Ferrari 公司采用的 Precontaint 专利技术示意图

涂层工艺按涂层与基材的复合方式不同可以分为直接涂层和转移涂层两种。涂层工艺中，烘干（预塑化）过程的温度一般为 120~140℃，塑化过程的温度为 150~220℃。预塑化系统可以是较短的烘箱隧道或带红外辐照等的干燥系统。凝胶塑化系统主要由较长的烘箱（长度为 6~60 m）组成，被划分为 3~4 个独立的控温区，热空气经过通风孔（位于基材下方、垂直于涂层基材）对涂层基材进行加热。通风系统不仅要提供循环的热空气，还需要排除增塑剂或其他挥发组分产生的烟气。温度要在烘箱宽度上分布均匀，如果出现"冷区"，蒸汽冷凝，从而在膜材表面产生污渍。离开塑化烘箱后，涂层织物需要通过 1~2 个冷却辊进行冷却处理，避免涂层表面产生裂纹和收卷时发黏。

4. PVC 膜材表面处理

PVC 膜结构材料，由于价格低廉、性能优异，受到普遍的青睐。但是，PVC 膜材在使用过程中，增塑剂易迁移，膜材性能下降，表面也易黏附灰层等污染物，自洁性能差，会严重影响膜结构材料的使用寿命和美观。为了进一步提高膜材的使用寿命和自洁性能，相继开发了聚丙烯酸酯类、氟碳树脂类表面处理剂以及纳米 TiO_2 涂层处理技术[74]。目前，聚丙烯酸酯（PA）和聚偏氟乙烯（PVDF）涂层剂的涂饰工艺有刮涂、辊涂和喷涂等。实际生产中，多采用丝网印刷工艺，通过两次涂层（辊筒采用不同目数和网孔形状）可以获得较好的表面效果，而网孔孔容将直接影响最终的涂覆量。

1) 聚丙烯酸酯类表面涂层剂

20 世纪 70 年代初期，人们开始采用 PA 涂层剂对 PVC 膜材进行表面处理，提高了膜材的防污性能和耐候性能，同时不影响膜材的焊接性能。聚丙烯酸酯树脂是丙烯酸酯或甲基丙烯酸酯为单体聚合而成。其主链为 C—C 链，具有很强的光、热以及化学稳定性，因而 PA 涂层具有耐酸碱性、耐污染和耐候性等优点。由于支链上酯基的存在，PA 和其他涂层剂树脂的相容性较好，提高了施工性能。但是 PA 涂层剂仍存在一定的局限性，一般经过 PA 涂层剂处理过的 PVC 膜材的使用年限在 4～6 年，防污效果一般。目前，PA 涂层剂广泛应用在汽车内饰材料和篷布材料等耐候性较低的领域。

随着技术的进步，对 PA 涂层剂提出了更高的性能需求，人们开发了环氧树脂、有机硅、有机氟、聚氨酯等改性聚丙烯酸酯类涂层剂。

2) 氟碳树脂类表面涂层剂

氟碳树脂由含 C—F 键的烯类单体(表 1-6)聚合而成。C—F 键键长很短，键能很大，F 原子具有强极性，表面带有较多负电荷。氟原子在 C—C 链周围形成高度的空间立体屏蔽效应，从而保护 C—C 链免受化学介质的破坏，氟原子的极化率小，在化学性质上表现为优异的化学稳定性、热稳定性和耐候性。因此，氟碳树脂类涂层剂具有耐磨、抗紫外线、耐腐蚀、耐热、防污自洁以及使用寿命长(达 10～20 年)等优点。氟碳树脂类表面涂层剂，如聚四氟乙烯(PTFE)等，广泛应用于陶瓷、金属和建筑外墙等领域，一般氟碳涂层剂需要在高温下才能固化成型，在很大程度上限制了氟碳涂层剂的推广应用。这类具有极佳的耐候性、耐热性和耐化学腐蚀性和防污自洁性能的新型工业材料却很难应用在 PVC 膜材上，PVC 膜材在超过 70～140℃的环境下就开始软化，无法满足高含氟量氟碳涂层剂固化成型温度的需求。因此，开发可以在中、低温条件下固化的氟碳涂层剂就尤为主要。1982 年，日本旭硝子公司开发了由氟烯烃和乙烯基醚共聚合成的氟涂料树脂 FEVE，FEVE 涂层剂可以在常温下固化成型，拓展了氟碳涂层剂的应用领域，推动了氟碳涂层剂的发展。

表 1-6　含氟烯烃单体及其均聚物含氟量[75]

单体名称	均聚物含氟量/wt%
$CH_2 = CF_2$(偏氟乙烯)	59.20
$CH_2 = CHF$(氟乙烯)	41.18
$CF_2 = CFCl$(三氟氯乙烯)	48.75
$CF_2 = CF_2$(四氟乙烯)	75.60
$CFH = CF_2$(三氟乙烯)	69.40

续表

单体名称	均聚物含氟量/wt%
CF₃-CF=CF₂(六氟丙烯)	75.60
CF₂=C(CF₂H)—CF₂H(六氟异丁烯)	69.40
CH₂=C(CH₃)—CO₂-M*	33.81~60.58

*含氟丙烯酸酯，其中 M 代表含 F_n 和 C_m 的烷基基团，其中 n=3~17，m=1~10。

目前，用作 PVC 膜材表面涂层剂的氟碳树脂主要是聚偏氟乙烯(PVDF)，PVDF 涂层剂通过改性处理引入一些活性基团，与固化剂产生交联反应，实现 PVDF 在中低温下固化成型。PVDF 树脂具有较高的化学惰性，与 PVC 膜材的黏接强度较差，易产生剥离与脱落的现象。同时，含氟量较高的 PVDF 涂层剂会影响 PVC 膜材的焊接性能，为了兼具良好的防污自洁性能和可焊接性能，需要通过引入非含氟(如丙烯酸酯类)单体进行共聚合，以期达到防污自洁和可焊接性能的平衡效果。市场上可焊接的 PVDF 涂层剂的含氟量都不高，其防污自洁性能比 PA 涂层剂的效果要好，但防污自洁性能还不能满足建筑膜材的需求。

3)"光触媒"涂层处理技术

"光触媒"即纳米 TiO_2 涂层处理技术的开发，能有效解决聚丙烯酸酯类和氟碳树脂类表面涂层剂不能兼顾 PVC 膜材的可焊接性与自洁性能的缺点。目前，国内外研究很多集中在纳米 TiO_2/高聚物复合材料的结构与性能，而成功将纳米 TiO_2 表面涂层剂运用在 PVC 膜材上的还是很少[76-81]。

"光触媒"涂层处理技术"自清洁"的原理是，膜材表面的纳米 TiO_2 受到紫外光的照射后，通过光催化反应，发生亲水氧化分解有机物，可以轻易地去除膜材表面的有机污染物。纳米 TiO_2 作为光催化剂，具有持续的防污自洁效果。

日本 Taiyo Kogyo 公司成功将纳米 TiO_2 涂覆到 PVC 膜材的表层，利用纳米 TiO_2 的光催化作用起到防污自洁的功效，同时这类膜材具备优异的可焊接性能，加工方便[63, 64]。法国 Ferrari、德国 Mehler 和 Duraskin、美国 Seamen 及韩国 Super Tex 等公司也相继开发出高性能 PVC 膜结构材料。锐钛型纳米 TiO_2 的光催化特性机理如下：

$$TiO_2 + h\nu(\lambda=387.5\ nm) \longrightarrow TiO_2(e^- + h^+) \qquad e^- + h^+ \longrightarrow heat\ or\ h\nu$$
$$h^+ + H_2O \longrightarrow ·OH + H^+ \qquad\qquad\qquad h^+ + OH^- \longrightarrow ·OH$$
$$e^- + O_2 \longrightarrow ·O_2^- \longrightarrow HO_2· \qquad\qquad\quad HO_2· \longrightarrow H_2O_2 + O_2$$
$$H_2O_2 + ·O_2^- \longrightarrow ·OH + OH^- + O_2·$$
$$OH(或\ H^+) + 有机物 \longrightarrow 氧化产物$$

5. 膜结构材料应用举例

我国已建成的部分膜结构建筑见表 1-7。

表 1-7　我国已建成的部分膜结构建筑

建筑物	膜材类型	膜材投影面积/万 m²	建成时间
上海八万人体育场	PTFE	3.6	1997 年
上海虹口体育场	PTFE	2.6	1999 年
广州黄埔体育馆	PVC	1.0	2000 年
义乌体育馆	PVC	1.6	2001 年
青岛颐中体育馆	PVC	3.0	2001 年
武汉体育中心	PVC	3.0	2001 年
烟台体育馆	PVC	1.6	2001 年
威海体育馆	PVC	2.5	2001 年
郑州航海体育馆	PVC	2.0	2001 年
威海市体育中心体育场	PVDF	1.5	2001 年
芜湖市体育场	PVDF	2.1	2003 年
广西南宁国际会展中心	PTFE	1.6	2003 年
广州白云机场	PTFE	5.0	2003 年
嘉峪关体育场	PTFE	1.0	2003 年
厦门工人体育馆	PTFE	2.1	2006 年
山西晋城体育场	PVDF	1.0	2006 年
国家体育场(鸟巢)	ETFE/PTFE	4.2	2008 年
水立方游泳馆	ETFE	3.1	2008 年

6. 聚氯乙烯/黏土复合材料的制备

聚氯乙烯/黏土纳米复合材料的制备也主要有两种方法,即熔融共混法和原位聚合法。熔融共混法是借助机械剪切力作用将聚合物熔体插层进入蒙脱土片层间,形成纳米复合材料。原位聚合制备聚氯乙烯/黏土纳米复合材料时大多采用乳液聚合法。其方法是先将黏土有机化处理,然后制成乳液,加入氯乙烯单体(VCM)和引发剂,恒温聚合达到一定转化率,即得产品。

郑玉婴等[82]用十八烷基卤化物处理钠基蒙脱土,制得有机改性蒙脱土(OMMT),然后将定量粉状 PVC、复合稳定剂、有机蒙脱土和其他助剂按顺序加入高速加热混合机,制成 PVC-U/蒙脱土纳米复合管材,材料的力学性能和热稳定性都显著提高。Ren 等[83]用双辊混炼机将 OMMT 与 PVC 熔融共混。将 OMMT、乙酸乙烯(VAc)、助剂和稳定剂等在双辊塑炼机上塑炼后再与 PVC、各种助剂和热稳定剂混合熔融共混,制得 PVC/VAc/OMMT 纳米复合材料。

Lepoittevin 等[84]、Pan 等[85]、Gong 等[86]、Shi 等[87]和 Madaleno 等[88]分别采用乳液聚合法成功地制备了 PVC/黏土纳米复合材料,并借助 XRD、FTIR、TEM 等测试手段证明该复合材料是剥离型纳米复合材料。

7. 聚氯乙烯/黏土复合材料性能

1)力学性能

戈明亮等[89]分别用硅烷偶联剂 550 和硅烷偶联剂 560 处理钠基蒙脱土,制备了两种纳米复合材料 PVC/YDH-550 和 PVC/YDH-560。结果表明,PVC/YDH-560 的力学性能明显优于 PVC/YDH-550。当黏土含量为 5 wt%时,与纯 PVC 相比,PVC/YDH-560 的拉伸强度增大 15.31%,冲击强度提高 135.5%。Yarahmadi 等[90]用聚乙二醇、丙二醇单硬脂酸酯和棕榈油等螯合剂处理有机蒙脱土获得复合材料。这种复合材料力学性能优异,并且兼顾热稳定性,其拉伸性能见表 1-8。

表 1-8 材料的拉伸测试结果

材料	弹性模量/MPa	拉伸强度/MPa	断裂伸长率/%
PVC S5745	2722	60.7	48
S5745 + 2.5 phr PEG MS	2796	59.9	48
S5745 + 5 phr PEG MS	3449	61.0	46
PVC S6045	3101	64.8	43
S6045 + 7 phr PEG MS	4361	65.3	22

陈建军等[91]用固相剪切碾磨方法成功制备了聚氯乙烯/高岭土纳米复合材料,高岭土质量分数 8 wt%时,力学性能达到最大值,在 4 wt%～22 wt%的范围内,同步实现了增强增韧。与简单填充复合方法相比,固相剪切碾磨技术制备的 PVC/高岭土纳米复合材料的力学性能有较大提高。在高岭土质量分数为 4 wt%时,断裂伸长率由 87.3%提高到 274.6%,提高了 214.5%;拉伸强度由 47.7 MPa 提高到 54.0 MPa。

2)热学性能

Liang 等[92]对聚氯乙烯/蒙脱土纳米复合材料的研究发现:OMMT 1 wt%时的热分解温度为 302℃,高于纯聚氯乙烯的分解温度(293℃)。常见的烷基铵改性剂对 PVC 的热稳定性有不利的一面[92-95],Sterky 等[96]研究发现非离子螯合剂插层蒙脱土能够大幅提高 PVC 的热稳定性。Wang 等[97]、Yoo 等[98]和 Peprnicek 等[99]也研究了聚氯乙烯/黏土复合材料的热性能。

1.8.7 聚丙烯酰胺/黏土复合材料研究现状

1. 聚丙烯酰胺定义

丙烯酰胺聚合物是丙烯酰胺的均聚物及其共聚物的统称。工业上凡是含有

50%以上丙烯酰胺单体结构单元的聚合物都称为聚丙烯酰胺。其他结构单元的含量不超过 5%的通常都视为丙烯酰胺的均聚物。聚丙烯酰胺的结构式为

$$\left[CH_2 - CH \right]_n$$
$$\underset{\displaystyle \overset{\|}{O}}{\overset{\displaystyle |}{C} - NH_2}$$

其中，n 是聚合度。n 的范围很宽，从 100 到 100000 不等。聚合度的大小决定高分子分子量的大小，而分子量是聚丙烯酰胺最重要的结构参数，不同分子量范围的聚丙烯酰胺有着不同的性质和用途。

2. 聚丙烯酰胺分类

1)离子型

按照聚合物在水溶液中的电离性，聚丙烯酰胺可分为非离子型、阳离子型、阴离子型和两性型。非离子型聚丙烯酰胺分子链上不带可电离基团，在水中不电离；阳离子型聚丙烯酰胺在水中可电离成聚阳离子和小的阴离子；阴离子型与阳离子型相反；两性聚丙烯酰胺则可同时电离成聚阳离子和聚阴离子。

2)支化交联型

按照聚合物分子链的几何形状可将聚丙烯酰胺分为线型、支化型和交联型。聚丙烯酰胺一般为线型结构，但在聚合过程中，由于链转移反应以及酰亚胺化反应会产生支链或交联。

3)疏水缔合型

通过共聚合反应在聚丙烯酰胺中引入少量疏水基团，可赋予共聚物疏水缔合的性质，这种类型的聚丙烯酰胺称为疏水缔合型聚丙烯酰胺。由于共聚物的疏水部分在水介质中以类似表面活性剂的方式聚集，聚合物分子链在介质中形成可逆的网络结构，在温度、盐的影响下其水溶液具有独特的流变性。

3. 聚丙烯酰胺的应用

聚丙烯酰胺分子结构的特点和齐全的品种使之在国民经济的多个领域中得到了广泛的应用，它也是合成水溶性高分子中应用最广泛的品种之一，具有"百业助剂"之称的美誉。聚丙烯酰胺主要用于水处理、造纸和石油化工三大行业。

1)水处理行业

在水处理中，聚丙烯酰胺作为污水处理的絮凝剂和污泥的脱水剂，是大型污水处理工厂不可或缺的材料。它不仅保证了污水处理工艺的实现，还使污水回用成为可能，在工业水和饮用水的处理中发挥絮凝澄清作用，保证高质量的水质。低分子量的聚丙烯酰胺在冷却水循环利用和循环水水质稳定性上具有良好的应用。

2)造纸行业

在造纸行业中，聚丙烯酰胺主要用作纸张增强剂、助留助滤剂和废水处理剂等。它不但可以增强纸张质量，还可以减少纤维、颜料和填料的消耗，减少环境污染和节约大量的用水。因此，聚丙烯酰胺在造纸化学品中有着极为重要的地位，被称为"标准"造纸助剂。目前，造纸行业对阴离子聚丙烯酰胺的应用技术已趋成熟，如今正逐渐转向阳离子和两亲聚丙烯酰胺的应用技术。

3)石油化工行业

丙烯酰胺聚合物是一类多功能的油田化学处理剂，广泛应用于石油开采的钻井、固井、完井、修井、压裂、酸化、注水、堵水调剖、三次采油作业等工序中。特别是作为驱替剂、钻井泥浆和压裂液添加剂、堵水剂和油田污水处理剂时发挥着极为重要的作用。

4. 聚丙烯酰胺/高岭土插层复合材料

高岭土由于特殊的结构使得只有少数强极性的有机小分子可以直接插入高岭土层间，这也使得制备聚合物/高岭土插层复合材料具有一定的难度。因此，有关聚合物/高岭土插层复合材料的研究不是很多，有关聚丙烯酰胺/高岭土插层复合材料的研究更是少之甚少。

1990 年日本学者 Sugahara[100]采用 N-甲基甲酰胺插层、丙烯酰胺取代、原位聚合的方法首次制备了聚丙烯酰胺/高岭土插层复合材料，并采用 XRD、FTIR、^{13}C CP/MAS NMR、^{29}Si CP/MAS NMR 对聚合前后高岭土插层复合物进行了表征，分析表明丙烯酰胺在高岭土层间聚合前后与高岭土层间的氢键作用有所改变。Komori 等[101]则继续对聚丙烯酰胺/高岭土插层复合物在不同温度下作了较为详细的表征，研究发现聚丙烯酰胺在高岭土层间有阻碍羟基热分解、延缓高岭土结构转变的作用。王林江等[102, 103]采用同样的方法制备了聚丙烯酰胺/高岭土插层复合物，并在此基础上合成了 Sialon 材料。Wang 等[104]则利用丙烯酰胺/高岭土插层复合物合成防龋修复材料，其对氟化物具有很好的吸附和释放能力。

1.8.8 高岭土偶联改性成果及在塑料中的应用

煅烧高岭土具有优异的物理或化学性能，主要表现在以下方面。

(1)煅烧高岭土的晶体结构发生变化，从而使结构蓬松密度减小，光散射空隙增加，透明性和白度提高，继而光学性能得到改善。

(2)高岭土经过煅烧白度提高，超细化之后白度进一步提高，说明颗粒越细，白度越高。

(3)改性高岭土提高了与聚合物之间的亲和性，在聚合物中的分散性得到提高，制品功能性提高，制品成本降低，产品附加值提高。

(4) 产品无毒无臭，不含对人体有害的元素，不会污染环境。

(5) 材料结构稳定，不挥发、不升华，不会被常用溶剂抽出。

(6) 高岭土应用在涂料中可以提高涂料的耐储存性，可以提高膜层的涂刷性和抗吸潮性等机械性能，改善颜料的抗浮色性和抗发花性。

(7) 高岭土具有阻隔红外线的作用，应用到塑料大棚中具有良好的保温效果，可减少大棚中液滴和水滴的产生。

为了提高高岭土在塑料中的应用效果，人们使用不同的改性方法对高岭土进行改性。例如，用硬脂酸对山西怀仁地区的煤系煅烧高岭土进行表面改性，并将改性高岭土填充入聚氨酯，结果显示：改性高岭土活化指数达到 100%，吸油量下降了 40%。用硅烷偶联剂(KH-550)和钛酸酯偶联剂(TC-F)对高岭土进行表面改性，结果显示：经 KH-550 和 TC-F 表面改性高岭土填充体系的弯曲强度、弯曲弹性模量、冲击强度都有不同程度的提高，并且 KH-550 处理的高岭土对环氧树脂的增强效果比 TC-F 处理的好。用 KH-570 改性高岭土，并用苯乙烯聚合制得高岭土复合粒子，结果显示：复合材料的冲击强度、拉伸性能和热变形性能得到提高；DSC 研究分析，聚丙烯复合材料结晶过冷度减小，结晶温度升高。用钛酸酯偶联剂 NDZ-401、NDZ-130、NDZ-102 和 KH-550 表面改性处理高岭土，研究复合材料的力学性能，结果显示：NDZ-401 是这几种偶联剂中处理效果最好的。用硅烷活化高岭土，用原位聚合法合成聚对苯二甲酸乙二醇酯(PET)/改性纳米高岭土复合材料，结果显示：高岭土在 PET 中 0.2～0.5 μm 粒度分布最多；高岭土起异相成核作用，PET 的结晶速率明显提高，热稳定性也明显提高。

1.8.9　芳纶纤维增强尼龙 6

芳纶纤维(aramid fibers)是指聚合物大分子的主链由芳香环和酰胺键构成，至少有 85%的酰胺基直接键合在芳香环上，任一链节中苯环中原有的氢原子都被与之相连的酰胺基团所取代，是一种高性能、高技术含量的合成纤维。

按分子结构可分为：①对位芳香族聚酰胺纤维如图 1-21(a)所示，如美国杜邦的 Kevlar-29、Kevlar-49，荷兰阿克苏诺贝尔的 Twaron，俄罗斯的 Terlon，德国赫斯特的 Tervar，日本帝人的 Technora，以及中国石化仪征化纤的 YHTF100；②间位芳香族聚酰胺纤维如图 1-21(b)所示，如杜邦的 Nomex，俄罗斯的 Phenylon，日本帝人的 Conex 和尤尼吉卡的 Apyeil 及我国烟台泰和新材的泰美达；③芳香族聚酰胺共聚纤维如图 1-21(c)所示，在该领域俄罗斯的研究位居世界前沿，其代表产品如 Aemos 等，我国中蓝晨光也开发了 Staramid F358 等产品。

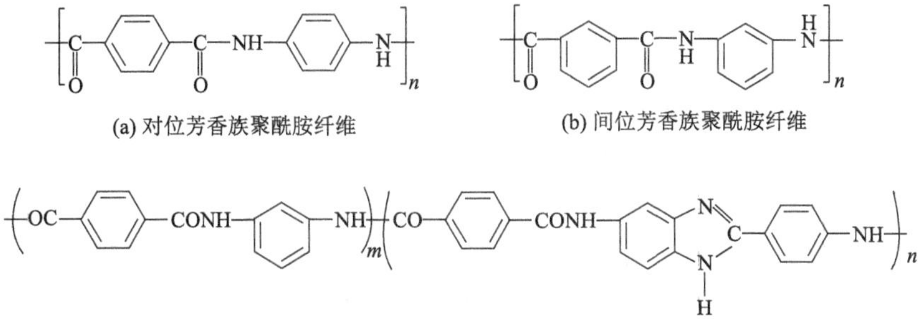

(a) 对位芳香族聚酰胺纤维　　　　　　(b) 间位芳香族聚酰胺纤维

(c) 芳香族聚酰胺共聚纤维[51]

图 1-21　芳纶纤维的分子结构图

芳纶纤维表皮和内部分子聚集态结构有所不同，即所谓的"皮芯"结构，主要表现为链节中由于存在苯环和 p-π 共轭、n-π 共轭，芳纶分子难以内旋转，因此呈棒状且在较薄的表层中芳纶分子链沿纤维轴排列得较为紧密，相反内部的串晶堆砌得较为松散，但排列方向大体为纤维的轴向。这是因为在凝固时，两者之间在原纤取向、空隙等方面存在不同，如图 1-22 所示[105]。Graham 等[106]使用原子力显微镜（AFM）分别测量 Kevlar-49 芯层和皮层的纳米级机械力学强度，经测试前者的弹性模量是后者的 4.5 倍，并归因为芯层有序性的增加导致分子间作用增强。

图 1-22　短纤芳纶纤维图

芳纶纤维具有优良的力学性能：①高强度和高模量，如 Technora 的拉伸强度高达 24.7 cN/dtex（1 cN/dtex=91 MPa），Kevlar-149 的拉伸模量为 1150 cN/dtex[107]；②质轻且耐高温，密度一般小于 1500 kg/m^3，即使温度高达 560℃也不分解、不熔化；③耐溶剂，一般的有机溶剂如乙醇等对其不产生影响[108]，可保持原有的结构；④阻燃性能良好且耐辐射，张慧茹等[109]制备的 Kevlar 织物阻燃时间在 5 s 内，在人工紫外辐射加速老化试验后，强度仅减少 15%～20%。

芳纶纤维凭借以上的优势，在国民经济的各个领域得到了广泛运用。①在军事领域，Bazhenov[110]使用 Armos 纤维布制作了层压板，研究发现即使子弹速度在 420 m/s 下，Armos 纺丝也没有立即断裂；②在航空航天领域，我国自主研制的杂环芳纶纤维 F-12 阻尼效果良好，可提高航天器消音减震衬板的强度[111]；③在鞋材领域，段洲洋[112]把表面处理好的芳纶纤维与乙烯-乙酸乙酯共聚物制成复合材料，研究发现芳纶纤维的加入可以阻止裂纹的产生，起到增强的效果；④在管材领域，芳纶纤维的加入明显提高了高温聚乙烯管材的耐高温性能[113]；⑤在混凝土领域，芳纶纤维含量仅为 1%时，水泥的 28 天抗折强度和抗冲击韧性都有了较大的提高。

纤维增强 PA6 复合材料依靠其内部的高强度纤维来承受材料的应力，以此提高复合材料机械强度。为了提高界面性能，一般需要通过某些手段对纤维表面进行处理。

本书在碱性条件水解芳纶纤维，在芳纶纤维表面引入活性基团羧基(—COOH)和氨基(—NH_2)，然后分别对其进行酰氯化、异氰酸酯化改性，并用己内酰胺封端稳定，实现了在芳纶纤维表面接枝 PA6。改性后芳纶纤维表面粗糙度有所增加，有利于增强与 PA6 的机械啮合作用，同时其表面活性官能团有所增加，改善了与树脂基体界面黏附性能。其中酰氯化改性和异氰酸酯化改性复合材料的拉伸强度、断裂负荷、弯曲模量相对于未改性之前分别提高了 19.6%和 9.7%、25.6%和 41.4%、35.4%和 6.3%。

1.9 本书的研究内容、目的及意义

1.9.1 研究内容

(1)研究龙岩高岭土的插层，并在插层基础上，采用苯乙烯原位聚合、异氰酸酯接枝等新方法赋予高岭土功能化基团，这对于提高福建高岭土产业附加值具有指导意义。

(2)自制苯乙烯插层高岭土复合材料，对聚丙烯(PP)进行改性。研究发现，该产品对 PP 具有一定的 β 成核效果，并探讨其含量对 PP 的结晶性能和力学性能的影响，并对其结晶动力学进行研究。

(3)通过将 4, 4′-二苯基甲烷二异氰酸酯(MDI)接枝到高岭土上，并用己内酰胺对未反应的异氰酸酯基团进行封端处理，改性后，高岭土接有 N-酰化己内酰胺结构。因此，在己内酰胺阴离子聚合过程中，高岭土-MDI 能够作为反应的活性中心，尼龙 6 分子链可以在其表面生长，提高复合材料的界面结合力。

(4)稀土也是福建的重要资源。利用长汀稀土制备一种环保型稀土稳定剂，并将其运用到聚氯乙烯(PVC)/高岭土复合材料中。在稀土稳定剂和高岭土的共同作用下，对 PVC 起到增强、增韧、稳定化的效果。产品力学性能和稳定性都有显著提高。

（5）尝试用不同改性剂对高岭土进行表面改性，目的是提高煅烧高岭土在 PP 中的分散性、相容性和反应性，从而达到提高 PP 复合材料力学、热学性能的目的。

（6）测试 PP/高岭土复合材料的力学、热学、结晶和流动性能，目的是分析改性剂的种类和用量对上述性能的影响。

（7）通过 SEM、XRD 等现代分析测试技术对煅烧高岭土的改性效果进行分析表征，目的是研究 PP/相容剂 PP-g-MAH/改性煅烧高岭土复合材料结构与性能之间的关系，为研究煅烧高岭土的改性机理和补强机理提供理论依据。

（8）结合生产实际，从原材料的选择到 PVC 膜材的制备工艺都进行系统的研究，并且提供膜材耐污性的评价方案，具有很好的指导意义。

（9）以高岭土为原料，通过插层改性成功制备管状高岭土，并经过酸处理工艺去除高岭土片层结构中的铝氧层，得到二氧化硅纳米管。以二氧化硅纳米管为载体采用溶胶-凝胶法制备 TiO_2/二氧化硅纳米管复合催化剂，该催化剂具有催化降解效率高、吸附能力强、光吸收范围广等特点。

（10）采用 TiO_2/二氧化硅纳米管复合催化剂改性低含氟量氟碳树脂类表面处理剂，实现在不影响 PVC 膜材焊接性能的基础上提高其自洁性和耐候性，提高 PVC 膜材的性价比。

（11）以茂名片状有机化高岭土为前驱体，表面活性剂溶液插层处理，成功制备高岭土纳米卷材料，并对高岭土纳米卷进行详细的表征，对片状高岭土卷曲的机理作出初步的探讨。

（12）制备聚丙烯酰胺/高岭土纳米卷复合材料，并与聚丙烯酰胺/高岭土插层复合材料进行比较，分析丙烯酰胺单体在高岭土层间和纳米卷壁间的聚合条件存在差异的原因。

（13）运用紫外-可见漫反射光谱对丙烯酰胺分子在高岭土层间、纳米卷壁间的聚合前后进行表征，为研究客体分子在高岭土层间、纳米卷壁间的氢键作用、排列方式提供新思路。

（14）运用苯乙烯单体插入高岭土纳米卷壁间对其进行原位聚合改性，并将其应用于聚丙烯树脂中，改性纳米卷在聚丙烯基体中展现出极好的相容性，为制备 PP/高岭土纳米复合材料提供新方法。

（15）制备高性能芳纶纤维/PA6/高岭土复合材料。先通过偶联剂改性高岭土，然后使用马来酸酐（MAH）对芳纶纤维进行刻蚀处理，分别改善两者与 PA6 的界面黏结性能，最后将两者对 PA6 同时进行增强改性，以期制备出力学强度良好的三元复合材料。具体做法如下：①先直接用高岭土增强改性 PA6，探索出使高岭土/PA6 复合材料综合力学强度最优时的高岭土的质量分数；②使用硅烷偶联剂 KH-791 对高岭土进行改性，并在高岭土最佳填充量下，探索使偶联改性高岭土/PA6 复合材料力学性能最优时的偶联剂用量；③使用 MAH 对芳纶纤维进行刻蚀，探索使刻蚀芳纶纤维/PA6 复合材料力学性能优良时芳纶纤维的最佳处理条件；④将经不同处理条件下的刻蚀芳纶纤维与力学性能优良的改性高岭土/PA6 复合物制成高性能芳纶纤维/PA6/高岭土复合材料。

1.9.2 研究目的及意义

(1)从资源角度考虑，我国是高岭土资源比较丰富的国家，其开采方便、价格低廉、应用广泛。但是，目前我国高岭土资源绝大部分都应用在一些较为低端的行业。福建龙岩是中国高岭土的主要产地之一，但是福建龙岩高岭土和广东茂名高岭土在品质上还有差距。本书以福建和广东高岭土为原料，研究了龙岩高岭土的改性及应用，对提高高岭土附加值具有重要意义。

(2)聚合物/层状黏土纳米复合材料是当今材料学研究的热点之一。关于蒙脱土的研究现在已经有很多深入的报道，但是高岭土作为另一种具有广泛应用价值的层状硅酸盐，目前的报道还比较少。从聚合物/高岭土插层复合材料角度考虑，高岭土独特的结构决定其插层较为困难。有关高岭土有机插层的研究不是很多，聚合物/高岭土插层复合材料的研究更是少之甚少。但是，已制备出为数不多的聚合物/高岭土插层复合材料，其不仅可提高原有性能，还能展现出新的特性，具有广阔的应用前景，这也使得聚合物/高岭土复合材料的研究更具价值和意义。书中以福建龙岩高岭土为主要原料，依托与龙岩高岭土股份有限公司的校企合作和福建省科技重大专项"高性能聚丙烯专用树脂研发及产业化"等项目，目的在于通过插层、接枝和剥离等多种方法，提高高岭土产品的附加值。这对闽西产业的发展也能起到促进作用。

(3)研究改性高岭土在三种聚合物(PP、PA6 和 PVC)中的应用。其中 PP 和 PVC 两种基体分别来自福建联合石油化工有限公司和福建省东南电化股份有限公司。本书的研究对丰富福建省石化企业的产品种类、提高附加值有促进作用，具有重要的科学意义和实用价值。尤其是 PP 由于原料易得、价格低廉、耐腐蚀、拉伸强度和刚性较高以及无毒、无味等特点，已经成为五大通用塑料中需求增长最快的品种。但是，耐低温冲击性差、易老化和热变形温度低等缺点又限制了 PP 在高附加值产品领域中的应用。因此，对 PP 进行改性，扩大其应用范围受到了学术界及产业界的持续关注。

(4)近年来，聚合物/无机粒子复合材料的研究热度不减，主要是因为无机粒子能够改变聚合物的物理性质，如力学性能和气密性等，为进一步提升 PP 的综合性能、扩大 PP 的应用领域提供了新途径。福建省龙岩地区具有优质的非金属高岭土矿，龙岩东宫下有 5294 万吨优质高岭土矿，而福建省也有充裕的聚乙烯

(PE)、PP 等通用型高分子资源。

(5)煅烧高岭土表面呈极性，而 PP 为非极性化合物，两者极性相差很大，当煅烧高岭土填充 PP，两者由于极性的差异而相容性差，并且煅烧高岭土粒子表面能很大，容易团聚，其在 PP 中的分散性也很差。通过对高岭土的表面改性、合适的界面相容剂的填充、适宜的材料加工工艺，复合材料性能的有效提高是我们研究的一个重点。随着科学技术人员的不懈努力，PP/高岭土复合材料的制备工艺将不断趋于完善，为我国通用塑料的发展提供参考。

(6)以片状茂名高岭土为原材料，成功制备高岭土纳米卷。在制得一维纳米材料的同时，还保持高岭土对有机分子的插层能力，为提高高岭土附加产值、扩大其应用范围、发展国民经济具有十分重要的意义。

(7)聚丙烯酰胺分子结构的特点和齐全的品种使之在国民经济的各个领域中得到了广泛的应用，也是合成水溶性高分子中应用最广泛的品种之一，具有"百业助剂"之称的美誉。聚丙烯酰胺分子插入高岭土层间后在阻碍羟基热分解、延缓高岭土结构转变、制备 Sialon 材料、合成防龋修复材料方面展现出潜在的应用前景。因此，制备聚丙烯酰胺/高岭土新型复合材料、弄清聚丙烯酰胺/高岭土复合材料的结构，对进一步扩大二者的应用领域具有指导意义。

(8)PVC 膜结构材料，是以高强纤维织物为基材，经过层压或涂层 PVC 材料复合而成，由于其价格低廉，性能优异，受到普遍的青睐。但是，PVC 膜结构材料在使用过程中，增塑剂易迁移，膜材性能下降，表面也易黏附灰层等污染物，自洁性能差，会严重影响膜结构材料的使用寿命和美观。目前，聚丙烯酸酯类表面涂层剂的耐污性和耐候性还不能满足膜材的使用要求，虽然高含氟量的氟碳树脂类涂层剂可以赋予膜材优异的防污自洁性能和耐候性，但是严重影响了膜材的焊接性能，给后道加工带来了诸多不便。近年来，新开发的纳米二氧化钛涂层技术，可以很好地解决防污自洁与可焊接之间的矛盾，但这类技术被国外几家公司垄断，如日本 Taiyo Kogyo 公司、韩国 Super Tex、法国 Ferrari 公司等。国内基本是一片空白，国内的生产厂家主要集中在低端 PVC 膜结构材料的生产，材料的使用寿命较短，在性能上与国外产品也有一定差距。

本书基于校企合作项目，致力于开发一种高性能的改性高岭土/PVC 膜结构材料，提高 PVC 膜材的自清洁性与耐候性，同时不损害其可焊接性，提升膜材的性价比，并实现工业化，具有显著的经济和社会效益。

(9)尼龙 6(PA6)具备较高的机械强度、良好的抗摩擦性和耐高温性等特性，是全球应用量最大的工程塑料之一。但是由于某些场合有着更为严格的要求，如应用于泵叶、轴承、齿轮等这样需要高强度的零部件，必须对其进行改性扩大应用范围。本书制备高性能芳纶纤维/PA6/高岭土复合材料，为扩大 PA6 的应用提供理论依据，并具有实际应用意义。

第 2 章　一次插层法制备高岭土有机复合物

2.1　引　　言

十几年来，聚合物/层状硅酸盐纳米复合材料 (polymer-layered silicate nanocomposites, PLSN) 以其优异的力学性能、光性能、电性能、热性能和阻隔性能，引起了科学界和工业界的广泛兴趣。在 PLSN 中，硅酸盐片层以纳米状态存在。纳米粒子的小尺寸、高比表面积所产生的量子效应，赋予了 PLSN 上述各种优异性能。

制备纳米复合材料的主要方法有溶胶-凝胶法、复合醇盐法、微乳液法、沉积法、等离子法和插层法。其中插层法是制备纳米复合材料的主要方法，它是利用插层作用制备分子级别混合的纳米材料。插层作用是指某些物质（原子、分子或离子）进入层状固体层间缝隙的可逆插入反应，通常称层状固体为主体 (host)，而被插入的物质为客体 (guest)，由此形成的化合物称为插层复合物 (intercalation compound)。

蒙脱土是层状硅酸盐纳米复合材料研究的热点，自 1987 年日本丰田中央研究所首次报道利用插层法制备尼龙 6/蒙脱土纳米复合材料以来[114]，全球的科学家合成了尼龙 6、聚酰亚胺、聚乳酸、聚甲基丙烯酸甲酯、聚丙烯、环氧树脂等各种聚合物/蒙脱土纳米复合材料。插层法是制备蒙脱土纳米复合材料的主要手段。为了使聚合物能够进入蒙脱土层间，一般要对蒙脱土进行有机化处理，用烷基季铵盐改变片层间的极性，降低表面能，增加亲和性。

继蒙脱土之后，高岭土作为一种储存量大、价格低廉的层状硅酸盐也逐渐成为研究的热点。高岭土的插层因其原产地的不同，工艺上有很大差异。本章以福建龙岩高岭土为主要原料，研究龙岩高岭土的一次插层，并优化插层工艺。

2.2　插层复合物的制备

2.2.1　高岭土的纯化

龙岩高岭土是典型的风化残积亚型高岭土，其原岩为花岗类岩石，含铁量较高。按照斯托克斯 (Stokes) 定律 $f = 6\pi\eta r v$，假设粒子做匀速运动

$f = \dfrac{4}{3}\pi r^3 (\rho - \rho_0)g$，得出半径为 r 的粒子沉降 h 深度需要的时间 $t = \dfrac{9\eta h}{2g(\rho - \rho_0)r^2}$。

称取 200 g 高岭土原土和 4 L 水放入反应釜中，搅拌 8 h 后移入 5 L 窄口瓶中，沉降 12 h，取液面下 10 cm 的液体。抽滤，干燥，研磨后得到理论粒度为 2 μm 的沉降高岭土。

2.2.2　高岭土/乙酸钾插层复合物的制备

用水作溶剂制备一定浓度的乙酸钾溶液，将预处理过的高岭土样品置于其中，充分搅拌，使样品混合均匀。放置一定时间后，抽滤，滤饼用无水乙醇洗涤三次，在 60℃下烘干 24 h，制得高岭土/乙酸钾插层复合物。

2.2.3　高岭土/二甲亚砜插层复合物的制备

称取 1 g 纯化高岭土，悬浮于 10 mL 不同配比的二甲亚砜(DMSO)和去离子水的混合溶液中，一定温度下超声一定时间，抽滤，滤饼用异丙醇洗涤三次，在 60℃烘干 48 h，制得高岭土/二甲亚砜插层复合物。

2.2.4　高岭土/尿素插层复合物的制备

将 1 g 高岭土和 10 mL 一定浓度的尿素溶液(6 mol/L、8 mol/L、12 mol/L)，在 60℃下搅拌 3 天后，抽滤，滤饼用无水乙醇洗涤三次，在 60℃下烘干 24 h，制得高岭土/尿素插层复合物。

2.3　插层复合物的结构与性能表征

2.3.1　激光粒度表征

图 2-1 和表 2-1 是未纯化的高岭土的粒度分布图和粒度分布数据。结果显示高岭土原土的粒度范围是 0.26～33.54 μm，在 1 μm 和 4 μm 附近有两个频率峰。50%的高岭土粒度小于 3.28 μm，90%的高岭土粒度小于 10.58 μm，平均粒度为 4.69 μm。图 2-2 和表 2-2 是纯化后的高岭土的粒度分布图和粒度分布数据。结果显示纯化高岭土的粒度范围是 0.69～4.83 μm，在 1.8 μm 附近有一个尖锐的频率峰。50%的高岭土粒度小于 1.61 μm，90%的高岭土粒度小于 2.43 μm，平均粒度为 1.65 μm。

结果显示，经过纯化后高岭土的粒度明显变小，粒度分布范围变窄，平均粒度由 4.69 μm 变为 1.65 μm，粒度分布均一。

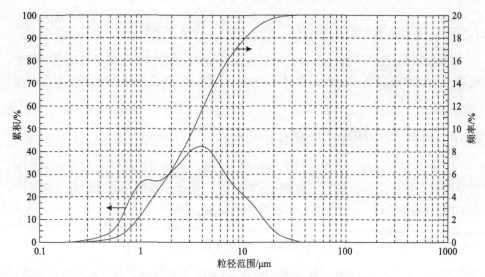

图 2-1　未纯化的高岭土的粒度分布

表 2-1　未纯化高岭土的粒度分布数据

粒度/μm	体积分数/%	累积/%	粒度/μm	体积分数/%	累积/%	粒度/μm	体积分数/%	累积/%
0.12	0.00	0.00	1.83	5.53	28.86	27.63	0.50	99.75
0.15	0.00	0.00	2.22	6.22	35.09	33.54	0.25	100.00
0.18	0.00	0.00	2.70	6.98	42.07	40.00	0.00	100.00
0.22	0.00	0.00	3.28	7.86	49.93	49.43	0.00	100.00
0.26	0.07	0.07	3.98	8.34	58.27	60.00	0.00	100.00
0.32	0.19	0.25	4.83	8.26	66.53	72.84	0.00	100.00
0.39	0.33	0.58	5.86	7.45	73.98	88.42	0.00	100.00
0.47	0.55	1.14	7.11	6.27	80.25	107.33	0.00	100.00
0.57	0.93	2.07	8.64	5.17	85.42	130.29	0.00	100.00
0.69	1.92	3.98	10.48	4.42	89.84	158.17	0.00	100.00
0.84	3.07	7.60	12.73	3.75	93.59	192.00	0.00	100.00
1.02	4.92	12.52	15.45	2.86	96.45	233.07	0.00	100.00
1.24	5.47	17.99	8.75	1.83	98.28	282.93	0.00	100.00
1.51	5.34	23.33	22.76	0.98	99.26	300.00	0.00	100.00

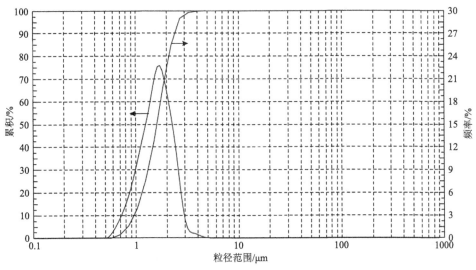

图 2-2　纯化过的高岭土的粒度分布

表 2-2　纯化高岭土的粒度分布数据

粒度/μm	体积分数/%	累积/%	粒度/μm	体积分数/%	累积/%	粒度/μm	体积分数/%	累积/%
0.12	0.00	0.00	1.83	22.77	65.71	27.63	0.00	100.00
0.15	0.00	0.00	2.22	19.13	84.84	33.54	0.00	100.00
0.18	0.00	0.00	2.70	11.71	96.55	40.72	0.00	100.00
0.22	0.00	0.00	3.28	2.61	99.16	49.43	0.00	100.00
0.26	0.00	0.00	3.98	0.64	99.80	60.00	0.00	100.00
0.32	0.00	0.00	4.83	0.20	100.00	72.84	0.00	100.00
0.39	0.00	0.00	5.86	0.00	100.00	88.42	0.00	100.00
0.47	0.00	0.00	7.11	0.00	100.00	107.33	0.00	100.00
0.57	0.00	0.00	8.64	0.00	100.00	120.00	0.00	100.00
0.69	1.45	1.45	10.48	0.00	100.00	158.17	0.00	100.00
0.84	3.87	5.32	12.73	0.00	100.00	192.00	0.00	100.00
1.02	7.53	12.85	15.45	0.00	100.00	233.07	0.00	100.00
1.24	12.43	25.28	18.75	0.00	100.00	282.93	0.00	100.00
1.51	17.67	42.94	22.76	0.00	100.00	300.00	0.00	100.00

2.3.2　高岭土/乙酸钾插层复合物表征

1. X 射线衍射分析

高岭土的层状结构是由硅氧四面体和铝氧八面体沿 c 轴方向堆砌而成的。有机分子插入层间后,高岭土的层间距变大。X 射线衍射(XRD)的 d_{001} 值可以反映出这个变化。插层率(R_I)即插层前后 d_{001} 衍射峰强度变化的比值,可以用以下公式表示:

$$R_I = I_c /(I_c + I_k) \tag{2-1}$$

式中,I_c 为插层高岭土中膨胀高岭土的 d_{001} 衍射峰强度;I_k 为插层高岭土中未膨胀高岭土的 d_{001} 衍射峰强度。

1)插层时间的影响

室温下,饱和乙酸钾溶液与高岭土反应不同时间得到的有机插层复合物的 XRD 谱图如图 2-3 所示。纯高岭土在 $2\theta=12.29°$ 有 d_{001} 衍射峰,反映高岭土(001)面层间距为 0.720 nm。当与乙酸钾反应后,在 $2\theta=5.98°$ 出现一个新的(001)面衍射峰,反映层间距为 1.475 nm。这说明乙酸钾分子插入高岭土层间。

根据试验数据,计算出插层率 R_I。由插层率和插层时间的关系曲线(图 2-4)可知,初始阶段的插层率迅速增大,3 天后增速变缓。在 5 天插层率达到最大值 90.06%后基本趋于稳定。这说明插层时间 3 天以上为好,不要超过 5 天,否则插层率反而会有一定降低。

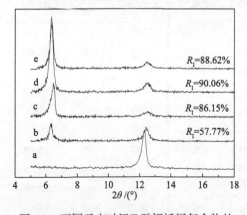

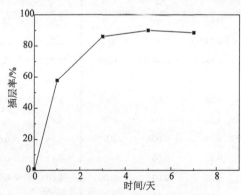

图 2-3　不同反应时间乙酸钾插层复合物的　　　　图 2-4　插层时间与插层率的关系
　　　　　　XRD 谱图

a. 高岭土原样;b. 1 天;c. 3 天;d. 5 天;e. 7 天

2)浓度的影响

室温下,乙酸钾饱和溶液的质量分数为 71.9%。分别配制质量分数为 10%、20%、30%、40%、50%和饱和乙酸钾溶液,反应时间为 3 天。XRD 谱图如图 2-5 所示。乙酸钾浓度与插层率关系如图 2-6 所示,当浓度低于 30%时,插层率低于 15%,效果不明显;浓度在 30%~50%时增速明显加快,插层率由 16.68%迅速提高至 81.25%。饱和溶液的插层率最大为 86.15%。可见乙酸钾浓度最佳范围是 50%到饱和溶液。

3)温度的影响

温度是影响乙酸钾插层反应的重要因素,升高温度可以在一定范围内提高插层率。取乙酸钾饱和溶液分别在 20℃(室温)、40℃、60℃、80℃、100℃下反应 8 h。反应得到的插层复合物的 XRD 谱图如图 2-7 所示。温度与插层率的关系如图 2-8 所示。在室温到 80℃范围内,插层率快速变大,高于 80℃有下降的趋势。这是由于乙酸钾在 80℃以上不稳定,很容易脱嵌。综上,最佳反应温度是 80℃。

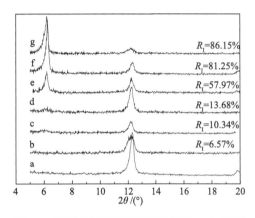

图 2-5 不同浓度乙酸钾插层复合物的 XRD 谱图

a. 高岭土原样;b. 10%;c. 20%;d. 30%;e. 40%;f. 50%;
g. 饱和溶液

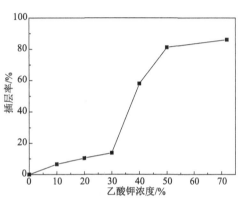

图 2-6 乙酸钾浓度与插层率的关系

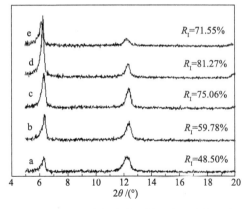

图 2-7 饱和乙酸钾溶液不同反应温度插层复
合物的 XRD 谱图

a. 20℃;b. 40℃;c. 60℃;d. 80℃;e. 100℃

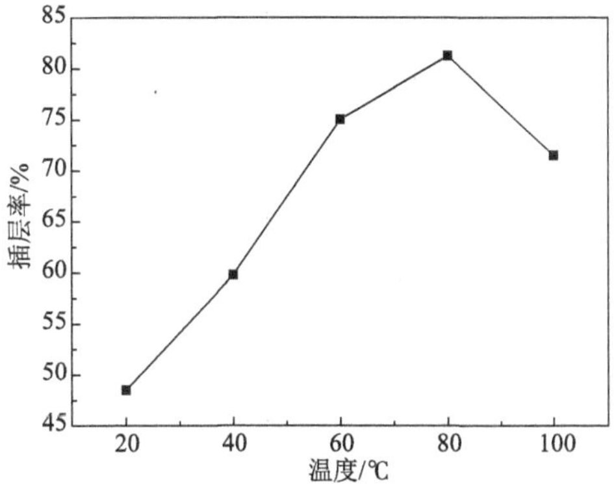

图 2-8 反应温度与插层率的关系

2. 红外光谱分析

图 2-9 是高岭土原土和高岭土/乙酸钾插层复合物的 FTIR 谱图,各个振动峰特征及其属性见表 2-3。在高频区,高岭土的羟基振动有 3696 cm^{-1}、3669 cm^{-1}、

3653 cm⁻¹、3620 cm⁻¹ 四个峰。其中前三个属于内表面羟基伸缩振动峰，由于内表面羟基直接暴露于层间，所以高岭土/乙酸钾插层复合物与高岭土相比，这三个峰的位置与强度都发生了较大变化。3620 cm⁻¹ 处的内羟基峰位于结构内部，变化不大。在 3600 cm⁻¹ 处增加一峰是内表面羟基与乙酸根的氢键振动峰[115]。

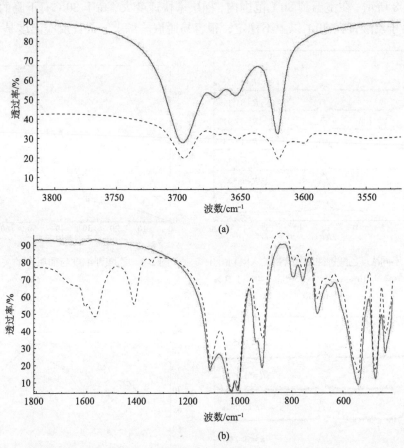

图 2-9　高岭土(实线)与高岭土/乙酸钾插层复合物(虚线)分别在高频区(a)、低频区(b)的 FTIR 谱图

在低频区，插层复合物在 1568 cm⁻¹、1415 cm⁻¹ 处增加两个强峰，分别是 C=O 的反对称伸缩振动峰和对称伸缩振动峰。1343 cm⁻¹ 处增加一个弱峰是 C—O 振动和 O—H 的面内变形的振动耦合的结果。这三个峰以及高频区的 3600 cm⁻¹ 都证明了高岭土层间乙酸根的存在[116]。根据 Frost 的理论，乙酸根与水配位结合，配体再与铝羟基以氢键结合。水合钾离子处于乙酸根的甲基与硅氧面的复三方孔洞之间[117]。

综上，FTIR 谱图分析表明，乙酸钾已经进入高岭土层间，并与部分内表面羟基形成氢键。

表 2-3 高岭土与高岭土/乙酸钾插层复合物的 FTIR 谱图振动峰特征及其属性

高岭土振动峰/cm^{-1}	K/KAc 振动峰/cm^{-1}	振动属性
3696	3695	内表面羟基同相振动
3669	3668	内表面羟基异相振动
3653	3652	内表面羟基异相振动
3620	3620	内羟基振动
	3600	内表面羟基与乙酸根的氢键振动
	1568	C=O 反对称振动
	1415	C=O 对称振动
	1343	CH$_3$ 变形振动 1
	1114	CH$_3$ 变形振动 2
1115		层内 Si—O 反对称振动
1032	1031	层内 Si—O 反对称振动
1008		Si—O 振动
940		AlOH 变形振动
	912	C—C 振动
913		OH 变形振动
790	794	OH 平动
755	756	OH 平动
697	700	OH 平动
	652	OH 平动
538	539	OSiO 弯曲振动
469	470	OSiO 弯曲振动
430	430	CH$_3$ 非平面摆动

3. 热重分析

高岭土和高岭土/乙酸钾插层复合物的热重分析(TG)曲线如图 2-10 所示。高岭土的 TG 显示,在 60℃左右高岭土失去少量表面吸附水。继续升温,开始脱去层间水。在 505℃左右吸热峰最强,到 630℃已经几乎完全脱去羟基。TG 分析表明,总失重率为 13.28%,与理论含水量 13.95%接近。

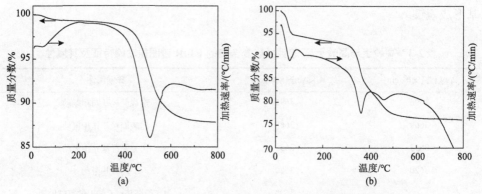

图 2-10　高岭土(a)和高岭土/乙酸钾插层复合物(b)的热重分析曲线

　　高岭土/乙酸钾插层复合物的 TG 曲线有两个失重平台。60℃的吸热峰为乙酸钾的晶化。300~480℃有多个吸热峰,第一个强峰在 360℃是乙酸钾熔化和脱去结晶水的叠加。第二个弱峰在 60℃左右是乙酸钾的晶化。插层复合物的脱羟基温度明显比纯高岭土的要低。这也证明了随着乙酸钾的插入,高岭土原有的羟基结构被破坏。

2.3.3　高岭土/二甲亚砜插层复合物表征

　　1. X 射线衍射分析

　　1)含水量的影响

　　高岭土/二甲亚砜插层复合物(K/DMSO)具有插层率高、热稳定性好等优点。水在高岭土插层中起到重要作用,若没有水,插层很难进行。一方面,水作为一种极性小分子可以进入高岭土的复三方空穴及其片层间,使得高岭土层与层之间的氢键作用减弱而易被插层;另一方面,适量的水可以使聚集的 DMSO 分子解离,形成的附有水分子的 DMSO 单分子,有利于 DMSO 进入高岭土层间、提高插层反应速率。取不同含水量的 DMSO 溶液与高岭土在 80℃下超声反应 24 h,XRD谱图见图 2-11,插层率随含水量的变化见图 2-12。从图中可以看出,当含水量很低时,插层率很低,这说明在无水状态下,插层反应很难进行。当含水量为 9 wt%时插层率最高,含水量上升时,插层率有下降的趋势。

　　2)插层时间的影响

　　在 80℃下用含水量 9 wt%的 DMSO 进行插层反应,不同插层时间的 XRD 谱图见图 2-13,插层率随插层时间的变化见图 2-14。从图中可以看出,1 天以内插层率上升比较快,后期上升比较慢,3 天以上插层率都在 90%以上。

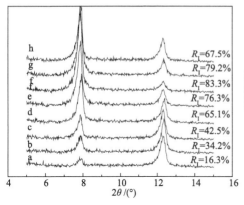

图 2-11　不同含水量的插层复合物的 XRD 谱图

a. 0%；b. 1 wt%；c. 3 wt%；d. 5 wt%；e. 7wt %；f. 9 wt%；
g. 11 wt%；h. 13 wt%

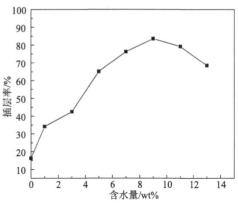

图 2-12　插层率与含水量的关系

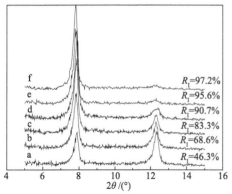

图 2-13　不同反应时间插层复合物的 XRD 谱图

a. 6 h；b. 12 h；c. 1 天；d. 3 天；e. 5 天；f. 7 天

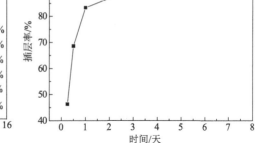

图 2-14　插层率与插层时间的关系

3）插层温度的影响

用含水量 9 wt% 的 DMSO 在不同温度下反应 3 天，XRD 谱图见图 2-15，插层率随插层温度的变化见图 2-16。可见 80℃以下插层率随温度的变化基本呈一条直线，插层率上升比较快。100℃时插层率为 93.5%，高于 80℃时的插层率。但是温度过高可能会降低高岭土的结晶度，而且不利于节能减排。所以，插层温度选择 80℃为宜。

2. 红外光谱分析

图 2-17 为高岭土和 DMSO 插层后高岭土的 FTIR 谱图。可以看出 DMSO 插层后高岭土的内表面羟基 3698 cm^{-1} 的强度大幅度减弱，同时，在 3538 cm^{-1} 和

3505 cm^{-1} 处出现两个新峰。在 3025 cm^{-1} 和 2938 cm^{-1} 出现 C—H 键的对称伸缩振动峰和反对称伸缩振动峰；在 1432 cm^{-1} 和 1316 cm^{-1} 出现 C—H 键的变形振动峰。在 1038 cm^{-1} 出现 S=O 键的伸缩振动峰。这些都说明 DMSO 分子已经插入高岭土层间[118]。

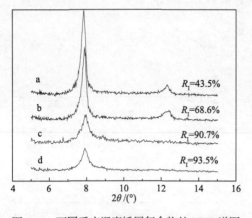

图 2-15　不同反应温度插层复合物的 XRD 谱图
a. 40℃；b. 60℃；c. 80℃；d. 100℃

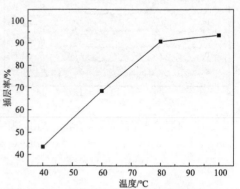

图 2-16　插层率与插层温度的关系

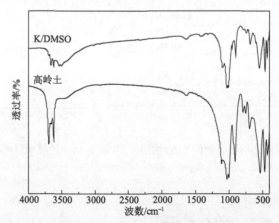

图 2-17　高岭土和 K/DMSO 插层复合物的 FTIR 谱图

3. 热重分析

从图 2-18 中可以看出沉降高岭土只有一个明显的失重平台，位于 500～600℃之间，这是高岭土失去层间的结晶水，失重率为 12%。在 100℃左右有一个微小的失重，是由于吸附水未除净。在图 2-19 中可以看出 K/DMSO 插层复合物在 172℃和 496℃有两个明显的吸热峰，172℃的吸收峰主要是脱去 DMSO，失重率为 14%；496℃的吸收峰为脱羟基阶段，失重率为 11%。

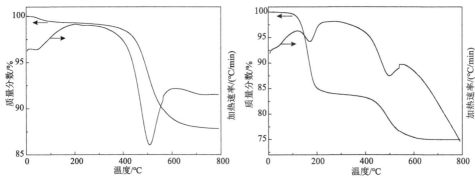

图 2-18 高岭土的热分析曲线　　　图 2-19 K/DMSO 插层复合物的热分析曲线

4. ^{29}Si 固体核磁分析

图 2-20 为高岭土和 K/DMSO 插层复合物的 ^{29}Si CP/MAS NMR 谱图。高岭土中的硅是 Q3(0AL)型硅，在-90.9 ppm 和-91.5 ppm 处出现两个特征峰，这种小于 1 ppm 的峰分裂是因为硅存在不同的化学形态[119, 120]。这也与文献[118]一致。经 DMSO 插层后，^{29}Si CP/MAS NMR 在-92.7 ppm 出现一个新的特征峰。这是因为客体分子与硅层之间的弱相互作用，使峰往低频率位移。另外，在-90.9 ppm 和 -91.5 ppm 处还有两个弱特征峰，这是因为尚有未插层高岭土残留。

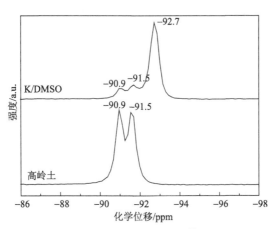

图 2-20 高岭土和 K/DMSO 插层复合物的 ^{29}Si CP/MAS NMR 谱图

5. X 射线光电子能谱分析

图 2-21 是高岭土和 K/DMSO 插层复合物 Al 2p 的 X 射线光电子能谱分析（XPS）谱图。高岭土有 72.4 eV 和 79.2 eV 两个峰，这是因为 Al 存在两种不同的化学形态。当 DMSO 进入层间之后，与暴露在层间的硅氧键发生键合，使 79.2 eV 的峰发生了向低结合能方向位移，也就使 72.4 eV 处的峰强变强。同理图 2-22 的 Si 2p XPS 谱图也可以这样解释。

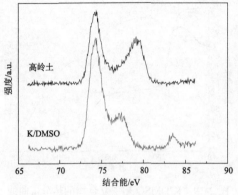

图 2-21　高岭土和 K/DMSO 插层复合物的 Al 2p XPS 谱图　　图 2-22　高岭土和 K/DMSO 插层复合物的 Si 2p XPS 谱图

2.3.4　高岭土/尿素插层复合物表征

1. X 射线衍射分析

尿素能用于高岭土的插层，其优点是尿素(Urea)污染比较低，缺点是插层效率慢，难以规模生产[121-133]。用不同浓度的尿素插层制备的复合物 XRD 谱图见图 2-23。浓度为 6 mol/L 的尿素溶液插层率为 24.54%，浓度为 8 mol/L 的尿素溶液的插层率为 27.99%，浓度为 12 mol/L 已经接近饱和的插层率也仅为 44.86%，可见尿素浓度是影响插层率的因素，但是整体插层率不高。

2. 红外光谱分析

图 2-24 为高岭土和尿素插层后高岭土的 FTIR 谱图。可以看出尿素插层后高岭土的内表面羟基 3698 cm^{-1} 的强度大幅度减弱，这是因为内表面羟基与尿素分子发生了键合。同时在 3523 cm^{-1} 和 3419 cm^{-1} 处出现两个新的宽峰，这是 N—H 的伸缩振动。在 1678 cm^{-1} 和 1624 cm^{-1} 出现的新振动峰，属于羰基插层作用产生的振动带。

3. 热重分析

图 2-25 为高岭土/尿素插层复合物的 TG 分析曲线。插层复合物在 132.1℃、177.5℃ 和 226.3℃ 有三个明显的吸热峰。这是由于尿素分子与高岭土表面羟基成键，使分解温度发生变化。Ledoux 等[11]认为羟基能和尿素分子的 N—H 和 C=O 分别成键也能同时成键，所以会形成三个吸热峰，也就是说尿素分子从高岭土中分解要分三步完成。

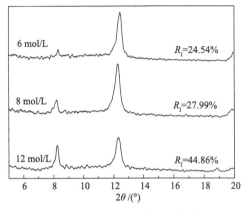

图 2-23　不同浓度的尿素插层高岭土的
XRD 谱图

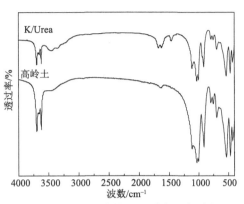

图 2-24　高岭土和高岭土/尿素插层复合物的
FTIR 谱图

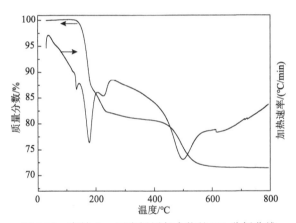

图 2-25　高岭土、尿素插层复合物的 TG 分析曲线

2.4　本 章 小 结

(1)通过对乙酸钾插层龙岩高岭土工艺分析,得出最佳插层工艺为饱和乙酸钾溶液在 80℃下反应 3 天,综合插层率可达 86%以上。FTIR 分析表明,插层以后内表面羟基振动峰变弱,说明乙酸根和内表面羟基结合,而内羟基则无变化。TG 分析表明,插层复合物的脱羟基温度明显比纯高岭土的低。这也证明了随着乙酸钾的插入,高岭土原有的羟基结构被破坏。

(2)考察了反应条件对 DMSO 插层龙岩高岭土的影响。最佳工艺为,含水量 9 wt%的 DMSO,80℃下反应 3 天以上。最佳条件下插层率可以超过 90%。FTIR

谱图显示在 3698 cm^{-1} 处内表面羟基振动峰变弱，在 1038 cm^{-1} 出现 S═O 键的伸缩振动峰，证明了 DMSO 分子已经插入高岭土层间。TG、CP/MAS NMR 和 XPS 都能证明 Si—O 和 Al—O 和羟基的作用。同时，DMSO 插层高岭土一次插层工艺简单，连续性较好，适合进一步处理。

(3)考察了尿素插层龙岩高岭土，用浓度为 6 mol/L、8 mol/L 和 12 mol/L 的尿素溶液，制备了高岭土/尿素插层复合物。FTIR 谱图和 TG 分析也都证明了键合的发生。但是，由于插层率不高和效率较差影响了其进一步规模生产的可能。

第 3 章　功能化的高岭土插层复合物

3.1　引　　言

在纳米复合材料中,分散相的团聚一直是阻碍纳米材料发展的主要因素之一。如何防止纳米颗粒在分散过程中或者在分散后团聚,是纳米科学工作者一直追求的目标。团聚分为硬团聚和软团聚。硬团聚是指颗粒之间通过化学键或氢键等强作用力连接形成团聚体。这种团聚体内部作用力大,颗粒间结合紧密,不易重新分散,在纳米粉体材料制备过程中应该尽量避免产生这种硬团聚。软团聚是一种"假团聚",主要是颗粒间的范德瓦耳斯力和库仑力所致,所以通过一些化学的作用或施加机械能的方式,就可以使其大部分消除。

为了避免纳米颗粒之间的团聚现象,要对纳米颗粒表面进行适当的表面处理。Kawasumi 等[124]用马来酸酐接枝聚丙烯低聚物(PP-MAH)处理插层后的蒙脱土,制备了良好分散的蒙脱土/聚丙烯纳米复合材料。Liu 等[125]采用钛酸酯偶联剂改性高岭土,以马来酸酐接枝聚丙烯为相容剂,也实现了高岭土在聚丙烯中的分散。Zhao 等[29]用不饱和硅烷偶联剂改性煅烧高岭土,并用苯乙烯接枝,能使聚丙烯在拉伸强度降低很少的情况下,显著提高其冲击强度。

本章以第 2 章合成的龙岩 K/DMSO 插层复合物为原料,采用原位聚合和引入催化剂基团的方法,对高岭土进行改性,期望能得到制备聚合物/高岭土复合材料的原料,降低高岭土和聚合物的界面张力,为后面几章的研究做准备。

3.2　功能化的高岭土插层复合物的制备

3.2.1　高岭土/甲醇接枝插层复合物的制备

用二次置换插层法[126, 127]以自制 K/DMSO 插层复合物,制备高岭土/甲醇插层复合物(K/MeOH)。4 g K/DMSO 复合物分散于 100 mL 甲醇溶液中,常温下反应3 天,每 12 h 更换新鲜的甲醇溶液。在甲醇更换过程中,尽量保持样品处于湿润状态。K/MeOH 湿样是一种很好的前驱体,很大程度地扩大了高岭土的插层范围。K/MeOH 制备完成后需在甲醇溶液中密封保存。

3.2.2　高岭土/聚苯乙烯插层复合物的制备

称取 1 g 预插层体 K/DMSO 和 0.1 g 过氧化苯甲酰(BPO)放到 20 mL 苯乙烯中，超声分散 1 h 后，室温磁力搅拌 3 h，抽滤，滤饼用四氯化碳洗 2 次，除去高岭土表面吸附的苯乙烯分子。过滤后得到高岭土/苯乙烯。将高岭土/苯乙烯置于马弗炉中，270℃加热原位聚合 2 h，得到高岭土/聚苯乙烯插层复合物。

3.2.3　己内酰胺封端的高岭土的制备

称取 2 g K/MeOH 和 0.5 mL MDI 放到 50 mL 乙酸乙酯中，60℃磁力搅拌反应 4 h，过滤。滤饼用乙酸乙酯抽提 8 h 以除去未反应的 MDI，得到 Kao-MDI。将得到的 Kao-MDI 同样分散在 50 mL 乙酸乙酯中，加入适量的己内酰胺，60℃磁力搅拌反应 4 h，过滤。滤饼用乙酸乙酯抽提 12 h 后得到己内酰胺封端的高岭土(Kao-CL)。其反应过程如图 3-1 所示。

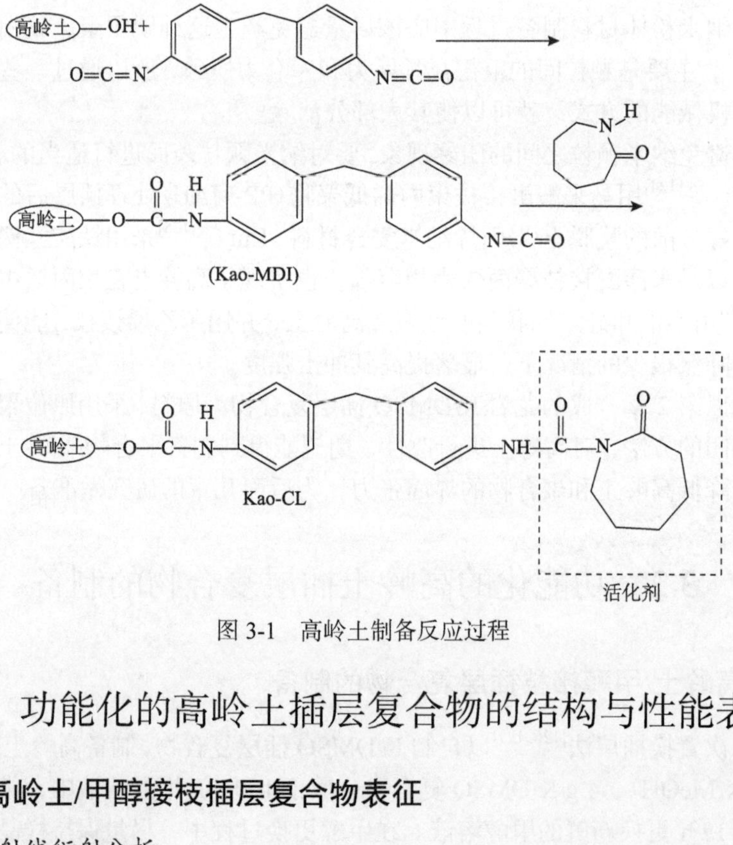

图 3-1　高岭土制备反应过程

3.3　功能化的高岭土插层复合物的结构与性能表征

3.3.1　高岭土/甲醇接枝插层复合物表征

1. X 射线衍射分析

1) 置换次数的影响

图 3-2 是用甲醇置换不同次数的高岭土复合物风干后的 XRD 谱图。从图中可

以看出置换 2 次以后，仍有很多 DMSO 没有置换出来，风干之后，仍有 K/DMSO 复合物 d_{001} 衍射峰。而 4 次之后 1.12 nm 处的 K/DMSO 复合物 d_{001} 衍射峰已经基本消失，1.08 nm 处出现一个中等强度的衍射峰，这是 K/MeOH 复合物 d_{001} 衍射峰。6 次以后，1.12 nm 处的衍射峰完全消失，1.08 nm 处的衍射峰变得很尖锐。这说明 6 次之后甲醇已经完全把 DMSO 分子置换出来。

2）综合分析

将置换 6 次之后的未风干湿样和干样分别做 XRD 表征分析，与纯高岭土和 K/DMSO 复合物做对比，谱图见图 3-3。最初高岭土的（001）面距离为 0.72 nm，经 DMSO 插层以后，（001）面距离扩大到 1.12 nm，插层率可达 90%以上（参见第 2 章）。经过甲醇置换 6 次以后，DMSO 已经被甲醇完全置换出来，这时（001）面距离为 1.08 nm，这是因为部分甲基接枝到内表面，还有部分甲醇分子分布在层间，当风干后层间甲醇脱嵌，这时层间距缩小为 0.86 nm。制备过程见图 3-4。

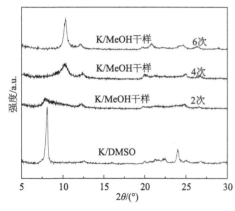

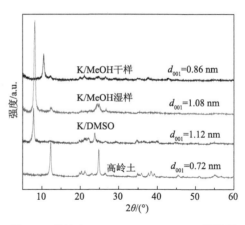

图 3-2　K/DMSO 复合物在甲醇不同置换次数　　图 3-3　高岭土、K/DMSO、K/MeOH 湿样及
　　　　下的 XRD 谱图　　　　　　　　　　　　　　　其干样的 XRD 谱图

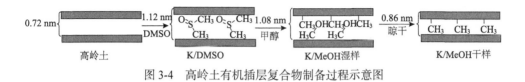

图 3-4　高岭土有机插层复合物制备过程示意图

2. 红外光谱分析

图 3-5 为高岭土、K/DMSO、K/MeOH 干样的 FTIR 谱图。未插层高岭土 FTIR 谱中，$3696\ cm^{-1}$、$3669\ cm^{-1}$、$3653\ cm^{-1}$ 归属于高岭土内表面羟基的伸缩振动，$3620\ cm^{-1}$ 归属于高岭土内羟基的伸缩振动。经 DMSO 插层后，在 $3696\ cm^{-1}$ 处的内表面羟基伸缩振动峰强度大为减弱，$3669\ cm^{-1}$、$3653\ cm^{-1}$ 处的峰消失，$3538\ cm^{-1}$

和 3502 cm^{-1} 处出现新的吸收峰,这是由于高岭土层间氢键被破坏,内表面羟基与 S=O 基团形成新的氢键的结果。高岭土层间 DMSO 分子被甲醇置换后(干样),位于 3696 cm^{-1} 处的吸收峰与高岭土相比仍大为减弱,3669 cm^{-1}、3653 cm^{-1} 处的峰消失,说明甲醇在置换层间 DMSO 分子的同时与内表面羟基发生脱水反应,这与 XRD 表征研究结果一致。

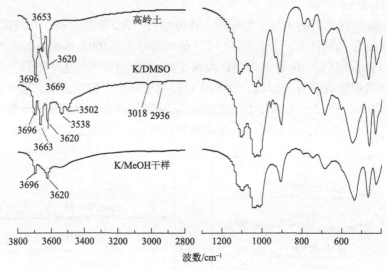

图 3-5　高岭土、K/DMSO、K/MeOH 干样的 FTIR 谱图

3. 热重分析

高岭土和前述几种插层复合物的 TG 分析曲线如图 3-6 所示。用甲醇置换 4 次之后,180℃左右依然存在一个明显的 DMSO 失重曲线,这说明 DMSO 没有被置换完全。6 次之后,这个失重区间消失,这就证明置换 6 次之后,甲醇已经完全将 DMSO 置换出来。这时只有一个明显的失重区间,这个区间内发生脱羟基和脱甲基的反应。前期 400℃左右明显比纯高岭土失重更多,这也能说明脱羟基和脱甲基可能是同时发生的。

4. ^{29}Si 固体核磁分析

图 3-7 为高岭土和 K/MeOH 复合物的 ^{29}Si CP/MAS NMR 谱图。高岭土在-90.9 ppm、-91.5 ppm 处出现两个特征峰[118]。经 DMSO 插层后-90.9 ppm、-91.5 ppm 处的峰变弱,出现一个-92.7 ppm 的新峰(见第 2 章)。用甲醇完全置换 DMSO 后,这个峰往高频方向移动,出现在-91.8 ppm,并且-90.9 ppm 处的峰与 DMSO 插层后相比也变强。这是因为嵌入高岭土复三方空穴的 DMSO 分子被甲醇洗脱出来,甲基与部分羟基接枝。甲基对硅环境的影响比 DMSO 对其的影响要弱,所以其化学位移偏移要小很多[128],同时原 Q3(0AL)型硅的特征峰也变强。

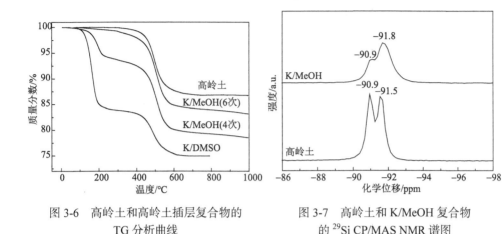

图 3-6 高岭土和高岭土插层复合物的
TG 分析曲线

图 3-7 高岭土和 K/MeOH 复合物
的 ^{29}Si CP/MAS NMR 谱图

5. X 射线光电子能谱分析

图 3-8 和图 3-9 是高岭土和 K/MeOH 复合物的 Al 2p XPS 和 Si 2p XPS 谱图。高岭土的 Al 2p 和 Si 2p 结合能都由两个峰变为一个峰。这是因为经过甲醇置换之后高岭土的层间规整性更加完善，原高结合能的峰向低结合能方向移动[120]，使其变成一个尖锐的峰。

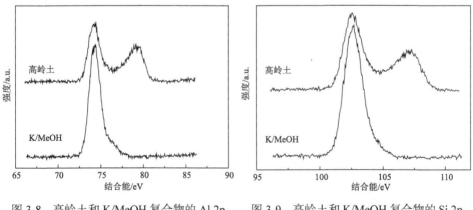

图 3-8 高岭土和 K/MeOH 复合物的 Al 2p
XPS 谱图

图 3-9 高岭土和 K/MeOH 复合物的 Si 2p
XPS 谱图

3.3.2 高岭土/聚苯乙烯插层复合物表征

1. X 射线衍射分析

高岭土的层状结构是由硅氧四面体和铝氧八面体沿 c 轴方向堆砌而成，XRD 中的 d_{001} 值可以直接反映层间距的变化。图 3-10 中的高岭土的 d_{001} 是 0.72 nm。

聚苯乙烯(PS)原位聚合插层以后，其层间距变大，d_{001} 衍射峰从 12.3° 变为 7.9°，间距扩大为 1.11 nm。这也意味着层间插入了一单层高分子链。Tunney 等[33]在聚乙二醇插层高岭土中也发现了类似的情况。

2. 红外光谱分析

图 3-11 为高岭土和聚苯乙烯(PS)原位聚合插层后高岭土的 FTIR 谱图。在 Kao-PS 中 1381 cm^{-1} 和 2920 cm^{-1} 出现了—CH$_3$ 和—CH$_2$ 的吸收峰，它们是苯乙烯中的基团，此外，还出现了苯环的特征吸收峰 1453 cm^{-1}、1499 cm^{-1}、1606 cm^{-1}，苯环的 C–H 面外弯曲振动吸收峰 698 cm^{-1}。这些都与 XRD 谱图的表征结果相一致，证明了层间聚苯乙烯的存在。

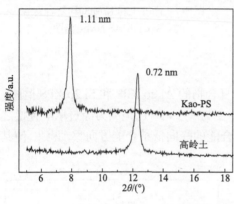

图 3-10　高岭土和 Kao-PS 复合物的
XRD 谱图

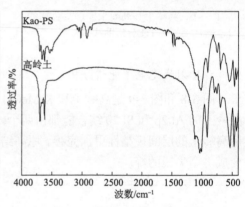

图 3-11　高岭土和 Kao-PS 复合物的
FTIR 谱图

3. 热重分析

聚苯乙烯原位聚合插层后高岭土的 TG 分析曲线见图 3-12，可以看出复合物在 400℃有一个强烈的失重台阶，失重率约 40%，这是插入高岭土层间的聚苯乙烯分解所致，聚合物的热分解温度为 396℃，这也和 Elbokl 等[129]研究的高岭土层间的聚甲基丙烯酰胺的分解温度类似。在聚苯乙烯的熔融温度附近没有峰，也证明了聚合物分子链绝大部分都在高岭土的层间。另外，总失重中还有约 5%的 DMSO 和 4.8%的羟基，可估算出高岭土和聚苯乙烯的质量比为 1.375：1。

4. 场发射扫描电镜分析

图 3-13 是未插层高岭土和经过聚苯乙烯插层后的高岭土的 SEM 照片。可以看出，与未插层高岭土对比，经过聚苯乙烯插层后的高岭土粒度变小而且均一性好，高岭土片层间距增大，片层变薄，层厚达到纳米级别。这说明聚苯乙烯已经插入高岭土层间。

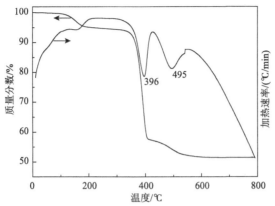

图 3-12　聚苯乙烯原位聚合插层后高岭土的 TG 分析曲线

图 3-13　纯高岭土和聚苯乙烯原位聚合插层后高岭土的 SEM 照片

3.3.3　己内酰胺封端的高岭土表征

1. X 射线衍射分析

高岭土/甲醇(K/MeOH)风干样和己内酰胺封端高岭土(Kao-CL)的 XRD 谱图见图 3-14。经过己内酰胺封端处理后的高岭土 d_{001} 没有发生很大的变化，仍旧是 0.86 nm 和 0.72 nm 两个峰，可见经过接枝之后层间距无变化。

2. 红外光谱分析

图 3-15 为高岭土和 Kao-MDI 复合物的 FTIR 谱图。在高岭土的 FTIR 谱图中，存在两种不同类型的羟基，一类位于结构单元的内部，称为内羟基，位于图中 3620 cm^{-1}；另一类位于高岭土层间的表面，称为内表面羟基，在图中位于 3696 cm^{-1}、3669 cm^{-1}、3653 cm^{-1}。经过改性后，内羟基的峰无变化，内表面羟基变为只有 3696 cm^{-1}、3663 cm^{-1} 两个峰，另外在 3540 cm^{-1} 和 3503 cm^{-1} 出现新峰。

这是因为内表面羟基与异氰酸酯基团发生了酯化反应，除了反应掉一部分内表面羟基外，羟基还能与氨基上的氢键共振。另外，改性后的谱图在 2280 cm^{-1} 附近出现了异氰酸酯基团的非对称伸缩振动吸收峰，该峰为异氰酸酯基团最有效的鉴定基团；1647 cm^{-1} 的峰为酰胺II带的特征吸收峰，这是由羟基和异氰酸酯基团酯化反应所产生；1598 cm^{-1}、1545 cm^{-1}、1511 cm^{-1} 为苯环的特征吸收峰；3029 cm^{-1} 和 2936 cm^{-1} 的两个峰为—CH$_2$—键的伸缩振动峰。这些结果表明 MDI 已经成功接枝到高岭土上。

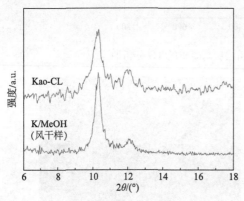

图 3-14　高岭土/甲醇风干样和己内酰胺封端
高岭土的 XRD 谱图

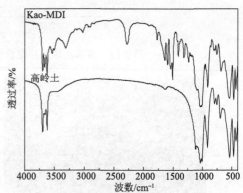

图 3-15　高岭土和 Kao-MDI 复合物的
FTIR 谱图

图 3-16 为 Kao-MDI 和 Kao-CL 复合物的 FTIR 谱图。从图中可以看出封端后的高岭土，2280 cm^{-1} 的峰消失，证明了接枝上的 NCO 基团与己内酰胺完全反应形成 N-酰化己内酰胺；在 1780 cm^{-1} 附近出现新的峰为 N-酰化己内酰胺中酰亚胺中的 C═O 双键的非对称伸缩振动峰[130, 131]。

3. X 射线光电子能谱分析

对己内酰胺封端的高岭土(Kao-CL)采用 XPS 分析其表面基团，以进一步验证改性效果。从图 3-17 中可以看出，改性后碳纳米管的 XPS 谱图中出现了两个新峰：C 1s 峰和 N 1s 峰。分别对其进行高斯拟合，拟合曲线见图 3-18 和图 3-19。从图 3-18 的 C 1s 高斯拟合曲线可知，位于 284.49 eV 和 285.38 eV 的吸收峰分别对应 sp^2 和 sp^3 杂化结构的碳[132]；而位于 289.01 eV 的吸收峰为酰胺基团上碳原子的吸收峰[133]。对于 N 1s 高斯拟合曲线，N 1s 的吸收峰位出现在 400.12 eV 位置，表明该 N 元素来自酰胺基团[134]。这也进一步认证了 MDI 已经成功接枝到高岭土表面，具备成为己内酰胺阴离子聚合活性中心的条件。

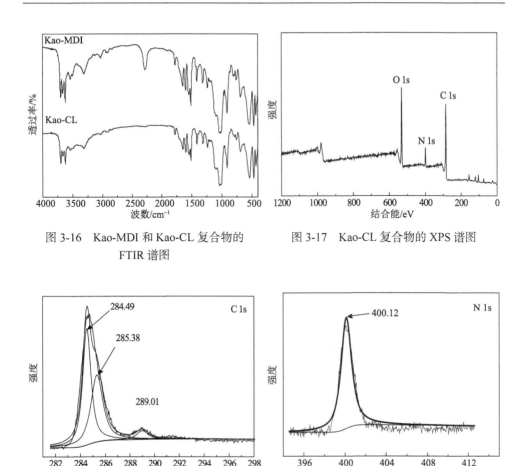

图 3-16　Kao-MDI 和 Kao-CL 复合物的　　　　图 3-17　Kao-CL 复合物的 XPS 谱图
　　　　　　FTIR 谱图

图 3-18　Kao-CL 复合物的 C 1s 拟合曲线　　　图 3-19　Kao-CL 复合物的 N 1s 拟合曲线

3.4　本　章　小　结

（1）以 K/DMSO 为预插层体，通过甲醇二次置换得到 K/MeOH 插层复合物。XRD 表征结果表明，每 12 h 更换一次甲醇溶液，需要 3 天才能将 DMSO 置换完全。TG 分析结果也印证了上述结论。置换完全后，K/MeOH 复合物湿样的层间距变为 1.08 nm，风干后的 K/MeOH 复合物的层间距为 0.86 nm。用 FTIR、XPS、NMR 等验证了甲基在层间的插层。

（2）在超声仪中，用聚苯乙烯置换 K/DMSO 中的 DMSO。采用本体聚合的方法，使苯乙烯在高岭土层间聚合。XRD 表征结果表明，聚合之后层间距由 0.86 nm

扩大为 1.11 nm。用热分析得到 Kao-PS 复合物中高岭土和聚苯乙烯的质量比约为
1.375 : 1。

(3) 以 K/MeOH 复合物为原料，将 MDI 接枝到高岭土上，并用己内酰胺封端，
得到 Kao-CL 复合物，这可以提高高岭土在尼龙 6 中的分散性。

第4章　聚丙烯/高岭土纳米复合材料

4.1　引　　言

聚丙烯(PP)是目前应用最广泛的通用塑料之一。由于 PP 价格低、耐腐蚀、刚性和拉伸强度较高以及无毒、无味等特点，已经成为五大通用塑料中需求增长最快的品种。特别是近几年聚碳酸酯(PC)受 BPO 迁出的影响，其在水杯、保鲜盒等食品包装材料中的应用大减。PP 由于无毒、无小分子迁出等特点，迅速占领部分市场。但是 PP 的缺点也是很明显的，低温耐冲击性差、成型收缩率大、热变形温度低，这都限制了其更大的应用范围。

高岭土是典型的 1:1 型层状硅酸盐矿物，由硅氧四面体和铝氧八面体沿 c 轴堆垛组成。最近几十年来，纳米层状硅酸盐材料引起了科学工作者的广泛关注，其中蒙脱土的研究已经取得了一定的进展，但是资源更丰富、成本低廉的高岭土，却由于层间离子交换量低被人们所忽视。高岭土层间作用力较强，可交换的阳离子少，无膨胀性，所以与蒙脱土相比，高岭土较难与有机物发生插层反应。目前仅有乙酸钾、尿素、肼、二甲亚砜等少数几种化合物可以直接插入高岭土层间，其他分子如丙二醇、聚乙二醇等则只能通过夹带或者取代高岭土层间的小分子来实现。

Kawasumi 等[124]研究了 PP/蒙脱土纳米复合材料，蒙脱土在 PP 中分散均匀，储能模量大幅提高，引起了科研工作者的广泛兴趣。Leuteritz 等[135]在 2003 年对该领域进行了概述。Jikan 等[136]研究了未插层高岭土与 PP 复合的结晶性能。

本章针对福建龙岩高岭土，用前文所制得聚苯乙烯原位聚合插层高岭土，在双螺杆挤出机中制备聚丙烯/高岭土纳米复合材料，并对该复合材料的结构和性能进行研究。

4.2　聚丙烯/高岭土纳米复合材料的制备

用将 PP、Kao-PS 插层复合物、十八烷基三甲基氯化铵及相容剂马来酸酐接枝聚丙烯(PP-g-MAH)按一定比例放入高速混合机中搅拌均匀，然后经同向双螺杆挤出机熔融挤出造粒，所得粒料置于 70℃烘箱中干燥 12 h。双螺杆挤出机各区加工温度设置见表 4-1。

表 4-1　双螺杆挤出机的温度设定

区域	I	II	III	IV	V	VI	喷嘴
温度/℃	175	190	210	210	210	195	185

复合材料测试样条的制备方法采用注塑成型。注塑机的加工温度从加料口至喷嘴分别设定为 190℃、200℃、210℃、195℃,注塑压力为 30 MPa,注射时间为 2 s,保压压力为 18 MPa,保压时间为 6 s。

4.3　聚丙烯/高岭土纳米复合材料的结构与性能表征

4.3.1　聚丙烯/高岭土复合材料的力学性能

1. 拉伸性能

由图 4-1 可以看出,随着 Kao-PS 含量的增加,复合材料的拉伸强度先增大后减小,3 wt%时达到最大值 36.46 MPa,与纯 PP 的拉伸强度相比,增大了约 14.6%。这是因为经过 PS 原位聚合以后,高岭土的层间距扩大,增大了 PP 与高岭土的接触面积,改善了高岭土与 PP 的相容性,从而使拉伸强度提高。但 Kao-PS 含量过高时,其在 PP 中得不到有效的分散,也会发生团聚,在聚丙烯基体中产生应力缺陷,导致拉伸强度下降。另外,从图中可以看出添加未改性高岭土的复合材料,拉伸性能一直低于纯 PP 的拉伸性能,而且呈逐渐下降的趋势。这是因为未改性的高岭土与 PP 界面作用效果较差,虽然有 PP-g-MAH 相容剂的加入,但仍易发生团聚,使拉伸强度下降。

2. 弯曲性能

图 4-2 展示了高岭土含量对复合材料弯曲强度的影响。从图中可以看出,随着高岭土含量的增加,复合材料的弯曲强度先升高后略有下降,添加 Kao-PS 的复合材料的弯曲强度都比添加同样含量的高岭土的复合材料高。纯 PP 的弯曲强度为 26.22 MPa,当 Kao-PS 含量为 5 wt%时,复合材料的弯曲强度达到最高值,为 36.09 MPa,提高 37.6%。添加高岭土的复合材料同样在 5 wt%时达到最高,强度为 30.97 MPa,提高 18.1%。这是因为高岭土本身就是无机刚性粒子,具有很高的强度和模量,而且高岭土能与 PP 分子链发生缠绕,使大分子链运动受阻,所以在添加到 PP 中后会大幅提高弯曲强度。但是高岭土含量进一步增加,分散性会变差,弯曲强度也会降低,但在本试验范围内复合材料的弯曲强度都高于纯 PP 的弯曲强度。

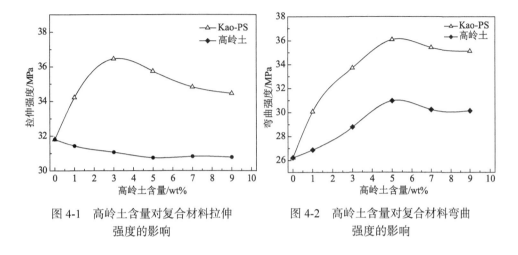

图 4-1 高岭土含量对复合材料拉伸　　　图 4-2 高岭土含量对复合材料弯曲
　　　　强度的影响　　　　　　　　　　　　　　强度的影响

3. 冲击性能

图 4-3 为高岭土含量对复合材料冲击强度的影响。结果表明，随着 Kao-PS 含量的增加，复合材料的冲击强度先升高后降低，在 5 wt%时，复合材料的冲击强度达到最高值为 15.58 kJ/m^2，与纯 PP 相比提高了 38.7%。这是因为一方面 Kao-PS 的加入会使 PP 产生 β 晶。β 晶的球晶界面与 α 晶不同，α 晶是中心晶核向外放射生长的片晶束聚集体，球晶之间有明显的边界，容易引发 PP 的破坏；而 β 晶是由捆束状的片晶构成[137]，球晶之间没有明显的界面。β 晶在相邻球晶边界处的非晶区容易产生银纹，银纹带在受力时能吸收较多能量。另一方面，复合材料在受到冲击时，会在高岭土片层周围产生微裂纹，能够吸收更多的能量。这都是复合材料缺口冲击强度提高的原因。添加高岭土的复合材料的冲击强度一直下降，这是因为未插层的高岭土与聚合物基体易造成宏观应力开裂，使冲击强度降低。

4.3.2　聚丙烯/高岭土复合材料的热变形温度

复合材料的热变形温度随高岭土含量的变化见图 4-4。添加 Kao-PS 和高岭土的复合材料的热变形温度变化趋势基本相同，都是先升高后降低。高岭土是无机刚性粒子，有很高的强度和模量，可以提高复合材料的抗应变能力，但是过高含量的高岭土会发生团聚，使热变形温度降低。

4.3.3　聚丙烯/高岭土复合材料的熔体流动速率

图 4-5 表示高岭土含量对聚丙烯/高岭土复合材料的熔体流动速率的影响。可以看出，当高岭土含量低于 3 wt%时，复合材料的熔体流动速率逐渐增大。这是因为少量的高岭土可以降低黏度，起到润滑的作用，从而使复合材料的熔体流动

速率增加。但是当高岭土含量继续增加时，其与 PP 熔体的摩擦阻力增大，阻碍作用大于润滑作用，导致复合材料的流动性变差。

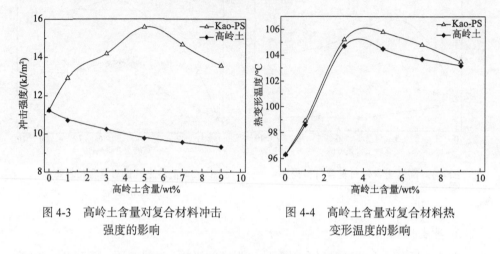

图 4-3　高岭土含量对复合材料冲击　　　　图 4-4　高岭土含量对复合材料热
　　　　强度的影响　　　　　　　　　　　　　变形温度的影响

4.3.4　聚丙烯/高岭土复合材料的 X 射线衍射分析

复合材料的在 10～30° 的 XRD 谱图见图 4-6。在 PP 中 2θ 为 14.1°、16.9°、18.6°、21.1°、21.8°、25.3° 处的衍射峰对应着 α 晶型的 (110)、(040)、(130)、(111) 和 (131) 晶面的衍射[138]。加入 Kao-PS 后，在 2θ=16° 出现了明显的衍射峰，这是 β 晶型 (300) 的特征衍射峰。随着 Kao-PS 的含量的增加，(300) 面的衍射峰也逐渐变强，在 5 wt% 时最强，而后逐渐减弱。这说明 Kao-PS 能促使 β 晶型的形成。

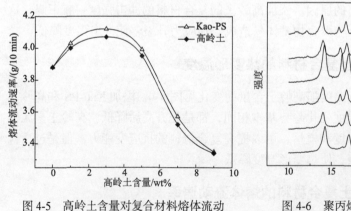
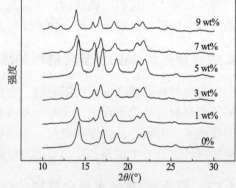

图 4-5　高岭土含量对复合材料熔体流动　　　图 4-6　聚丙烯/高岭土复合材料的
　　　　速率的影响　　　　　　　　　　　　　XRD 谱图

利用 JADE5.0，参照 Hsiao[139] 描述的方法，利用高斯公式对衍射峰进行拟合，得到其峰面积，总结晶度和 X_{all} 和 β 晶型相对含量 $K_β$ 通过 Turner-Jones 公式确定[140]：

$$X_{all} = 1 - \frac{Aamorphous}{\sum Acrystllization + Aamorphous} \tag{4-1}$$

$$K_β = \frac{A_β(300)}{A_α(110) + A_α(040) + A_α(130) + A_β(300)} \tag{4-2}$$

其中，A 为 WAXD 谱图中衍射峰的峰面积。计算可得 β 晶相对含量最大为 24.83%（Kao-PS 含量为 5 wt%），说明 Kao-PS 有一定的 β 成核剂效果，成核效率与高效成核剂[141]相比效果一般。

对不同含量 Kao-PS 改性 PP 所得主要衍射峰的半峰宽进行比较，如表 4-2 所示。根据 Scherrer 方程[142]

$$D_{hkl} = Kλ / β_0 \cos θ \tag{4-3}$$

式中，D_{hkl} 为垂直于衍射晶面（hkl）的结晶尺寸，单位为 nm；$θ$ 为布拉格角，单位为°；$λ$ 为 X 射线波长，0.154 nm；$β_0$ 为衍射峰的半峰宽，单位为弧度；K 取 0.9。半峰宽越小，结晶尺寸越完整。加入 Kao-PS 之后，对 α 晶型的半峰宽也都低于 PP，说明其对 α 晶型也有促进结晶的作用，这也是 β 晶型含量不高的原因之一。

表 4-2　不同含量 Kao-PS 的 PP 主要衍射峰的半峰宽

	α(110)	β(300)	α(040)	α(130)
纯 PP	0.768	-	0.652	0.740
1 wt% Kao-PS	0.503	0.144	0.386	0.512
3 wt% Kao-PS	0.551	0.267	0.402	0.536
5 wt% Kao-PS	0.550	0.274	0.431	0.569
7 wt% Kao-PS	0.444	0.216	0.371	0.395
9 wt% Kao-PS	0.642	0.181	0.425	0.481

单独对 PP/5 wt% Kao-PS 复合材料进行扫描，扫描范围 4°~30°，结果见图 4-7。从图中可以看出 $2θ$=7.80°处有一明显高岭土（001）面的特征峰。根据布拉格方程计算可知层间距为 1.12 nm。这说明部分 PP 分子链进入高岭土层间，形成 Kao-PP 复合材料。

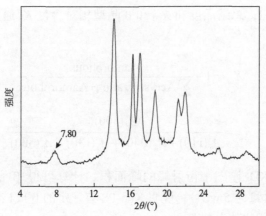

图 4-7　聚丙烯/高岭土复合材料(5 wt%)的 XRD 谱图

4.3.5　聚丙烯/高岭土复合材料的偏光显微镜分析

　　球晶是高聚物结晶的一种最常见的特征形式。它是一种多晶,其最基本结构单元是折叠链晶片,这些小晶片由于聚合物熔体迅速冷却或者其他条件的限制来不及进行规则生长,因而不能按照最理想的方式生长成单晶。为了减少表面能,它们往往以某些晶核为中心同时向四面八方进行生长,最后成为球晶。球晶具有双折射性并呈现特殊的十字消光图像(maltese cross),因而很容易在偏光显微镜(POM)下观测到。

　　采用偏光显微镜观察 PP 及复合材料的结晶形态,考察 Kao-PS 含量对 PP 结晶形态的影响,见图 4-8。一般状态下 PP 结晶都为 α 球晶,α 球晶是由一束晶束从中心向外辐射生长,不同的晶粒围绕成核中心独自生长,具有明显的边界[143],这也是 PP 冲击性能差的原因之一。Kao-PS 含量为 1 wt%时,可以看出晶粒尺寸变小,并有所细化,但是 α 球晶仍很明显。当 Kao-PS 含量进一步增加时,晶粒尺寸有进一步减小的趋势,并且边界也逐渐模糊。这是因为高岭土作为 PP 结晶

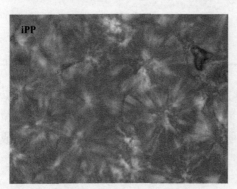

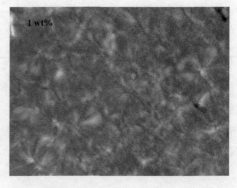

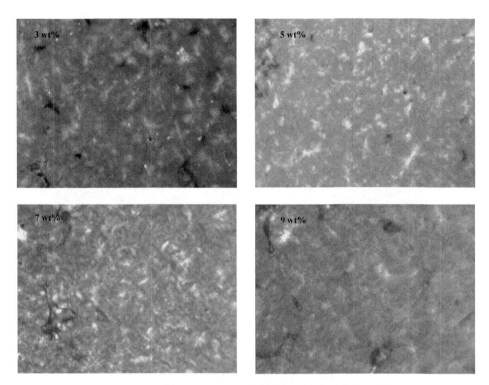

图 4-8　聚丙烯及 PP/Kao-PS 复合材料的偏光照片（400 倍）

时的晶核，减少了结晶时的界面能，PP 链段以其为结晶中心进行结晶，加快了成核速率。Kao-PS 含量增加时，成核中心也就越多，球晶生长空间变小，球晶之间碰撞停止延迟，导致球晶之间互相重叠，界面模糊。当 Kao-PS 含量为 5 wt%时，可以看出束状 β 晶明显变多，Kao-PS 含量继续增加时则束状 β 晶有所变少。这也与 XRD 表征结果一致，同时能解释力学性能的变化趋势。

4.3.6　聚丙烯/高岭土复合材料的扫描电子显微镜分析

图 4-9 为聚丙烯/5 wt%未改性高岭土复合材料淬断断面 SEM 照片。可以看到白色的粒子为高岭土，暗色区域为 PP 基体，在图 4-9（a）可以观察到 10 μm 标尺下，高岭土在 PP 基体中的团聚现象还不是很严重，但是有比较严重的应力开裂。在图 4-9（b）可看到未改性的高岭土粒子与 PP 相容性差，粒子和基体边界明显，而且分散也不是很均匀。在视野内也能找到大量团聚的现象，如图 4-9（c）所示，高岭土团聚成球状物，直径大于 10 μm。

图 4-10 为 PP/5 wt% Kao-PS 复合材料淬断断面 SEM 照片。可以看到在图 4-10（a）中，高岭土分散均匀，而且无明显宏观应力开裂现象，在视野内也无明显团聚的现象。在图 4-10（b）中看到 Kao-PS 与 PP 相容性良好，粒子和基体无明显

边界，这说明经过原位聚合后，与基体的相容性大大提高。如图 4-10(c)所示，高岭土长小于 200 nm，宽小于 100 nm，而且有大量的微裂纹出现，这些微裂纹也是 PP/5 wt% Kao-PS 复合材料力学性能提高的原因之一。

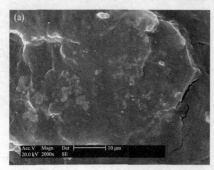
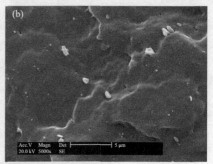
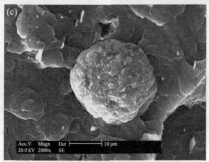

图 4-9　PP/5 wt%未改性高岭土复合材料淬断断面 SEM 照片

4.3.7　聚丙烯/高岭土复合材料的热稳定性

图 4-11 为 PP、PP/高岭土和 PP/Kao-PS 的 TG 分析曲线。由图 4-11 可以得到它们的热降解过程，可以得出材料失重率为 5%、10%、50%时的温度，分别记为 T_5、T_{10}、T_{50}，由此可以判断材料的热稳定性[144]。对 TG 曲线进行微分可以得到热失重最大时对应的温度 T_{on}，微分曲线见图 4-12。T_5、T_{10}、T_{50}、T_{on} 的数据见表 4-3。

表 4-3　PP、PP/高岭土和 PP/Kao-PS 的热分解温度 T_5、T_{10}、T_{50}、T_{on}

	T_5/℃	T_{10}/℃	T_{50}/℃	T_{on}/℃
PP	388.1	413	437.5	440.4
PP/高岭土	394.4	411.1	451.5	459.4
PP/Kao-PS	433.2	440.3	457.5	459.7

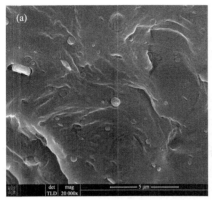
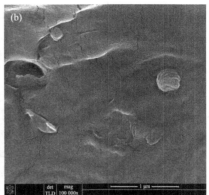
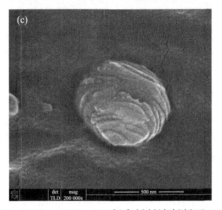

图 4-10　PP/5 wt% Kao-PS 复合材料淬断断面 SEM 照片

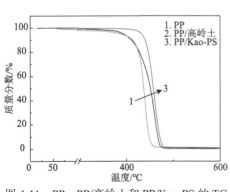
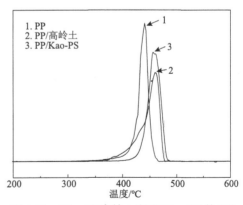

图 4-11　PP、PP/高岭土和 PP/Kao-PS 的 TG　　　图 4-12　PP、PP/高岭土和 PP/Kao-PS 的 TG
　　　　 分析曲线　　　　　　　　　　　　　　　　　　微分曲线图

　　由表 4-3，PP/高岭土的 5%失重温度由 PP 的 388.1℃提高到 394.4℃。T_{10} 略有降低，但是 T_{50} 和 T_{on} 分别提高了 14℃和 19℃。可见高岭土能使 PP 热稳定性提高。

PP/Kao-PS 与前两种材料相比，四项指标均有不同程度的提高，可见经过原位聚合后的高岭土能进一步提高 PP 的热稳定性。这是因为插层型的结构可以使部分 PP 链段进入高岭土层间，因而受到片层保护，使其运动受阻不容易分解，热分解温度提高。

4.3.8 聚丙烯/高岭土复合材料的加工流变性能

流变性能是聚合物加工过程的一个重要因素，对于选择合理的工艺和优化控制具有指导意义。在聚合物基体中加入无机纳米粒子，不仅改变材料的力学性能，而且对材料的流变性能产生较大的影响，而材料流变性能的改变，将直接影响材料的成型加工性能以及最终制品的质量，因此，研究聚合物复合材料的流变行为有助于了解其结构与成型加工条件[145]。采用动态旋转流变仪研究流变性能，可以在不破坏聚合物结构的情况下，研究单组分或多组分聚合物体系，研究过程也不受外界因素干扰[146]。

储能模量(G')是峰值剪切应力(弹性)和峰值剪切应变扭矩分量的比值，代表正弦应变和扭矩分量相位相同的部分，反映应变作用下能量在熔体中的储存状况。损耗模量(G'')是峰值剪切应力(黏性)和峰值剪切应变扭矩分量的比值，代表正弦应变和扭矩分量相位角相差 90°的部分，反映聚合物熔体形变过程中所消耗的能量。图 4-13 和图 4-14 分别是 PP、PP/高岭土和 PP/Kao-PS 的储能模量和损耗模量与扫描频率关系曲线。从图中可知，复合材料的 G' 和 G'' 基本上都大于纯 PP，而且 PP/Kao-PS 略大于 PP/高岭土。这是因为高岭土的加入限制了大分子链的运动，松弛时间延长，弹性形变松弛效应减弱。

根据公式：

$$\eta'' = \frac{G'}{\omega} \tag{4-4}$$

可以计算材料的虚数黏度，η'' 为虚数黏度，是弹性或者储能的度量。

根据公式：

$$\eta' = \frac{G''}{\omega} \tag{4-5}$$

可以计算材料的动态黏度，η' 为动态黏度，与稳态黏度有关。图 4-15 和图 4-16 分别是虚数黏度和动态黏度与扫描频率关系曲线。

图 4-17 给出的是损耗角正切(tanδ)与扫描频率(ω)的关系图。相位角 δ 越接近 0，聚合物熔体产生的应变和所受应力的相位差越小，熔体弹性响应越快，表明熔体弹性越大；相反，δ 越趋近于 $\pi/2$，则应力和应变的相位差越大，弹性响应

越慢，滞后越明显，聚合物熔体的黏性耗散越显著[147]。因此，tanδ 越大，熔体的黏性效应越强，弹性效应越弱。由图可知随着 ω 的增加，tanδ 减小。这是因为，频率越高时，由于高分子链段运动滞后严重，链段根本来不及运动，所以其内耗摩擦小。PP/高岭土和 PP/Kao-PS 的 tanδ 都比 PP 小，说明高岭土能使 PP 熔体的黏性效应减弱，材料的加工性能提高。

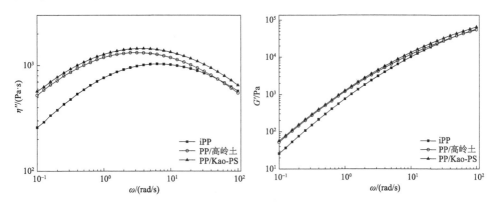

图 4-13　PP、PP/高岭土和 PP/Kao-PS 的储能　　　图 4-15　PP、PP/高岭土和 PP/Kao-PS 的虚数
　　　模量与扫描频率关系曲线　　　　　　　　　　　黏度与扫描频率关系曲线

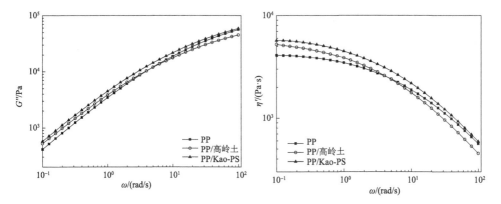

图 4-14　PP、PP/高岭土和 PP/Kao-PS 的损耗　　　图 4-16　PP、PP/高岭土和 PP/Kao-PS 的动态
　　　模量与扫描频率关系曲线　　　　　　　　　　　黏度与扫描频率关系曲线

　　lg$G'(\omega)$-lg$G''(\omega)$ 曲线，也称为 Cole-Cole 曲线，是一种评估复合材料形态变化的良好方法[145, 148, 149]。理论上，均相或各向同性聚合物熔体/溶液，曲线的斜率为 2[150]。由图 4-18 可知，三条曲线的 Cole-Cole 曲线斜率为 1.5 左右。三者不管是在低频区域还是高频区，均未发生明显偏离。这说明高岭土的加入对 PP 的黏弹性行为影响不是很大。

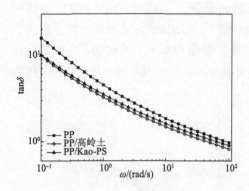 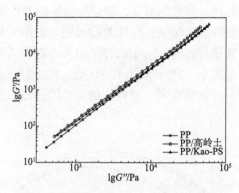

图 4-17 PP、PP/高岭土和 PP/Kao-PS 的损耗 　　图 4-18 PP、PP/高岭土和 PP/Kao-PS 的
　　　角正切与扫描频率关系曲线 　　　　　　　　 $\lg G'(\omega)$-$\lg G''(\omega)$ 曲线

　　屈服应力是能产生流动所需的最小的力。在屈服应力以下，材料会像弹性固体一样形变；在屈服应力以上，产生流动，材料会连续地形变[151]。确定材料的屈服应力对于确定材料的应用特性、储存性能是非常重要的。通常可以采用 Casson 曲线来描述非均相体系的屈服行为[152, 153]，其表达式如下：

$$G''^{1/2} = G_y''^{1/2} + K\omega^{1/2} \tag{4-6}$$

式中，$G_y''^{1/2}$ 为屈服应力；K 为常数。

　　图 4-19 为材料的 Casson 曲线。从图中可以看出，三者的屈服应力关系为 PP/Kao-PS > PP/高岭土 > PP。这是因为 PP 大分子链段进入高岭土层间需要更大的外力来促使熔体流动。

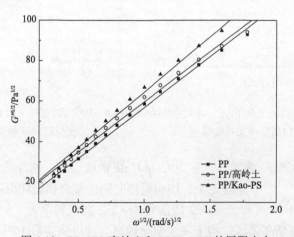

图 4-19 PP、PP/高岭土和 PP/Kao-PS 的屈服应力

4.4　本章小结

(1)随着 Kao-PS 的加入，聚丙烯的拉伸强度、弯曲强度、冲击强度、热变形温度均有不同程度的提高，这归因于高岭土在基体中的良好分散以及聚丙烯分子链段进入高岭土层间。而冲击强度的提高还要一部分归结于 β 晶的产生。熔体流动速率的变化为先升高后降低。

(2)XRD 和 POM 表征结果表明，加入高岭土后，PP 球晶的晶粒尺寸减小，晶粒明显细化，而且产生 β 晶。当 Kao-PS 含量为 5 wt%时，β 晶含量最高为 24.83%。

(3)根据 TG 分析结果，插层型高岭土能够明显提高聚丙烯的热稳定性。

(4)流变测试表明，高岭土的加入限制了大分子链的运动，松弛时间延长，弹性形变松弛效应减弱，tanδ 减小，屈服应力增大。

第5章 聚丙烯/高岭土纳米复合材料的结晶动力学

5.1 引　言

聚合物分子链在搭建成晶体时有一定的困难。具有线形结构或者规整链序列结构的聚合物一般是沿着旋转轴平行取向，高分子链从侧面规整堆砌。由于熵活化位垒高，相互穿插的大分子聚合物彻底解缠绕所需的时间长，所以当聚合物从熔体冷却到平衡熔点以下时只产生部分结晶结构。这个过程主要是靠动力学因素控制，而不是平衡热力学因素控制。结晶条件是影响聚合物结晶行为的重要因素，进而影响其性能。对于结晶动力学的研究，前人已经做了大量工作[114, 154-160]。这些工作主要关注不同条件下宏观结晶与结晶参数随时间的变化规律，由成核速率、晶体成长速度、结晶度等到不同条件下的结晶诱导时间、半结晶期等参数。

等温结晶经典动力学理论 Avrami 理论[154, 156, 160]最先用于金属结晶过程，后来推广到聚合物结晶动力学过程。Avrami 理论只适合描述聚合物初期结晶行为[161]，可以判断球晶是否可以生长，不适用于非等温过程。Ozawa[155]、Jeziorny[116]、Liu 等[159]基于 Avrami 理论[156]和 Evans 理论提出了一系列研究非等温结晶动力学的方法。这些方法对于非等温结晶动力学参数的建立和指导聚合物加工成型工艺具有很重要的意义。

本章研究聚丙烯/高岭土复合材料在等温以及非等温两种不同的结晶条件下的结晶动力学；采用球晶生长速率方程以获得聚丙烯及其高岭土复合材料的表面自由能；研究高岭土在聚丙烯基体中的成核效率，最后用 Friedman 方法计算聚丙烯及其复合材料的结晶活化能。

5.2 聚丙烯/高岭土纳米复合材料的制备

由福建联合石油化工有限公司生产的型号为 T30S 的等规聚丙烯，记为 iPP。5 wt%的聚丙烯/高岭土复合材料，记为 PP/高岭土，制备方法见第 4 章。

5.3 聚丙烯/高岭土纳米复合材料的结构与性能表征

采用美国 TA 仪器公司生产的型号为 Q2000 的差示扫描量热仪(DSC)，在氮气保护下，样品迅速升温到 210℃并保持 5 min 以消除热历史。然后以 80℃/min 的降温速率迅速降温至 121℃、123℃、125℃、128℃和 130℃使之等温结晶，并保持足够的时间使样品完全结晶，记录结晶曲线。最后再以 10℃/min 的升温速率加热至 200℃，记录熔融曲线。接着将样品快速升温至 210℃保温 5 min 消除热历史后，分别以不同的降温速率 5℃/min、10℃/min、20℃/min、40℃/min 降至室温，记录等速降温时的热熔过程。

5.3.1　等温结晶动力学

1. 等温结晶行为

聚丙烯及其复合材料等温结晶过程的热熔曲线如图 5-1 所示。iPP 结晶时体积收缩并放热，结晶温度越高，结晶放热峰变宽，达到结晶峰的时间变长。iPP 在 121℃时达到结晶峰的峰位置所需的时间 t_p 为 1.956 min，只有 128℃时 t_p（9.667 min）的五分之一左右，见图 5-2。这是因为温度升高时，体系黏度变大，不利于

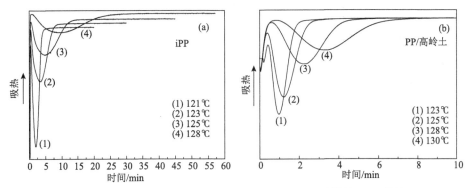

图 5-1　聚丙烯及其高岭土复合材料在不同温度下的结晶 DSC 曲线

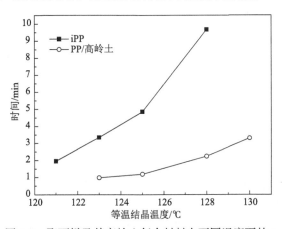

图 5-2　聚丙烯及其高岭土复合材料在不同温度下的 t_p

晶体生长，同时大分子链的微布朗运动加剧，不利于链段的聚集成核，使成核的驱动力降低。PP/高岭土的情况与 iPP 类似，只是相同温度下的 t_p 急剧变短。这是由于高岭土的加入能减少成核表面自由能，降低冷却过程中开始结晶所需要的过冷度，形成异相成核。

等温结晶 t 时间的相对结晶度 $X(t)$ 能通过式(5-1)计算：

$$X(t) = \frac{\int_0^t (\mathrm{d}H/\mathrm{d}t)\mathrm{d}t}{\int_0^\infty (\mathrm{d}H/\mathrm{d}t)\mathrm{d}t} \tag{5-1}$$

式中，$\mathrm{d}H$ 为结晶焓；$\mathrm{d}t$ 为结晶的时间间隔；t 为结晶开始时间；∞ 为结晶结束时间。iPP 和 PP/高岭土的相对结晶度 $X(t)$ 随着时间的变化曲线，如图 5-3 所示。

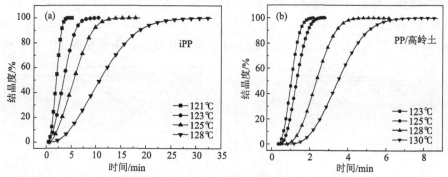

图 5-3　聚丙烯及其高岭土复合材料在不同结晶温度下的相对结晶度与时间的关系

从图 5-3 可以看到结晶度和结晶时间关系的曲线都呈 S 型，通常可以用经典的 Avrami 方程来描述。这是分析聚合物等温结晶动力学方法中最简单且最被广泛接受的方法，其方程式为

$$1 - X(t) = \exp(-Zt^n) \tag{5-2}$$

式中，t 为结晶时间；$X(t)$ 为 t 时间的相对结晶度；n 为 Avrami 系数，其值由成核方式和球晶的生长维数确定；Z 为结晶速率常数。

通过将式(5-2)两边取双对数可以得到

$$\lg[-\ln(1 - X(t))] = n\lg t + \lg Z \tag{5-3}$$

诱导时间($t_{0.05}$)是由晶胚形成晶核所需要的时间[117]，其定义为转化率为 5% 时所需要的时间。半结晶期($t_{0.5}$)，定义为转化率为 50% 时所需要的时间，是表征等温结晶速率最直观的数据。$t_{0.05}$ 和 $t_{0.5}$ 的值列于表 5-1。可以观察到，$t_{0.05}$ 和 $t_{0.5}$ 的值随着结晶温度的升高而降低，同时，在同一结晶温度下，PP/高岭土的 $t_{0.05}$ 和 $t_{0.5}$ 比空白 iPP 小得多，证明了高岭土能有效地提高聚丙烯的结晶速率。

表 5-1　聚丙烯及其碳纳米管复合材料在不同温度下结晶的动力学参数

样品	T_c/°C	$t_{0.05}$/min	t_p/min	$t_{0.5}$/min	Z/min^{-n}	n
	121	0.84	1.95	2.04	8.37×10^{-2}	2.99
	123	1.14	3.35	3.51	3.67×10^{-2}	2.35
纯 iPP	125	1.74	4.85	5.52	1.25×10^{-2}	2.34
	128	3.62	9.67	10.82	1.34×10^{-3}	2.63
					$\bar{n}=2.58\pm0.23$	
	123	0.55	0.98	1.03	0.56	3.44
	125	0.72	1.19	1.31	0.19	3.93
PP/高岭土	128	1.26	2.24	2.35	2.03×10^{-2}	3.93
	130	1.84	3.30	3.47	4.30×10^{-3}	3.88
					$\bar{n}=3.79\pm0.18$	

iPP 和 PP/高岭土的 $\lg[-\ln(1-X(t))]$-$\lg t$ 曲线，见图 5-4。对这些曲线进行线性回归可以得到一系列直线，用直线的斜率和截距可以分别求出 n 和 Z（表 5-1）。Z 包含结晶和增长两个方面。在线性回归时，最初的一些点和结晶后期是偏离直线的。这是因为 Avrami 方程取对数作图能把结晶初期的小错误放大，后期则是因为出现了二次结晶，二次结晶的出现与结晶过程中的球晶碰撞有关。

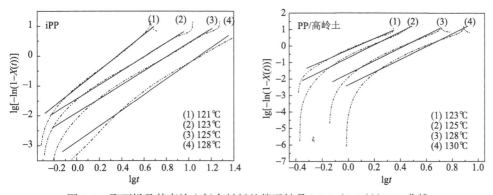

图 5-4　聚丙烯及其高岭土复合材料的等温结晶 $\lg[-\ln(1-X(t))]$-$\lg t$ 曲线

2. 聚丙烯/高岭土纳米复合材料等温结晶后的熔融行为

iPP 和 PP/高岭土在不同温度下结晶后的熔融曲线见图 5-5。图中可以观察到，iPP 熔融曲线只有一个明显的熔融峰，出现在约 165℃的位置，这说明 iPP 中只存在 α 晶。而在 PP/高岭土的熔融曲线中，在温度约为 165℃和 153℃左右的位置都有熔融峰，分别对应 α 晶和 β 晶的熔点。这与第 4 章中 XRD 的表征结果一致。而且随着结晶温度的升高，熔点都有一定的提高。具体熔点如表 5-2 所示。

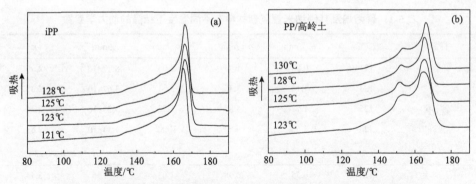

图 5-5　聚丙烯及聚丙烯/高岭土复合材料在不同结晶温度下的熔融曲线

表 5-2　iPP 及 PP/高岭土复合材料等温结晶的熔点

样品	温度/℃	$T_m(I)/℃$	$T_m(II)/℃$
iPP	121		165.5
	123		166.0
	125		166.0
	128		166.5
PP/高岭土	123	151.3	164.4
	125	151.4	164.7
	128	152.2	165.2
	130	153.3	166.0

3. 聚丙烯/高岭土纳米复合材料的平衡熔点

平衡熔点(T_m^0)的物理意义为由分子量无限大的分子链形成的完整晶系的熔点[162]，是表征聚丙烯结晶行为的一个重要热力学参数。根据 Hoffman-Weeks 理论[163]，熔点 T_m 和结晶温度 T_c 之间的关系如下：

$$T_m = \frac{T_c}{\gamma} + (1 - \frac{1}{\gamma})T_m^0 \tag{5-4}$$

式中，T_m^0 为平衡熔点；γ 为片层增厚因子，定义为 $\gamma = l/l^*$，其中 l 和 l^* 分别为最终晶片厚度和起始晶片厚度。由式(5-4)，以 T_m 对 T_c 作图，通过直线的斜率可计算出 γ 值，外推与 $T_m = T_c$ 的直线相交，交点即为平衡熔点 T_m^0。

根据表 5-3，以 T_m 对 T_c 作图见图 5-6。iPP 的平衡熔点为 172.52℃，PP/高岭土中 α 晶的平衡熔点为 175.90℃，β 晶的平衡熔点为 162.13℃。同为 α 晶的 PP/高岭土的平衡熔点比 iPP 高 3.38℃，这说明加入高岭土后，iPP 的结晶变得更完善，片层厚度增加，高岭土的异相成核作用有利于晶体的生长，所以 PP/高岭土的平衡熔点比 iPP 高。

表 5-3　等温结晶下的 Lauritzen-Hoffman 参数

样品	ΔH_f/(J/m³)	生长区间	K_g/K²	σ_e/(mJ/m²)
α 晶 iPP		(110)	2.77×10^5	59.15
α 晶 PP/高岭土	1.96×10^8	$a_0 = 5.49 \times 10^{-10}$ m $b_0 = 6.26 \times 10^{-10}$ m	2.30×10^5	47.06
β 晶 PP/高岭土	1.77×10^8	(300) $a_0 = 6.36 \times 10^{-10}$ m $b_0 = 5.51 \times 10^{-10}$ m	1.14×10^5	23.85

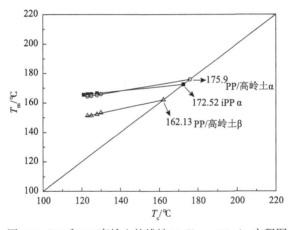

图 5-6　iPP 和 PP/高岭土的线性 Hoffman-Weeks 方程图

4. 聚丙烯/高岭土纳米复合材料的球晶生长速率

均聚物的球晶径向生长速率 G 可以由 Hoffman[164]提出的聚合物结晶动力学来描述，G 与结晶温度 T_c 和过冷度 ΔT 的关系如下：

$$G = G_0 \exp\left(-\frac{U^*}{R(T_c - T_\infty)}\right) \exp\left(-\frac{K_g}{f T_c \Delta T}\right) \tag{5-5}$$

两边取对数，可得

$$\ln G + \frac{U^*}{R(T_c - T_\infty)} = \ln G_0 - \frac{K_g}{f T_c \Delta T} \tag{5-6}$$

式中，G_0 为指前因子；R 为气体常数；ΔT 为过冷度，$\Delta T=(T_m^0-T_c)$；T_∞ 为分子链完全冻结时的温度，通常定义为 $T_\infty=T_g-30K$；f 为校正因子，定义为 $f=2T_c/(T_m^0+T_c)$；K_g 为成核系数。

将 $\ln G+\dfrac{U^*}{R(T_c-T_\infty)}$ 对 $\dfrac{1}{fT_c\Delta T}$ 作图，如图 5-7 所示，由得到的直线斜率可以计算出 K_g 的值。成核系数 K_g 可通过式(5-7)计算：

$$K_g=\frac{mb_0\sigma\sigma_e T_m^0}{k_B\Delta H_f}\tag{5-7}$$

式中，m 为与高聚物结晶区特征有关的常数，对于I和III区 $m=4$，对于II区 $m=2$，在本试验中，将结晶过程发生在III区[165]。b_0 为折叠链厚度；k_B 为玻尔兹曼常量，其值为 1.35×10^{-23} J/K；ΔH_f 为单位体积下的熔融焓；σ 为平行于分子链方向单位面积的表面自由能；σ_e 为垂直于分子链方向单位面积的表面自由能。参数 σ 能通过式(5-8)估算：

$$\sigma=\alpha(a_0b_0)^{\frac{1}{2}}\Delta H_f\tag{5-8}$$

式中，$\alpha=0.1$ 是经验值；a_0b_0 为长链的截面积。

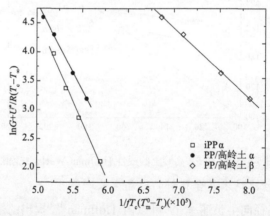

图 5-7　聚丙烯及其高岭土复合材料的 $\ln G+U^*/R(T_c-T_\infty)$ -$1/fT_c(T_m^0-T_c)$ 曲线

对 iPP 而言，在熔体结晶过程中，α 晶的晶体生长沿着 α(110)的晶面来计算，而 β 晶的晶体生长则沿着 β(300)的晶面来计算。α 晶和 β 晶的 ΔH_f 值、参数以及计算结果列于表 5-3。

由结果可知 α 晶的 K_g 变化很小，这说明在本试验中，iPP 和 PP/高岭土的 α 晶的生长区间没有发生改变。但是 PP/高岭土的 σ 值和 iPP 相比减小了，这说明高岭土使 iPP 的结晶表面自由能降低。这是因为晶核的尺寸由于外界表面的引入而减小，利用已存在的表面作为异相成核的表面，能够减少成核阻碍，进而减少自由能[166]。因此，高岭土的存在减少了需要制造一个新表面所需要的能量，加快了聚合物的结晶速率、增加聚合物的成核密度和减小了球晶尺寸。这也和第 4 章中偏光显微镜照片的结果一致。

5.3.2　非等温结晶动力学

1. 非等温结晶行为

图 5-8 所示是 iPP 及 PP/Kao-PS 的 DSC 非等温结晶曲线，降温速率分别为 5℃/min、10℃/min、20℃/min 和 40℃/min。从图中曲线可以看出，随着高岭土的加入，iPP 的结晶峰宽度变小，这表明高岭土的异相成核作用使得 iPP 的结晶完善程度差异性减小。同时 PP/Kao-PS 与 iPP 相比，在相同降温速率的情况下，结晶峰的位置向高温方向移动，表明复合材料的结晶可以在较高温度下进行。这是因为聚合物成核过程的温度与成核方式有关，异相成核所需要的过冷度比均相成核要小，可以在较高的温度下发生。

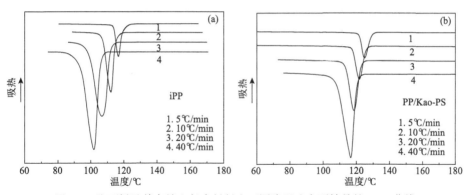

图 5-8　聚丙烯及其高岭土复合材料在不同降温速率下结晶的 DSC 曲线

2. 非等温结晶动力学

1) Jeziorny 改进 Avrami 方程

图 5-9 为相对结晶度 $(X(t))$ 与结晶温度的关系曲线。图中曲线呈反 S 型，说明样品在降温过程中，经历了结晶速率较慢的成核阶段、较快的初始结晶阶段以及相对较慢的二次结晶阶段。相对结晶度与结晶温度的关系能通过式(5-9)转化为与结晶时间的关系：

$$t = (T_0 - T)/\phi \tag{5-9}$$

式中，ϕ 为降温速率，单位℃/min；t 为结晶时间，单位 min。

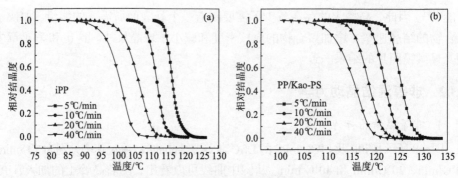

图 5-9　相对结晶度与结晶温度的关系曲线

在不同的降温速率下，结晶度与结晶时间的关系曲线见图 5-10。结果表明，随着降温速率的升高，iPP 和 PP/Kao-PS 的结晶时间都急剧缩短。此外，在同一个降温速率下，PP/Kao-PS 所需的结晶时间比 iPP 所需的结晶时间少，由此可得高岭土能降低 iPP 的总体结晶时间。

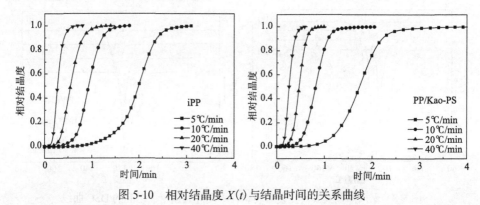

图 5-10　相对结晶度 $X(t)$ 与结晶时间的关系曲线

由结晶度与时间的关系，得到结晶一半所需要的时间（$t_{0.5}$）见表 5-4。从表中可以看出，同一降温速率下，PP/Kao-PS 复合材料的半结晶期小于 iPP，表明 PP/Kao-PS 复合材料的结晶速率高于 iPP。

表 5-4　非等温结晶过程中试样的动力学参数

样品	ϕ /(℃/min)	n	Z	Z_c	$t_{0.5}$/min	T_p/℃
	5	5.56	0.0150	0.43	1.89	116.7
纯 iPP	10	4.68	0.7009	0.99	0.93	112.1
	20	3.53	3.6006	1.07	0.55	106.7
	40	3.58	36.719	1.09	0.29	101.8

续表

样品	ϕ /(℃/min)	n	Z	Z_c	$t_{0.5}$/min	T_p/℃
PP/Kao-PS	5	4.65	0.0519	0.55	1.73	124.7
	10	4.86	1.7637	1.06	0.81	121.5
	20	4.64	20.528	1.16	0.47	118.6
	40	4.32	206.562	1.14	0.26	116.7

Jeziorny[116]认为在非等温结晶过程中，Avrami 结晶速率常数可用冷却速率来校正：

$$\lg Z_c = \frac{\lg Z}{\phi} \qquad (5\text{-}10)$$

式中，Z 为结晶速率常数；Z_c 为经冷却速率校正后的 Jeziorny 结晶速率常数；ϕ 为降温速率，单位为℃/min。

由图 5-10 可以得 $\lg[-\ln(1-X(t))]$-$\lg t$ 曲线，见图 5-11。对这些曲线进行线性回归可以得到一系列直线，根据式(5-3)用直线的斜率和截距可以分别求出 n 和 Z。再由式(5-10)可以得出 Z_c，结果列于表 5-4。

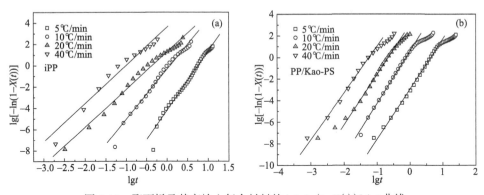

图 5-11　聚丙烯及其高岭土复合材料的 $\lg[-\ln(1-X(t))]$-$\lg t$ 曲线

从表 5-4 看，Avrami 指数 n 在 4～6 之间，而且随着降温速率的增大而减小。比较 Jeziorny 结晶速率常数可以看到 iPP 和 PP/Kao-PS 的 Z_c 值都在 1 左右，而且变化不大。这说明该体系适合用 Jeziorny 方法进行处理，但是 Jeziorny 法也有缺点，即 Z_c 没有明确的物理意义[167]。

2）经典 Ozawa 方程

根据 Ozawa 理论，非等温结晶过程是由无限小的等温结晶组成的。按照理论模型，相对结晶度与温度的关系可以用以下方程来表示：

$$1 - X_\mathrm{T} = \exp\left[-K(T)/\phi^m\right] \tag{5-11}$$

式中，$K(T)$ 为温度函数，与成核方式、成核速率晶核成长速率有关，$(\mathrm{℃/min})^m$；m 为 Ozawa 指数，与结晶的生长以及成核机理有关；ϕ 为降温速率。将方程 (5-11) 两边取对数，可得

$$\ln[-\ln(1-X_\mathrm{T})] = \ln K(T) - m\ln\phi \tag{5-12}$$

如果 Ozawa 的理论模型是正确的，那么作 $\ln[-\ln(1-X_\mathrm{T})]$-$\ln\phi$ 曲线就应该是一条直线，而从图 5-12 中可以看出，无论是 iPP 是 PP/Kao-PS 的 $\ln[-\ln(1-X_\mathrm{T})]$-$\ln\phi$ 曲线，且线性都不明显。因此用 Ozawa 方法来描述非等温结晶动力学过程是不理想的。

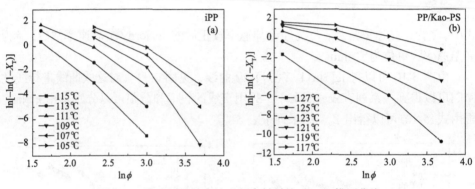

图 5-12　聚丙烯及其高岭土复合材料的 Ozawa 模型曲线

3) 莫志深方法

Avrami 方程描述的是相对结晶度和时间的关系，而 Ozawa 方程描述的是相对结晶度和温度的关系，实际上非等温结晶过程与时间和温度都密切相关。莫志深等[159]将 Avrami 方程和 Ozawa 方程联合起来，用以处理非等温结晶过程。将方程 (5-3) 和方程 (5-12) 联立得

$$\ln Z + n\ln t = \ln K(T) - m\ln\phi \tag{5-13}$$

将方程 (5-13) 重新整理，得出在某一相对结晶度下的动力学方程：

$$\ln\phi = \ln F(T) - \alpha\ln t \tag{5-14}$$

式中，$F(T) = (K(T)/Z)^{1/m}$ 指单位时间达到某一相对结晶度所需的降温速率，表征样品在一定结晶时间内达到某一结晶度时的难易程度；$\alpha = n/m$，其中 n 为 Avrami 指数，m 为 Ozawa 指数。从方程 (5-14) 可以知道曲线 $\ln\phi$-$\ln t$ 应为直线，而参数 $F(T)$ 和 α 可以从直线的截距和斜率中得出。

iPP 和 PP/Kao-PS 的 $\ln\phi$-$\ln t$ 曲线见图 5-13。从图中可看出 $\ln\phi$-$\ln t$ 有很好的线性关系，说明用莫志深方法处理非等温结晶过程是可行的。由拟合直线得到 α、$F(T)$ 和 R^2，列于表 5-5。从表中可以看出，$F(T)$ 随着相对结晶度的增加而增大，这表明单位结晶时间内达到一定结晶度所需要的降温速率在增加。在 PP/Kao-PS 中，$F(T)$ 主要是反映 PP/Kao-PS 对结晶的促进作用。在相同的相对结晶度下，PP/Kao-PS 的 $F(T)$ 比 iPP 的要小，这说明高岭土能促进 iPP 的结晶速率。

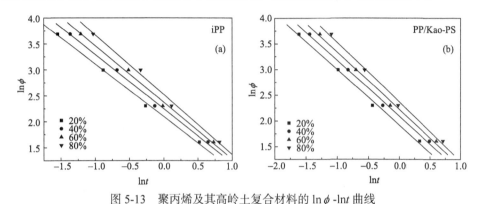

图 5-13　聚丙烯及其高岭土复合材料的 $\ln\phi$-$\ln t$ 曲线

表 5-5　基于莫志深方法 iPP 及 PP/Kao-PS 复合材料的动力学参数

样品	X_T/%	α	$F(T)$	R^2
	20	1.01	8.85	0.9974
	40	1.04	9.49	0.9959
iPP	60	1.09	10.73	0.9948
	80	1.15	12.45	0.9932
	20	1.08	6.82	0.9953
	40	1.08	8.12	0.9955
PP/Kao-PS	60	1.11	9.27	0.9948
	80	1.16	10.73	0.9937

3. 聚丙烯/高岭土纳米复合材料的结晶活化能

1）Kissinger 法

聚合物的结晶主要与两个因素有关，其一是与晶体单元在晶相中穿越所需的活化能有关的动力学因素；其二是与成核的自由能位垒有关的静态因素[168]。了解结晶过程中的有效活化能同样对于研究非等温结晶过程非常重要。利用 Kissinger 公式[169,170]可以求出材料的结晶活化能，公式为

$$\frac{d(\ln\frac{\phi}{T_p^2})}{d(\frac{1}{T_p})} = -\frac{\Delta E}{R} \tag{5-15}$$

式中，ϕ 为降温速率，K/min；T_p 为结晶最佳温度，K；R 为气体常数，J/(K·mol)；ΔE 为结晶活化能。以 $\ln(\phi/T_p^2)$ 对 $1/T_p$ 做图见图 5-14。由回归线的斜率就能求出 ΔE，结果见表 5-6。

表 5-6 iPP 和 PP/Kao-PS 复合材料的结晶活化能(J/mol)

方法	iPP	PP/Kao-PS
Kissinger 法	−174.31	−335.02
Cebe 法	−118.16	−264.73

2) Cebe 法

在非等温结晶过程中，当相对结晶度较低时可以认为结晶是一个热活化过程。这时可以根据 Cebe 法[171]，利用 Avrami 方程中结晶速率常数 Z 和 Avrami 系数 n 求出结晶活化能，公式为

$$Z^{1/n} = Z_{t0} \exp(-\frac{\Delta E}{RT_c}) \tag{5-16}$$

式中，Z_{t0} 为与温度无关的前置常数；R 为气体常数；ΔE 为结晶活化能；T_c 为相对结晶度为 5%时的结晶温度。

聚丙烯及其高岭土复合材料的 $\ln Z^{1/n}$-$1/T_c$ 曲线见图 5-15，由回归线的斜率求出 ΔE，见表 5-6。

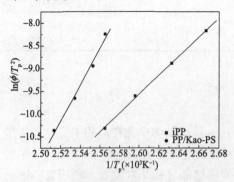

图 5-14 聚丙烯及其高岭土复合材料的 $\ln(\phi/T_p^2)$-$1/T_p$ 曲线

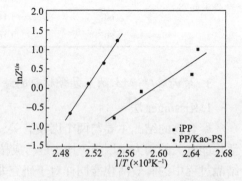

图 5-15 聚丙烯及其高岭土复合材料的 $\ln Z^{1/n}$-$1/T_c$ 曲线

比较 Kissinger 法和 Cebe 法，只有用 Cebe 法计算 iPP 结晶活化能时，拟合的相关系数低于 0.95。可见 Kissinger 法更适合计算 iPP 和 PP/Kao-PS 复合材料的结晶活化能。从表 5-6 中的数据可以看出，无论是 Kissinger 法还是 Cebe 法，PP/Kao-PS 的结晶活化的绝对值能都明显大于 iPP 的结晶活化能。这可以解释为 Kao-PS 在 iPP 熔体中具有双重作用，一方面，Kao-PS 在 iPP 熔体中作为异相晶核诱导分子链在其表面结晶，提高了结晶速率；另一方面，由于 Kao-PS 与高分子熔体的结合力很弱，反而阻挡了链段从熔体到晶体生长面的转移，这种阻碍作用导致了活化能的增加。在 iPP 结晶过程中，成核作用占主导地位，因此总体来说，Kao-PS 的加入提高了 iPP 的总结晶速率和结晶温度。

5.4　本　章　小　结

（1）等温结晶结果表明，iPP 和 PP/Kao-PS 到达结晶峰位置所需要的时间、诱导时间和半结晶期都随着结晶温度的升高而增加。在结晶温度相等的情况下，PP/Kao-PS 到达结晶峰位置所需要的时间、诱导时间和半结晶期都小于 iPP。PP/Kao-PS 的 Avrami 方程参数 Z 和 Avrami 系数 n 都大于 iPP。以上结果表明 Kao-PS 的加入提高了聚丙烯的结晶速率。

（2）等温结晶后的熔融显示 PP/Kao-PS 比 iPP 多了一个 β 晶的熔融峰。这也与第 4 章 XRD 表征结果相一致。根据 Hoffman-Weeks 理论，得出 iPP 的 α 晶平衡熔点为 172.52℃，PP/Kao-PS 中 α 晶的平衡熔点为 175.90℃，β 晶的平衡熔点为 162.13℃。通过球晶生长速率计算，PP/Kao-PS 的动力学参数（K_g）和端表面自由能（σ_e）均低于 iPP，表明 Kao-PS 促进 iPP 结晶时分子链的折叠，提高 iPP 的结晶能力。

（3）非等温结晶结果表明，Jeziorny 改进 Avrami 方程，能够处理非等温结晶过程，但是其动力学参数缺乏明确的物理意义。根据 Ozawa 方法所作的结晶动力学曲线，线性都不明显，说明采用 Ozawa 模型不适用于描述该非等温结晶过程。采用莫志深方法分析 iPP 和 PP/Kao-PS 非等温结晶动力学时，曲线线性关系都比较明显，且在给定的相对结晶度下，PP/Kao-PS 的 $F(T)$ 比 iPP 小，表明 Kao-PS 能提高 iPP 的结晶速率。

（4）用 Kissinger 法和 Cebe 法计算材料的结晶活化能。PP/Kao-PS 的结晶活化的绝对值能都明显大于 PP 的结晶活化能。这是因为 Kao-PS 在聚丙烯中具有双重作用，一方面，Kao-PS 在 iPP 熔体中作为异相晶核诱导分子链在其表面结晶，提高了结晶速率；另一方面，由于 Kao-PS 与高分子熔体的结合力很弱，反而阻挡了链段从熔体到晶体生长面的转移，这种阻碍作用导致了活化能的增加。在 iPP 结晶过程中，成核作用占主导地位，因此总体来说，Kao-PS 的加入提高了 iPP 的结晶速率和结晶温度。

第6章 未改性煅烧高岭土/聚丙烯复合材料

6.1 引 言

煅烧高岭土与传统的高分子无机填料相比具有很多优点，例如具有非常好的耐化学腐蚀性、耐溶剂性、耐酸碱性和较低的吸水性，填充高分子材料具有良好的补强性、良好的机械加工性能以及较高的硬度，对改善材料的理化性质具有很好的效果。为了了解煅烧高岭土的填充聚丙烯的改性效果，有必要研究未改性煅烧高岭土填充聚丙烯复合材料的一系列性能，本章以此出发进行研究。首先把未改性的煅烧高岭土用鼓风干燥箱烘干，再按照一定比例填充聚丙烯，研究未改性煅烧高岭土填充聚丙烯复合材料的力学、热学、结晶性能和微观形貌。

6.2 未改性煅烧高岭土/聚丙烯复合材料的制备

6.2.1 未改性煅烧高岭土的预处理

将未改性煅烧高岭土置于120℃电热恒温鼓风干燥箱中干燥8 h，除去吸附水。

6.2.2 未改性煅烧高岭土/聚丙烯复合材料的制备

将干燥后的煅烧高岭土与聚丙烯按一定比例混入高速混合机中高速混合1 min，然后在双螺杆挤出机中熔融挤出造粒。

机筒主螺杆转速90 r/min，加料筒转速15 r/min。粒料放入80℃电热恒温鼓风干燥箱中干燥8 h。

6.3 未改性煅烧高岭土/聚丙烯复合材料的结构与性能表征

6.3.1 红外光谱分析

由图6-1可知，3600～3700 cm^{-1}范围内的吸收光谱带是高岭土羟基伸缩振动引起的，通常认为 3620 cm^{-1} 附近的吸收带是由高岭土内部羟基引起的，3700 cm^{-1}

附近吸收带是由高岭土内表层的羟基引起的；1000～1100 cm^{-1} 之间的吸收带主要是由 Si—O 键的伸缩振动引起的，790 cm^{-1} 附近的吸收带主要是由羟基的弯曲振动引起的，600 cm^{-1} 以下的吸收带主要是 Al—O 键和 Si—O 键的弯曲振动引起的。由曲线 a 可知，波数为 3698 cm^{-1} 处和波数为 3623 cm^{-1} 处存在吸收峰分别对应高岭土内表面羟基和高岭土内部羟基，1032 cm^{-1} 吸收带对应高岭土的 Si—O 键的伸缩振动。由曲线 b 可知，波数为 3698 cm^{-1}、3623 cm^{-1} 处出现少量吸收峰，说明高岭土经过煅烧之后，其表面还残留着少量的羟基，而波数为 3485 cm^{-1} 处的振动吸收峰可能是高岭土表面吸附的少量水；在波数为 1073 cm^{-1} 处出现强烈的吸收峰，代表煅烧高岭土的 Si—O—Si 和 Si—O 的伸缩振动峰，该波数发生红移是由于 Si—O 键附近的化学环境发生变化，与 Si 相连的羟基大多数被煅烧分解。

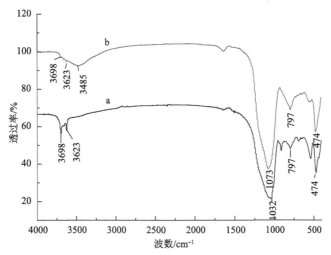

图 6-1　未煅烧高岭土(a)和煅烧高岭土(b)的红外光谱图

6.3.2　热重分析

由图 6-2 可知，在试验温度范围内，高岭土的总失重量很少，840℃时，煅烧高岭土质量损失 2.71%。高岭土 60℃保留率为 99.87%，失重量很小，说明没有表面结合水。一直到 500℃，高岭土失重曲线都是很规则的，在 500～700℃质量减少明显，减少 0.9%，这是由于层状硅酸盐八面体的 Al—OH 变化为 Al—O 四面体脱除羟基水，说明高岭土的相变是一个缓慢的过程。

6.3.3　煅烧高岭土用量对复合材料拉伸强度的影响

由图 6-3 可知，随着煅烧高岭土用量的增加，复合材料的拉伸强度先上升后下降。高岭土的用量为 5 phr 时，聚丙烯复合材料的拉伸强度增加达到 33.28 MPa；当高岭土用量为 10 phr 时，复合材料的拉伸强度达到最大值，提高了 3.5%。一般来说，复合材料的拉伸强度取决于填料在基体中的分散和分布均匀性以及两相黏合状态和界面的形态。随着高岭土用量的增加，高岭土的刚性作用与聚丙烯的韧性作用相结合，使其拉伸强度提高；高岭土的用量再增加，聚丙烯复合材料的拉伸强度又开始下降，这是因为当高岭土用量增加到一定程度时，高岭土容易发生团聚导致复合材料拉伸强度的下降。

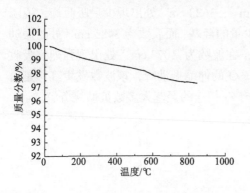

图 6-2　煅烧高岭土的热重分析曲线　　　图 6-3　煅烧高岭土用量对聚丙烯复合材料拉
　　　　　　　　　　　　　　　　　　　　　　　　　伸强度的影响

6.3.4　煅烧高岭土用量对复合材料断裂拉伸应变的影响

由图 6-4 可知，填充煅烧高岭土，复合材料的断裂拉伸应变明显下降，可能是因为煅烧高岭土无机粒子颗粒过大，容易产生应力集中。煅烧高岭土用量从 10 phr 到 20 phr，聚丙烯复合材料的断裂拉伸应变有小幅上升，这是因为煅烧高岭土引发聚丙烯周围产生微开裂，可以吸收一定的吸收功，导致聚丙烯断裂拉伸应变上升；煅烧高岭土用量为 25 phr 时，聚丙烯复合材料的断裂拉伸应变出现下降，可能是因为高岭土用量过多，产生的微裂纹有可能发展为宏观裂纹。

6.3.5　煅烧高岭土用量对复合材料弯曲性能的影响

由图 6-5 可知，随着煅烧高岭土用量的增加，聚丙烯复合材料的弯曲强度不断增加。加入 5 phr 煅烧高岭土的聚丙烯复合材料，弯曲强度增加显著；煅烧高岭土用量从 5 phr 到 15 phr，聚丙烯复合材料弯曲强度增加幅度有所减缓，这是由于高岭土的加入使复合材料刚性增加，因此弯曲强度增加；随着高岭土用量的增加，复合材料的脆性发生变化，因此弯曲强度增加变缓。当煅烧高岭土的用量从 15 phr 到 25 phr，聚丙烯复合材料弯曲强度增加幅度又有所加大，这是因为随着高岭土用量的增加，其刚性占重要作用，导致聚丙烯复合材料的弯曲强度增加迅速。高岭土用量为 10 phr 时，弯曲强度提高了 38.2%。

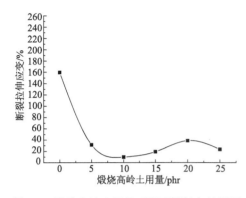

图 6-4　煅烧高岭土用量对聚丙烯复合材料断
　　　　裂拉伸应变的影响

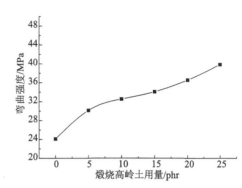

图 6-5　煅烧高岭土用量对聚丙烯复合材料弯
　　　　曲强度的影响

6.3.6　煅烧高岭土用量对复合材料缺口冲击性能的影响

由图 6-6 可知随着煅烧高岭土用量的增加，复合材料的缺口冲击强度一直下降。填充煅烧高岭土，聚丙烯复合材料的缺口冲击强度明显下降；煅烧高岭土用量从 10 phr 到 25 phr，聚丙烯复合材料的缺口冲击强度下降缓慢。这是因为高岭土为无机粒子且颗粒较大，容易产生缺陷，并且高岭土表面张力大，其用量越多，越容易团聚成团，缺陷就越明显。高岭土用量为 10 phr 时，聚丙烯复合材料缺口冲击强度降低 26.6%。

6.3.7　煅烧高岭土用量对复合材料热变形温度的影响

由图 6-7 可知，煅烧高岭土用量为 5 phr 时，复合材料的热变形温度升高了 13℃；煅烧高岭土用量从 5 phr 到 25 phr，聚丙烯复合材料的热变形温度有小幅升高，煅烧高岭土用量为 10 phr 时，聚丙烯复合材料热变形温度升高了 17℃。煅烧高岭土能够使聚丙烯变得坚硬，可以提高聚丙烯的耐热性，进而使复合材料的热变形温度得到提高。

6.3.8　X 射线衍射分析

由图 6-8(a) 可知，煅烧高岭土在 2θ 为 19.69° 和 26.66° 出现的强峰，代表的是石英相的峰。由图 6-8(b) 可知，聚丙烯在 14.02°、16.76°、18.48° 和 21.61° 处有很强的衍射峰，它们分别对应聚丙烯单斜构型即 α 晶型 (110)、(040)、(130)、(131) 和 (041) 晶面的衍射。填充高岭土后，聚丙烯复合材料各峰位置没有明显变化，在 2θ 为 14.02°、18.37° 和 21.70° 处峰强降低；在 2θ 为 26.66° 处的峰强明显增强；在 2θ 为 16.80° 出现新的峰，这是煅烧高岭土填充引起的。

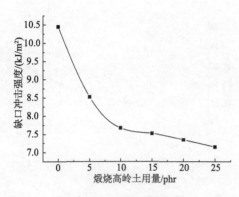

图 6-6　煅烧高岭土用量对聚丙烯复合材料缺口冲击强度的影响

图 6-7　煅烧高岭土用量对聚丙烯复合材料热变形温度的影响

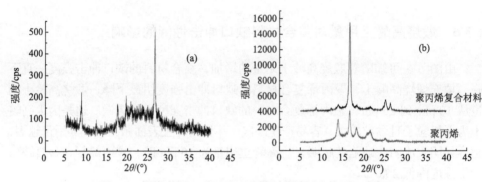

图 6-8　煅烧高岭土(a)和聚丙烯复合材料(b)的 XRD 谱图

6.3.9　聚丙烯/煅烧高岭土复合材料的微观断口形貌分析

图 6-9 是聚丙烯/煅烧高岭土复合材料 SEM 照片，图中白色粒子为高岭土，

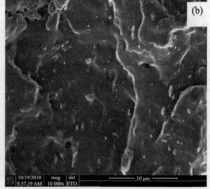

图 6-9　聚丙烯/煅烧高岭土复合材料的 SEM 照片

(a)放大 2000 倍；(b)放大 10000 倍

暗色部分为聚丙烯基体。可以看到有些高岭土粒子裸露在聚丙烯基体表面，裸露的高岭土粒子表面很光滑，并且存在团聚的高岭土大粒子，聚丙烯基体表面断裂面比较清晰，说明高岭土与聚丙烯的相容性很差。

6.4　本　章　小　结

本章详细分析了煅烧高岭土的 FTIR 和 TG 曲线，研究了煅烧高岭土用量对聚丙烯复合材料的力学、热学影响以及聚丙烯复合材料的 XRD 谱图和微观断面形貌 SEM 照片，得出如下结论。

(1) 高岭土经过煅烧后其羟基已大部分脱除，但是煅烧高岭土容易吸附空气中的水分，使其表面出现一部分羟基。

(2) 聚丙烯/煅烧高岭土复合材料的拉伸强度、热变形温度和弯曲强度得到了提高，缺口冲击强度和断裂拉伸应变出现降低。煅烧高岭土用量为 10 phr 时，拉伸强度提高了 3.5%，热变形温度提高了 17℃，弯曲强度提高了 38.2%，缺口冲击强度下降了 26.2%。

(3) 填充煅烧高岭土之后聚丙烯复合材料的 XRD 谱图各峰位置没有明显变化，仍以 α 晶型为主，但峰的强弱发生了变化；SEM 照片显示高岭土裸露在聚丙烯基体表面，聚丙烯基体的断裂面比较明显，说明未改性煅烧高岭土与聚丙烯相容性很差。

第7章 微细煅烧高岭土的表面有机改性研究

7.1 引　　言

高岭土经过煅烧之后，具有良好的疏水性、耐磨性，光学和电学特性也得到提高。其与聚丙烯混合后，存在着填料-聚合物树脂界面，两者之间的亲和性对复合材料的加工性能和机械力学性能具有显著的影响。例如高岭土表面呈亲水性，而聚丙烯表面呈亲油性，聚丙烯聚合物与无机粒子熔融混合时，两相表面的油水不相容性将阻碍聚合物分子浸润和包裹高岭土粒子；填料越细，其表面自由能越大，但是如果填料不能形成均匀混合体系，其填充效果就会变差；高岭土与聚丙烯的热膨胀系数不同，在同等条件下抵抗外界温度变化的能力不同。因此，需要对高岭土进行表面改性。为了确定最佳的处理条件，本章从复合材料力学性能的宏观角度，将不同处理条件下的高岭土与聚丙烯复合，研究处理条件对聚丙烯复合材料性能的影响，并对改性高岭土的 FTIR、活化指数和 TG 进行分析。

煅烧高岭土表面的 Si—O 键和 Al—(O, OH) 键是高岭土的活化点，凡是能与这些活化点反应的物质都能够用于表面改性。煅烧高岭土经过表面改性提高了与高分子之间的相容性，不仅能够提高高分子材料的物理化学性质，而且能够提高在高分子材料中的填充量，降低成本。聚丙烯接枝马来酸酐(PP-g-MAH)作为一种相容剂，既能够减少无机粒子在高聚物中的团聚，又在无机粒子和有机高聚物之间起到桥梁作用，形成模量梯度的界面过渡层，促进复合材料力学性能的提高。本章用不同比例的改性煅烧高岭土和相容剂 PP-g-MAH 填充聚丙烯，对复合材料的力学、XRD、热学、流动性能和微观断面形貌进行研究。

7.2　改性煅烧高岭土/聚丙烯复合材料的制备

将干燥处理之后的自制改性高岭土与聚丙烯、其他添加剂按一定比例混入高速混合机中混合均匀，然后在双螺杆挤出机中熔融挤出造粒。双螺杆挤出机机筒温度从一区到七区分别为 175℃、195℃、210℃、210℃、210℃、195℃、185℃，主螺杆转速 90 r/min，加料筒转速 15 r/min。粒料放入 80℃电热恒温鼓风干燥箱中干燥 8 h，蒸发水分。

7.3　改性煅烧高岭土/聚丙烯复合材料的结构与性能表征

提高聚丙烯复合材料的力学性能是本课题的主要研究目标，用不同工艺条件煅烧高岭土，用处理后的改性高岭土填充聚丙烯，研究聚丙烯复合材料的力学性能，探索最佳处理条件，并对改性高岭土的 FTIR、活化指数、TG 和 XRD 进行分析。

7.3.1　偶联剂用量对复合材料力学性能的影响

由图 7-1 可以看出，随着硬脂酸用量的升高，复合材料的拉伸强度和弯曲强度都是先升高后降低，在硬脂酸用量为 1.0%时，复合材料的拉伸强度和弯曲强度达到了最大值。这是因为少量的高岭土易在聚丙烯中均匀分散，硬脂酸与高岭土表面的羟基产生吸附或化学反应，提高了与聚丙烯之间的界面黏结性，硬脂酸量增加，改性效果越明显，其拉伸强度和弯曲强度升高。但是硬脂酸用量达到一定程度，复合材料的拉伸强度和弯曲强度降低，这是因为过多的硬脂酸存在于高岭土之间，使复合材料产生薄弱环节，进而导致拉伸强度和弯曲强度降低。

由图 7-2 可见，随着硬脂酸用量的增加，复合材料的缺口冲击强度总体上不断升高，断裂拉伸应变降低之后略有升高。加入硬脂酸改性高岭土复合材料的断裂拉伸应变降低，这是因为高岭土表面此时包覆了一层有机物，但是有机层比较薄，而且高岭土为刚性粒子，复合材料受外力作用，高岭土刚性界面会产生变形；而复合材料的断裂拉伸应变随着硬脂酸用量升高而增大，这是填料表面的有机层加厚导致的。因此，选定硬脂酸的用量为 1.0%。

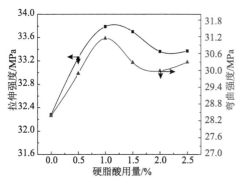

图 7-1　硬脂酸用量对复合材料拉伸强度和弯曲强度的影响

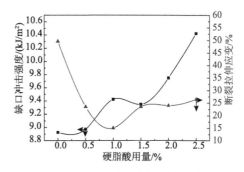

图 7-2　硬脂酸用量对复合材料缺口冲击强度和断裂拉伸应变的影响

由图 7-3 可以看出，在钛酸酯偶联剂 YDH-201 用量为 1.5%时，复合材料的拉伸强度和弯曲强度达到最大值；由图 7-4 可以看出，复合材料缺口冲击强度随着 YDH-201 用量的增加而逐渐减小，断裂拉伸应变与硬脂酸改性高岭土复合材料呈现相似的变化趋势。因此，选定 YDH-201 的用量为 1.5%。

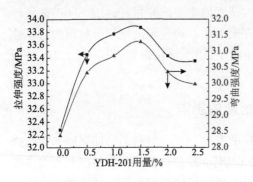 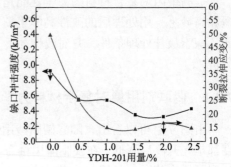

图 7-3　YDH-201 用量对复合材料拉伸强度和 弯曲强度的影响　　图 7-4　YDH-201 用量对复合材料缺口冲击强度和断裂拉伸应变的影响

由图 7-5 可知，钛酸酯偶联剂 Tc-311 用量为 1.0% 时，复合材料的拉伸强度和弯曲强度达到最大值；由图 7-6 可知缺口冲击强度不断下降，而断裂拉伸应变变化不大。因此，选定 Tc-311 的用量为 1.0%。

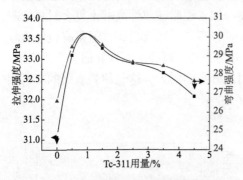 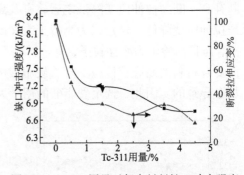

图 7-5　Tc-311 用量对复合材料拉伸强度和弯 曲强度的影响　　图 7-6　Tc-311 用量对复合材料缺口冲击强度和断裂拉伸应变的影响

可以看到硬脂酸、YDH-201 和 Tc-311 处理的复合材料的拉伸强度、弯曲强度都是先升高后降低，硬脂酸用量为 1.0%、YDH-201 用量为 1.5%、Tc-311 用量为 1.0% 时，其值出现最大值。硬脂酸改性高岭土复合材料的缺口冲击强度呈现不断升高的趋势，而 YDH-201 和 Tc-311 呈现不断降低的趋势；断裂拉伸应变都是先减小之后变化缓慢。还可以发现硬脂酸处理高岭土复合材料的缺口冲击强度是最大的，说明硬脂酸对复合材料韧性效果最为明显；Tc-311 处理高岭土复合材料的力学性能值相比硬脂酸和 YDH-201 较差。

7.3.2　反应时间对复合材料力学性能的影响

偶联剂反应时间是一个重要的工艺参数，为了获得高岭土最佳的改性时间，选取 30 min、60 min、90 min、150 min、240 min 对其进行详细研究。

由图 7-7 可以看出，随着硬脂酸反应时间的延长，复合材料的拉伸强度和拉伸弹性模量不断增加，在时间为 60 min 时，拉伸强度和拉伸弹性模量达到最大值。这可能是因为随着时间的延长，硬脂酸可以与高岭土充分反应，其力学性能增强；当达到某个时间，高岭土表面吸附的硬脂酸有可能脱附，其力学性能跟着下降。因此，选定硬脂酸的反应时间为 60 min。

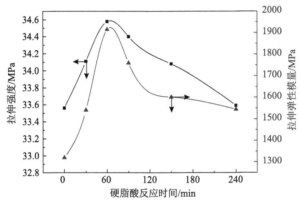

由图 7-8 和图 7-9 可以看出，随着反应时间的延长，YDH-201 和 Tc-311 改性高岭土复合材料的拉伸强度和拉伸弹性模量都是先升高后降低，在反应时间为 90 min 时其拉伸强度和拉伸弹性模量达到最大值。因此，YDH-201 和 Tc-311 反应时间均选定为 90 min。

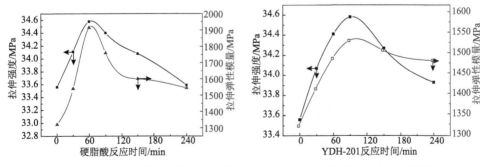

图 7-7　反应时间对硬脂酸改性高岭土复合材料拉伸性能的影响　　　　图 7-8　反应时间对 YDH-201 改性高岭土复合材料拉伸性能的影响

比较图 7-7～图 7-9 可知，反应时间在高岭土的改性中是一个重要的反应因素，复合材料的拉伸强度和拉伸弹性模量都随着反应时间的延长先升高后降低。硬脂酸反应时间为 60 min，YDH-201 和 Tc-311 在 90 min 时其拉伸强度和拉伸弹性模量达最大值。可看到反应时间对硬脂酸改性高岭土复合材料的影响较大，其拉伸弹性模量从 30 min 中的 1540.83 MPa 到 60 min 的 1914.62 MPa，提高了 373.79 MPa，Tc-311 次之，YDH-201 影响最小。

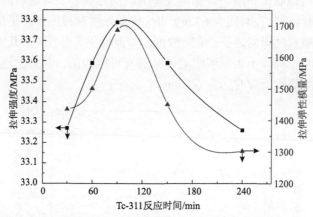

图 7-9　反应时间对 Tc-311 改性高岭土复合材料拉伸性能的影响

7.3.3　温度对复合材料力学性能的影响

反应温度也是偶联剂处理高岭土的一个重要反应参数，本试验选取的是湿法改性，用水浴锅加热进行反应，选定反应温度分别为 50℃、60℃、70℃、80℃ 和 90℃ 对其进行详细研究，下面分别对硬脂酸、YDH-201 和 Tc-311 的改性温度进行研究。

由图 7-10 可以看出，硬脂酸改性高岭土复合材料拉伸强度和拉伸弹性模量大致上随着温度的升高而升高，一直持续到 90℃，因此选定硬脂酸的反应温度为 90℃。可能是因为温度升高，偶联剂与高岭土反应更充分，使力学性能提高。

由图 7-11 可以看出，随着温度的升高，YDH-201 改性高岭土复合材料的拉伸强度和拉伸弹性模量先下降，之后变化不大，说明 YDH-201 在温度升高时对复合材料的拉伸强度和拉伸弹性模量影响逐渐变小。因此，选定 YDH-201 的反应温度为 50℃。

由图 7-12 可以看出，随着温度的升高，Tc-311 改性高岭土复合材料的拉伸强度和拉伸弹性模量先升高，在温度为 70℃ 达到最大值，之后又逐渐降低，说明 Tc-311 在温度升高时能够充分与高岭土反应，温度在 70℃ 以后，高岭土表面的偶联剂有可能出现脱附等现象，导致复合材料的拉伸强度和拉伸弹性模量降低。因此，选定 Tc-311 的反应温度为 70℃。

由图 7-10～图 7-12 可以看出，温度对复合材料的拉伸强度和拉伸弹性模量影响不一。硬脂酸的拉伸强度从 60℃ 的 33.99 MPa 升高到 90℃ 的 34.62 MPa，提高了 0.63 MPa，YDH-201 改性高岭土复合材料的拉伸强度变化了 0.47 MPa，Tc-311 改性高岭土复合材料的拉伸强度变化了 0.27 MPa。这说明温度对硬脂酸改性高岭土复合材料的力学性能影响最大，YDH-201 次之，Tc-311 最小。

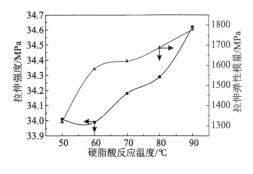

图 7-10　温度对硬脂酸改性高岭土复合材料　　图 7-11　温度对 YDH-201 改性高岭土复合材
　　　　拉伸性能的影响　　　　　　　　　　　　　料拉伸性能的影响

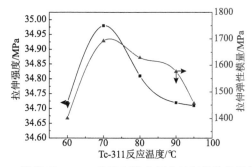

图 7-12　温度对 Tc-311 改性高岭土复合材料拉伸性能的影响

7.3.4　十八烷基三甲基溴化铵用量对复合材料力学性能的影响

本试验对高岭土改性使用的是湿法改性，一定浓度的高岭土浆料在三口烧瓶中搅拌均匀，再加入稀释过的偶联剂。由于高岭土表面是亲水基团，具有很大的表面张力，而偶联剂属于疏水基团，两相很难相容，加入的表面活性剂十八烷基三甲基溴化铵(OTAB)具有降低表面张力、使两相更容易分散的作用。本试验系统研究 OTAB 不同用量对复合材料力学性能的影响。下面分别研究硬脂酸、YDH-201 和 Tc-311 改性剂改性高岭土中 OTAB 用量对复合材料力学性能的影响。

由图 7-13 可以看出，硬脂酸改性高岭土复合材料的拉伸强度和弯曲强度随着 OTAB 用量的增加先升高后降低，OTAB 用量为 0.10%时达到最大值。这可能是因为 OTAB 用量少时，有助于高岭土与硬脂酸的分散，两者能够充分反应；当 OTAB 用量过多，可能对反应具有抑制作用，导致拉伸强度和弯曲强度降低，因此，选定硬脂酸改性高岭土中 OTAB 的用量为 0.10%。

由图 7-14 可以看出，随着 OTAB 用量的增加，YDH-201 改性高岭土复合材料的拉伸强度和弯曲强度下降很快，在 OTAB 用量大于 0.10%之后，变化不是很大。这说明 YDH-201 与高岭土反应时，OTAB 对反应具有抑制作用，因此不添加 OTAB。

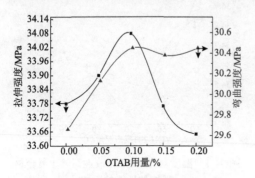

图 7-13 OTAB 用量对硬脂酸改性高岭土复合材料力学性能的影响

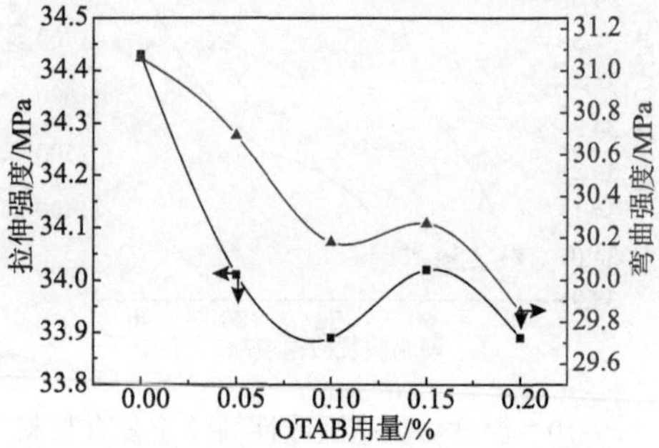

图 7-14 OTAB 用量对 YDH-201 改性高岭土复合材料力学性能的影响

由图 7-15 可以看出，Tc-311 改性高岭土复合材料的拉伸强度和弯曲强度也是随着 OTAB 用量的增加而先升高后降低，在 OTAB 用量为 0.14%时，复合材料拉伸强度和弯曲强度达到最大值，因此选定 OTAB 用量为 0.14%。

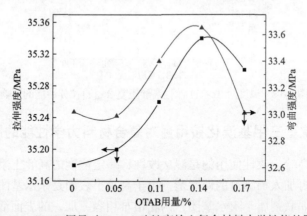

图 7-15 OTAB 用量对 Tc-311 改性高岭土复合材料力学性能的影响

可以看出 OTAB 对改性高岭土复合材料的拉伸强度影响不是很大，对弯曲强度的影响稍微大点，反而对 YDH-201 改性高岭土复合材料的拉伸强度有抑制作用。

7.3.5 改性高岭土的红外光谱分析

红外光谱吸收峰可以用来表征矿物表面是否产生新的化学官能团。由图 7-16

可见，在波数为 1083 cm⁻¹ 和 476 cm⁻¹ 处存在吸收峰，说明改性高岭土依然存在着大量的 Si—O 和 Si—Si 基团，800 cm⁻¹ 处为 Al—O 吸收峰。YDH-201 改性高岭土和硬脂酸改性高岭土在 2918.87 cm⁻¹ 和 2846.65 cm⁻¹ 处出现弱的吸收峰，为 -CH₂ 或 -CH₃ 键的反对此伸缩振动和对称伸缩振动峰。这说明 YDH-201 和硬脂酸与高岭土表面发生物理化学作用（即发生吸附键合），改变煅烧高岭土表面性质。但是改性高岭土 FTIR 谱图中出现 -CH₂ 或 -CH₃ 键吸收峰只能够说明存在这些偶联剂基团，不能够说明偶联剂与高岭土表面发生化学键合作用。

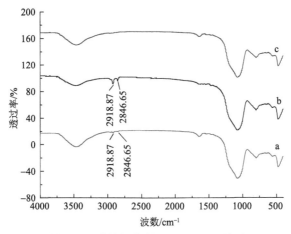

图 7-16　改性煅烧高岭土的 FTIR 谱图

a. YDH-201 改性煅烧高岭土；b. 硬脂酸改性煅烧高岭土；c. Tc-311 改性煅烧高岭土

7.3.6　改性高岭土的活化指数分析

由表 7-1 可知，不同偶联剂改性的高岭土活化指数相差很大，钛酸酯偶联剂 Tc-311 和 YDH-201 的活化指数分别为 71.4% 和 68.7%，相比硬脂酸改性高岭土的 35.3% 大很多。活化指数测试时，高岭土悬浮在水中，经磁子高速搅拌，表面偶联剂以物理吸附或弱化学吸附形式吸附在高岭土表面的都会被磁子的高速物理搅拌分离出来，而且钛酸酯偶联剂 Tc-311 和 YDH-201 的用量比硬脂酸的用量大，说明钛酸酯偶联剂 YDH-201 和 Tc-311 与高岭土表面发生的化学吸附键合作用较强，而硬脂酸与高岭土表面键合作用较弱。

表 7-1　改性高岭土的活化指数

样品	活化指数/%
Tc-311 改性高岭土	71.4
YDH-201 改性高岭土	68.7
硬脂酸改性高岭土	35.3

7.3.7 改性高岭土的热重分析

由图 7-17 可知，改性高岭土与未改性高岭土 TG 分析曲线不尽相同，钛酸酯偶联剂 YDH-201 改性高岭土在 200～400℃温度区间质量损失较大，损失了 1.31%，硬脂酸改性高岭土在 300～500℃温度区间质量损失较大，损失了 1.47%，而未改性高岭土在这两个温度区间分别损失 0.59%和 0.50%。钛酸酯偶联剂 YDH-201 的分解温度为 210℃，硬脂酸的分解温度为 360℃，虽然都是在改性高岭土的热失重明显温度区间，改性高岭土在偶联剂的分解温度时的热失重速率并没有明显加快，说明偶联剂与高岭土发生的是化学吸附反应。

7.3.8 X 射线衍射谱图分析

图 7-18 改性高岭土的 XRD 谱图没有出现明显的结构变化，只是改性高岭土的晶格峰强度比未改性高岭土峰强度下降很多。

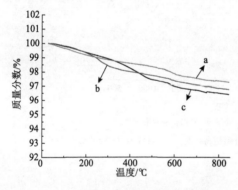

图 7-17 改性高岭土的 TG 分析曲线

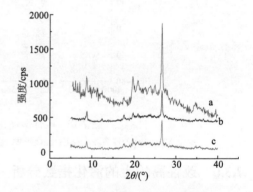

图 7-18 改性高岭土的 XRD 谱图

a. Tc-311 改性高岭土；b. YDH-201 改性高岭土；c. 硬脂酸改性高岭土

7.3.9 改性高岭土用量对聚丙烯/高岭土复合材料力学性能的影响

1. 改性煅烧高岭土用量对复合材料拉伸强度和冲击强度的影响

由图 7-19～图 7-21 可看到，复合材料的拉伸强度随着改性高岭土用量的增加先升高后降低；改性煅烧高岭土复合材料的缺口冲击强度随着改性煅烧高岭土用量的增加而不断降低。

由图 7-19～图 7-21 可看到，硬脂酸改性高岭土和 YDH-201 改性高岭土在 10 phr 时复合材料拉伸强度达到最大值，硬脂酸改性高岭土复合材料拉伸强度提高 4.8%，YDH-201 改性高岭土复合材料拉伸强度提高了 5.2%；而 Tc-311 改性高岭土在 5 phr 时，复合材料的拉伸强度达到最大值，提高了 3.2%。与未改性煅烧高岭土复合材料拉伸强度提高 3.5%，硬脂酸改性高岭土和 YDH-201 改性高岭土复合材料拉伸强度升高幅度较大，Tc-311 改性高岭土复合材料有小幅下降。随着高岭土用量的增加，硬脂酸改性高岭土复合材料的缺口冲击强度下降比较缓慢，而 YDH-201 改性高岭土和 Tc-311 改性高岭土复合材料的缺口冲击强度下降较快。

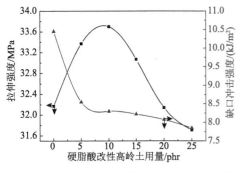

图 7-19　硬脂酸改性高岭土用量对复合材料拉伸强度和冲击强度的影响

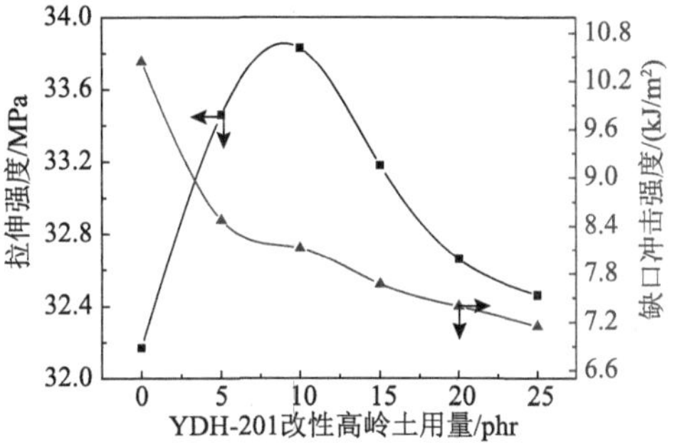

图 7-20　YDH-201 改性高岭土用量对复合材料拉伸强度和冲击强度的影响

2. 改性煅烧高岭土用量对复合材料弯曲强度和断裂拉伸应变的影响

由图 7-22～图 7-24 可看出，复合材料的弯曲强度随着改性高岭土用量的增加而升高；在改性高岭土添加到 10 phr 后，弯曲强度升高幅度放缓。在填充了改性煅烧高岭土后复合材料的断裂拉伸应变下降很快，在改性高岭土添加到 10 phr 后，随着改性煅烧高岭土用量的增加，其值变化不大。改性高岭土用量为 10 phr 时，与未改性煅烧复合材料弯曲强度相比，改性高岭土弯曲强度升高更多。

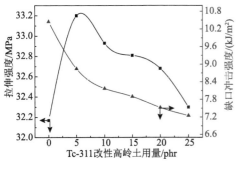

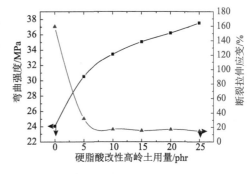

图 7-21　Tc-311 改性高岭土用量对复合材料拉伸强度和冲击强度的影响

图 7-22　硬脂酸改性高岭土用量对复合材料弯曲强度和断裂拉伸应变的影响

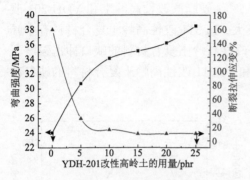 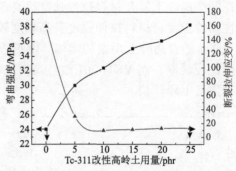

图 7-23　YDH-201 改性高岭土用量对复合材　　　图 7-24　Tc-311 改性高岭土用量对复合材料弯
料弯曲强度和断裂拉伸应变的影响　　　　　曲强度和断裂拉伸应变的影响

7.3.10　PP-g-MAH 用量对聚丙烯/高岭土复合材料力学性能的影响

下面以硬脂酸改性煅烧高岭土和 YDH-201 改性煅烧高岭土用量为 10 phr，相容剂 PP-g-MAH 用量分别为 0 phr、3 phr、6 phr、9 phr、12 phr、15 phr，研究聚丙烯/高岭土复合材料的力学性能。

1. PP-g-MAH 用量对聚丙烯/高岭土复合材料拉伸强度的影响

已知聚丙烯的拉伸强度为 32.44 MPa。由图 7-25 可以看出，随着相容剂 PP-g-MAH 用量的增加，硬脂酸改性聚丙烯/高岭土复合材料的拉伸强度先升高后降低，在相容剂 PP-g-MAH 用量为 6 phr 时达到最大值；相容剂 PP-g-MAH 用量为 12 phr 时，硬脂酸改性聚丙烯/高岭土复合材料的拉伸强度达到极小值。相容剂 PP-g-MAH 用量为 6 phr 时，硬脂酸改性聚丙烯/高岭土复合材料的拉伸强度相比未填充相容剂 PP-g-MAH 的聚丙烯/高岭土复合材料提高了 5.0%，相比聚丙烯提高了 10.4%。随着相容剂 PP-g-MAH 用量的增加，YDH-201 改性聚丙烯/高岭土复合材料的拉伸强度也是先升高后降低，在相容剂 PP-g-MAH 用量为 6 phr 时达到最大值，相容剂 PP-g-MAH 用量大于 12 phr，YDH-201 改性聚丙烯/高岭土复合材料的拉伸强度变化不大；相容剂 PP-g-MAH 用量为 6 phr 时，YDH-201 改性聚丙烯/高岭土复合材料的拉伸强度相比未填充相容剂 PP-g-MAH 的聚丙烯/高岭土复合材料提高了 1.1%，相比聚丙烯提高了 9.8%。这可能是因为相容剂 PP-g-MAH 分子一端为极性酸酐，可以和高岭土表面尚未反应的羟基发生反应，同时 PP-g-MAH 分子另一端与高聚物的结构相似，为柔性界面层，进一步阻止高岭土的团聚，降低了基体的缺陷，使高岭土和聚合物之间产生物理缠结点，分子链的滑动得到了限制，从而使复合材料的拉伸强度得到提高。

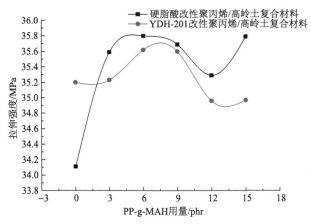

图 7-25　PP-g-MAH 用量对复合材料拉伸强度的影响

图 7-25 中相容剂 PP-g-MAH 用量为 0 时，YDH-201 改性聚丙烯/高岭土复合材料的拉伸强度比硬脂酸改性聚丙烯/高岭土复合材料的拉伸强度大 1.09 MPa。填充相容剂 PP-g-MAH 后，硬脂酸改性聚丙烯/高岭土复合材料的拉伸强度比 YDH-201 改性聚丙烯/高岭土复合材料的拉伸强度大，相容剂 PP-g-MAH 用量为 15 phr 时，硬脂酸改性聚丙烯/高岭土复合材料的拉伸强度比 YDH-201 改性聚丙烯/高岭土复合材料的拉伸强度增大 0.82 MPa。硬脂酸改性聚丙烯/高岭土复合材料在填充了相容剂 PP-g-MAH 后，拉伸强度一直比未填充相容剂 PP-g-MAH 的高，而 YDH-201 改性聚丙烯/高岭土复合材料在相容剂用量达到 12 phr 时，其拉伸强度比未填充相容剂 PP-g-MAH 低。这可能是因为硬脂酸改性聚丙烯/高岭土复合材料与 PP-g-MAH 产生的物理缠结点更容易更有效。

2. PP-g-MAH 用量对聚丙烯/高岭土复合材料弯曲强度的影响

已知空白聚丙烯的弯曲强度为 30.96 MPa。由图 7-26 可以看出，随着相容剂 PP-g-MAH 用量的增加，硬脂酸改性聚丙烯/高岭土复合材料和 YDH-201 改性聚丙烯/高岭土复合材料的弯曲强度都是先升高后降低，都是在相容剂 PP-g-MAH 用量为 3 phr 时，复合材料的弯曲强度达到最大值。在相容剂 PP-g-MAH 为 3 phr 时，硬脂酸改性聚丙烯/高岭土复合材料的弯曲强度比未填充 PP-g-MAH 的改性聚丙烯/高岭土复合材料提高了 0.37 MPa，相比空白聚丙烯提高了 6.55 MPa，即 21.2%。在相容剂 PP-g-MAH 为 3 phr 时，YDH-201 改性聚丙烯/高岭土复合材料的弯曲强度比未填充 PP-g-MAH 的改性聚丙烯/高岭土复合材料提高了 0.63 MPa，相比空白聚丙烯提高了 6.47 MPa，即 20.9%。

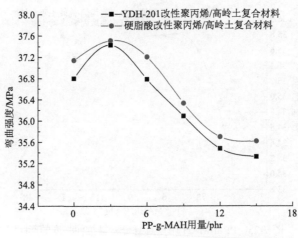

图 7-26 PP-g-MAH 用量对复合材料弯曲强度的影响

可以看到在相容剂 PP-g-MAH 用量大于 6 phr 时，改性聚丙烯/高岭土复合材料的弯曲强度甚至比未填充相容剂 PP-g-MAH 低，可能是因为此时相容剂 PP-g-MAH 为小分子，其量过多容易产生应力缺陷致使整个高岭土复合材料的弯曲强度降低。硬脂酸改性聚丙烯/高岭土复合材料的弯曲强度一直比 YDH-201 改性煅烧高岭土复合材料的弯曲强度大，可能是因为硬脂酸改性聚丙烯/高岭土复合材料与聚丙烯的分散性更好。

3. PP-g-MAH 用量对聚丙烯/高岭土复合材料冲击强度的影响

已知空白聚丙烯的缺口冲击强度为 $8.95~\text{kJ/m}^2$。由图 7-27 可以看出，随着相容剂 PP-g-MAH 用量的增加，硬脂酸改性聚丙烯/高岭土复合材料的缺口冲击强度先升高后降低，在相容剂 PP-g-MAH 用量为 6 phr 时，硬脂酸改性聚丙烯/高岭土复合材料的缺口冲击强度达到最大值。复合材料的缺口冲击强度升高的原因可能是 PP-g-MAH 提高了高岭土与聚丙烯间的物理缠结作用，减小了材料的缺陷；复合材料的缺口冲击强度出现降低可能是因为 PP-g-MAH 增强了高岭土与聚丙烯间的界面黏结作用，此时复合材料的微观形变对外界载荷速率非常敏感，随着高岭土与聚丙烯间界面作用的加强，聚丙烯基体层的剪切屈服等增韧过程在高速冲击条件下响应时间不够。随着相容剂 PP-g-MAH 用量的增加，YDH-201 改性聚丙烯/高岭土复合材料的缺口冲击强度一直降低，说明 PP-g-MAH 对 YDH-201 改性高岭土的韧性改善效果不明显。

硬脂酸改性聚丙烯/高岭土复合材料的缺口冲击强度在相容剂 PP-g-MAH 为 6 phr 时比未填充相容剂 PP-g-MAH 的改性聚丙烯/高岭土复合材料提高了 $1.15~\text{kJ/m}^2$，相比空白聚丙烯只降低了 $0.075~\text{kJ/m}^2$，即 0.8%；在相容剂 PP-g-MAH 用量大于 12 phr 时，其缺口冲击强度比未填充相容剂 PP-g-MAH 的低，说明相容剂

PP-g-MAH 用量过高能使复合材料的缺口冲击强度降低。填充相容剂 PP-g-MAH 之后 YDH-201 改性聚丙烯/高岭土复合材料的缺口冲击强度一直比硬脂酸改性聚丙烯/高岭土复合材料的缺口冲击强度低。

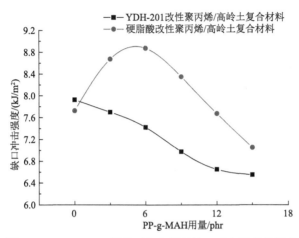

图 7-27　PP-g-MAH 用量对复合材料缺口冲击强度的影响

4. PP-g-MAH 用量对聚丙烯/高岭土复合材料拉伸弹性模量的影响

已知空白聚丙烯的拉伸弹性模量 1367.21 MPa。由图 7-28 可以看出，随着相容剂 PP-g-MAH 用量的增加，硬脂酸改性聚丙烯/高岭土复合材料和 YDH-201 改性聚丙烯/高岭土复合材料的拉伸弹性模量是先增大后减小，在相容剂 PP-g-MAH 用量为 3 phr 时，硬脂酸改性聚丙烯/高岭土复合材料的拉伸弹性模量比 YDH-201 改性聚丙烯/高岭土复合材料的拉伸弹性模量大，并且都达到最大值；相容剂的用

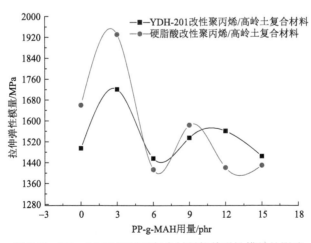

图 7-28　PP-g-MAH 用量对复合材料拉伸弹性模量的影响

量从 6 phr 到 15 phr,复合材料的拉伸弹性模量变化不大。在相容剂 PP-g-MAH 用量为 3 phr 时,硬脂酸改性聚丙烯/高岭土复合材料的拉伸弹性模量相比未填充相容剂 PP-g-MAH 的改性聚丙烯/高岭土复合材料提高了 270.6 MPa,比空白聚丙烯提高了 562.99 MPa,即 41.2%;YDH-201 改性聚丙烯/高岭土复合材料的拉伸弹性模量相比未填充相容剂 PP-g-MAH 的改性聚丙烯/高岭土复合材料提高了 225.83 MPa,比空白聚丙烯提高了 353.38 MPa,即 25.8%。复合材料拉伸弹性模量的降低可能是因为过多 PP-g-MAH 包覆在高岭土上,致使高岭土表面形成柔性界面层,从而将高岭土的刚性作用减弱[95]。

5. PP-g-MAH 用量对聚丙烯/高岭土复合材料断裂拉伸应变的影响

已知空白聚丙烯的断裂拉伸应变为 13.62%。由图 7-29 可以看出,随着相容剂 PP-g-MAH 用量的增加,硬脂酸改性聚丙烯/高岭土复合材料和 YDH-201 改性聚丙烯/高岭土复合材料的断裂拉伸应变都是先增大,在相容剂 PP-g-MAH 用量为 6 phr 时,硬脂酸改性聚丙烯/高岭土复合材料的断裂拉伸应变达到极大值,在相容剂 PP-g-MAH 用量为 9 phr 时,其断裂拉伸应变又开始增大。YDH-201 改性聚丙烯/高岭土复合材料的断裂拉伸也呈现相似的规律,当相容剂 PP-g-MAH 用量为 9 phr 时,YDH-201 改性聚丙烯/高岭土复合材料的断裂拉伸应变达到最大值,之后断裂拉伸应变有小幅减小。拉伸断裂应变的增大可能是因为 PP-g-MAH 提高了高岭土的分散作用,而断裂拉伸应变减小可能是因为小分子量的 PP-g-MAH 过多,而导致断裂拉伸应变减小。

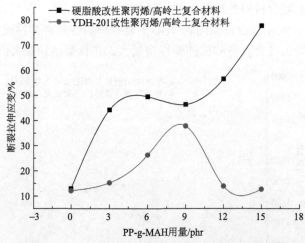

图 7-29　PP-g-MAH 用量对复合材料断裂拉伸应变的影响

从图中可以看出,未填充相容剂 PP-g-MAH 硬脂酸改性聚丙烯/高岭土复合材料的断裂拉伸应变与 YDH-201 改性聚丙烯/高岭土复合材料相比相差不大;填充相容剂 PP-g-MAH,硬脂酸改性聚丙烯/高岭土复合材料的断裂拉伸应变一直比

YDH-201 改性聚丙烯/高岭土复合材料的断裂拉伸应变大。

7.3.11　聚丙烯复合材料的 X 射线衍射谱图分析

图 7-30 中未改性煅烧高岭土、硬脂酸改性煅烧高岭土和 YDH-201 改性煅烧高岭土的用量都是 10 phr，相容剂 PP-g-MAH 用量为 6 phr。由图 7-30 可以看出，填充煅烧高岭土之后，复合材料仍以 α 晶型为主[85]；在 2θ 为 8.86°和 26.58°处出现了新的衍射峰，这是煅烧高岭土自身的衍射峰；可以看到高岭土填充进聚丙烯后复合材料在 2θ 为 16.84°和 25.45°处的强度明显增强，而在 2θ 为 14.11°、18.48°和 21.70°处的强度有所降低。

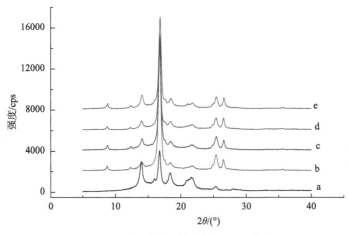

图 7-30　聚丙烯复合材料的 XRD 谱图
a. 空白聚丙烯；b. 聚丙烯/硬脂酸改性高岭土；c. 聚丙烯/YDH-201 改性高岭土；
d. 聚丙烯/硬脂酸改性高岭土/PP-g-MAH；e. 聚丙烯/YDH-201 改性高岭土/PP-g-MAH

表 7-2 结晶度是用 MDI Jade 5.0 测得的，可以看出空白聚丙烯的结晶度为 56.8%，填充煅烧高岭土之后聚丙烯复合材料的结晶度得到很大的提高，其中 YDH-201 改性煅烧高岭土复合材料的结晶度最大，达到 83.3%；其次为硬脂酸改性煅烧高岭土复合材料，达到了 82.7%；未改性煅烧高岭土复合材料的结晶度也达到了 81.4%，这可能是因为高岭土促进了聚丙烯的异相成核，促使聚丙烯结晶度提高。填充 PP-g-MAH 后，聚丙烯复合材料的结晶度有所下降，可能是因为此时高岭土所占的质量分数有所下降，促使其结晶度跟着下降。

表 7-2　聚丙烯/高岭土复合材料的结晶度

	空白聚丙烯	聚丙烯/未改性煅烧高岭土	聚丙烯/硬脂酸改性煅烧高岭土	聚丙烯/YDH-201改性煅烧高岭土	聚丙烯/硬脂酸改性煅烧高岭土/PP-g-MAH	聚丙烯/YDH-201改性煅烧高岭土/PP-g-MAH
结晶度/%	56.8	81.4	82.7	83.3	77.1	79.5

7.3.12 聚丙烯复合材料的热变形温度分析

表 7-3 中未改性煅烧高岭土、硬脂酸改性煅烧高岭土和 YDH-201 改性煅烧高岭土的用量都是 10 phr，相容剂 PP-g-MAH 用量为 6 phr。由表 7-3 可知，填充煅烧高岭土之后，聚丙烯/高岭土复合材料的热变形温度都有很大幅度的提高，复合材料填充改性煅烧高岭土比填充未改性煅烧高岭土的热变形温度高，其中聚丙烯/硬脂酸改性煅烧高岭土复合材料的热变形温度提高了 18℃，比聚丙烯/YDH-201改性煅烧高岭土复合材料的热变形温度高，可能是煅烧高岭土改性之后降低了表面张力，降低团聚倾向，提高了在聚丙烯中的分散性，耐热性得到提高。填充相容剂 PP-g-MAH 之后，复合材料的热变形温度出现了不同程度的下降，硬脂酸改性煅烧高岭土复合材料的热变形温度下降了 2℃，YDH-201 改性煅烧高岭土复合材料的热变形温度下降了 7℃，主要是因为相容剂 PP-g-MAH 为柔性分子链耐热性较低，同时高岭土的质量分数降低，导致热变形温度降低。

表 7-3 聚丙烯复合材料的热变形温度

	空白聚丙烯	聚丙烯/未改性煅烧高岭土	聚丙烯/硬脂酸改性煅烧高岭土	聚丙烯/YDH-201改性煅烧高岭土	聚丙烯/硬脂酸改性煅烧高岭土/PP-g-MAH	聚丙烯/YDH-201改性煅烧高岭土/PP-g-MAH
热变形温度/℃	101	114	119	114	117	107

7.3.13 聚丙烯复合材料的流动性能分析

熔体流动速率(MFR)可以表征聚合物熔体流动性能的好坏，也可以表征塑料加工性能的好坏，值越高表明聚合物熔体黏度越低，流动加工性能越好。由表 7-4 可以看出，聚丙烯的熔体流动速率为 3.7 g/10 min，聚丙烯/未改性煅烧高岭土复合材料的熔体流动速率为 3.9 g/10 min，而填充相容剂 PP-g-MAH 之后，复合材料的流动性能得到了不同程度的提高，不同改性高岭土复合材料的熔体流动速率相差不大。煅烧高岭土经过改性之后提高了与聚丙烯基体的分散性，使其流动性能提高；填充相容剂 PP-g-MAH 之后，增强了高岭土与聚丙烯的相容性，流动性能也跟着提高。

表 7-4 聚丙烯复合材料的熔体流动速率

	空白聚丙烯	聚丙烯/未改性煅烧高岭土	聚丙烯/硬脂酸改性煅烧高岭土	聚丙烯/YDH-201改性煅烧高岭土	聚丙烯/硬脂酸改性煅烧高岭土/PP-g-MAH	聚丙烯/YDH-201改性煅烧高岭土/PP-g-MAH
熔体流动速率/(g/10 min)	3.7	3.9	4.2	4.3	4.4	4.9

7.3.14　聚丙烯复合材料的微观形貌分析

图 7-31 中的白色粒子是高岭土,暗色部分是聚丙烯基体。由图 7-31(a)和 (b)可以看出,高岭土均匀分散在聚丙烯基体中,团聚成团粒子很少,高岭土粒子不是完全裸露在聚丙烯基体的表面,而是与聚丙烯基体连接;聚丙烯基体的断裂面不是很清晰,说明高岭土经过硬脂酸改性提高了与聚丙烯分散性,并且高岭土与聚丙烯的界面作用得到了提高。由图 7-31(c)和(d)可以看出,在聚丙烯基体的断裂面已很少看见裸露的高岭土粒子,说明相容剂 PP-g-MAH 进一步提高了高岭土与聚丙烯的分散作用,界面黏结作用也得到了提高。

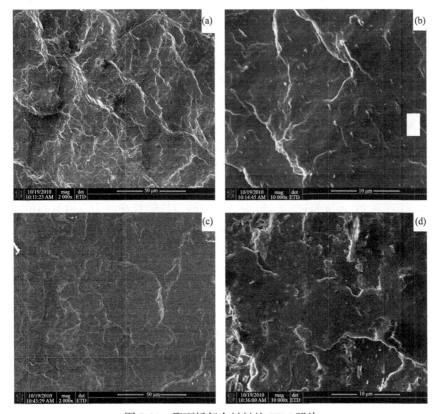

图 7-31　聚丙烯复合材料的 SEM 照片

(a) 聚丙烯/硬脂酸改性煅烧高岭土复合材料脆断×2000;(b)聚丙烯/硬脂酸改性煅烧高岭土复合材料脆断×10000;
(c)聚丙烯/硬脂酸改性煅烧高岭土/PP-g-MAH 复合材料脆断×2000;(d)聚丙烯/硬脂酸改性煅烧高岭土/PP-g-MAH
复合材料脆断×10000

7.4　本 章 小 结

(1)本章用钛酸酯偶联剂 Tc-311、YDH-201 和硬脂酸分别对高岭土进行表面改性，用复合材料力学性能确定偶联剂用量、反应时间、反应温度和表面活性剂OTAB用量，并测试和分析改性高岭土复合材料的FTIR、活化指数、热重和XRD谱图，得出如下结论：

①钛酸酯偶联剂Tc-311的最佳改性工艺为：Tc-311用量为1.0%，反应时间90 min，反应温度为70℃，OTAB用量为0.14%；钛酸酯偶联剂YDH-201的最佳改性工艺为：YDH-201用量为1.5%，反应时间90 min，反应温度为50℃；硬脂酸的最佳改性工艺为：硬脂酸用量为1.0%，反应时间60 min，反应温度为90℃，OTAB用量为0.10%。

②钛酸酯偶联剂Tc-311和YDH-201改性高岭土的活化指数、FTIR和热重分析显示钛酸酯偶联剂Tc-311和YDH-201与高岭土以化学吸附等较强键合形式作用为主，而硬脂酸以物理吸附等弱化学吸附形式发生键合作用为主。

(2)本章首先研究了硬脂酸改性煅烧高岭土、YDH-201改性煅烧高岭土和Tc-311改性煅烧高岭土用量对聚丙烯复合材料的力学性能的影响，在此基础上研究了相容剂PP-g-MAH用量对硬脂酸改性高岭土复合材料和YDH-201改性煅烧高岭土复合材料的力学性能的影响，并对聚丙烯复合材料的热学、结晶情况和微观断口形貌进行了研究，得到了如下结论：

①改性煅烧高岭土和相容剂PP-g-MAH的加入，提高了聚丙烯复合材料的拉伸强度、弯曲强度；缺口冲击强度和拉伸断裂应变有所下降。改性高岭土用量为10 phr，相容剂PP-g-MAH为6 phr时，硬脂酸改性煅烧高岭土复合材料的拉伸强度提高了10.4%，YDH-201改性煅烧高岭土复合材料的拉伸强提高了9.8%。

②由XRD谱图可知，聚丙烯复合材料以α晶型为主，衍射峰强度出现变化。高岭土的填充极大地提高了聚丙烯的结晶度，PP-g-MAH使聚丙烯复合材料的结晶度下降。

③高岭土聚丙烯复合材料的热变形温度得到了很大的提高，硬脂酸改性聚丙烯复合材料的热变形温度提高了18℃，YDH-201改性聚丙烯复合材料的热变形温度提高了13℃；填充相容剂PP-g-MAH，聚丙烯复合材料的热变形温度出现不同程度的下降。

④填充高岭土之后，聚丙烯复合材料的熔体流动速度增加，并且填充相容剂PP-g-MAH复合材料流动性能优于未填充PP-g-MAH复合材料，改性高岭土复合材料流动性能优于未改性高岭土复合材料。

⑤由SEM分析可知，改性高岭土均匀分散在聚丙烯基体中，相容剂PP-g-MAH的加入，提高了煅烧高岭土与聚丙烯基体之间的界面黏合作用。

第8章　尼龙6/高岭土纳米复合材料

8.1　引　言

单体浇铸尼龙是通过己内酰胺单体开环聚合制备的一种工程塑料。它具有工艺简单、分子量大、耐高温、力学性能优异等特点，能够替代一些金属材料，以塑代钢，在国民经济中起到了重要的作用。4, 4′-二苯基甲烷二异氰酸酯(MDI)是单体浇铸尼龙6(MCPA6)成型工艺中最常用的活性剂之一，因此在制备 MCPA6复合材料时，可以将共混物或填料进行 MDI 接枝改性，使之接有具有活化己内酰胺(CL)阴离子聚合功能的基团，改善与 MCPA6 基体之间的界面力。

本章以第3章所制备的己内酰胺封端的高岭土(Kao-CL)接枝 MDI 复合物，制备了尼龙6/高岭土纳米复合材料，研究了高岭土的加入对其反应动力学、力学性能、结晶性能的影响。

8.2　尼龙6/高岭土纳米复合材料的制备

8.2.1　反应活性料的制备

在烧瓶中加入己内酰胺单体，加热到 130℃熔融。当单体全部熔融后，抽真空 0.5 h，压力–0.1 MPa。然后撤去真空，加入计量的催化剂氢氧化钠(NaOH)，继续抽真空 0.5 h，此时，NaOH 与己内酰胺迅速反应，物料很快变成淡黄色，即生成己内酰胺钠。

8.2.2　浇铸成型

将反应液升温至 140℃，解除真空并加入计量的 MDI，迅速搅匀，制成活性料，边搅拌边迅速浇入预热到反应温度的模具内，保温 1 h，然后停止加热，使模具在空气中慢慢冷却，脱模，得到纯 MCPA6。尼龙6/高岭土纳米复合材料也按上述方法制备，计量的 Kao-CL 与己内酰胺单体同时加入。

8.3　尼龙 6/高岭土纳米复合材料的结构与性能表征

8.3.1　聚合条件对单体转化率的影响

　　本节主要从反应温度、NaOH 用量、MDI 用量和高岭土含量四个方面，考察这些条件对单体转化率的影响。固定 MDI 用量 0.003 mol/mol CL，NaOH 用量 0.003 mol/mol CL，高岭土含量 1 wt%，改变反应温度，单体转化率情况见图 8-1。从图中可以看出，在所选温度范围内，单体转化率随反应温度的升高而逐渐增大。这是因为，升高温度加速了己内酰胺的开环，同时分子的扩散加快，这有利于内酰胺阴离子向活性中心扩散。

　　固定反应温度 180℃，MDI 用量 0.003 mol/mol CL，高岭土含量 1 wt%，改变 NaOH 用量，单体转化率情况见图 8-2。从图中可以看出，单体转化率同 NaOH 用量的关系为先增大而后略有减小。己内酰胺阴离子引发开环首先是在 NaOH 的作用下生成较为稳定的内酰胺阴离子，再进一步与单体反应而开环。因此，当 NaOH 用量较低时，己内酰胺的开环聚合速率较低，导致活性中心冻结，因此单体转化率较小。

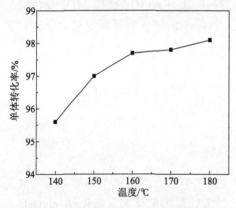
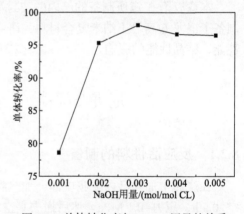

图 8-1　单体转化率与反应温度的关系　　　图 8-2　单体转化率与 NaOH 用量的关系

　　固定反应温度 180℃，NaOH 用量 0.003 mol/mol CL，高岭土含量 1 wt%，改变 MDI 用量，单体转化率情况见图 8-3。从图可看出，随着 MDI 用量的增加，单体转化率先是略有增大后急剧减小。这是因为 MDI 用量代表了引发中心（N-酰基己内酰胺）的浓度，MDI 用量 0.001 mol/mol CL 时显然引发中心量不足，增加 MDI 用量有利于聚合速率的提高，但是过高的 MDI 用量会降低聚合度，低分子量产物增加，容易被抽提掉，从而使计算的单体转化率减小。

　　固定反应温度 180℃，MDI 用量 0.003 mol/1 mol CL，NaOH 用量 0.003 mol/1 mol CL，改变高岭土的含量，单体转化率情况见图 8-4。高岭土的加入使单体转化率减小，而且随着加入量的增加不断减小，然而其减小的幅度并不大，总体转化率都保持在

93%以上，说明本试验所用的工艺条件足以保证尼龙 6/高岭土纳米复合材料的聚合。

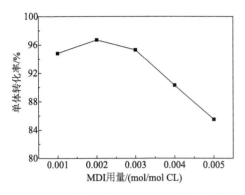 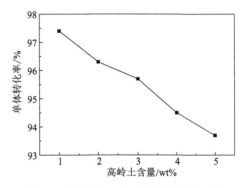

图 8-3　单体转化率与 MDI 用量的关系　　　图 8-4　单体转化率与高岭土含量的关系

8.3.2　尼龙 6/高岭土纳米复合材料的力学性能测试

尼龙 6/高岭土纳米复合材料的拉伸强度随高岭土含量变化的曲线见图 8-5。从图中可以看出，不管是改性高岭土还是未改性高岭土，拉伸强度都是先升高后降低，都在 3 wt%时达到最高点，添加改性高岭土的复合材料拉伸强度明显高于未改性高岭土，最大拉伸强度可达 87.54 MPa，比纯 MCPA6 提高了 16%。这是因为高岭土的加入使尼龙 6 分子链可以在其表面生长，作用力由氢键作用力转变成共价键作用力，当复合材料受到拉应力时，界面可以更好地将外力均匀有效地传递给高岭土，为基体承担部分负载，使得拉伸强度得到更大的提高。改性高岭土可以作为己内酰胺聚合的活性中心，结合效果更好，所以拉伸强度更高。当高岭土含量更高时，由于部分团聚的原因，拉伸强度降低。

图 8-6 对比了复合材料的弯曲强度随高岭土含量的变化趋势。由图中可以看出，随着高岭土含量的增加，材料的弯曲强度逐步增大。这是由于高岭土本身具有较高的强度和模量，作为复合材料的增强剂可以提高基体的弯曲强度。改性后的高岭土与 PA6 基体的界面结合力更好，因此弯曲强度的提高更明显。

高岭土含量对复合材料冲击强度的影响见图 8-7。复合材料的冲击强度先升高而后降低，在改性高岭土含量达到 3 wt%时达到最大值；未改性高岭土的加入使复合材料的冲击强度先略有升高后急剧降低。其原因主要是，改性高岭土与尼龙 6 基体的界面结合力增强，在基体中起到分散应力的作用，阻止裂纹扩散，而使材料的冲击强度升高；加入改性高岭土后，由于异相成核作用导致所生成的晶体粒子变小，也能提高复合材料的冲击强度。而当高岭土含量继续增加时，团聚现象增加，应力集中，导致材料的冲击强度降低。而未改性高岭土与尼龙 6 基体之间的相容性较差，难以良好结合，在基体中容易发生团聚，造成宏观应力开裂，使冲击强度降低。

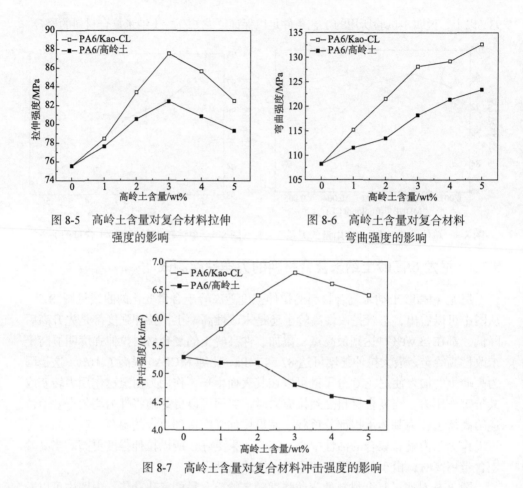

图 8-5　高岭土含量对复合材料拉伸
强度的影响

图 8-6　高岭土含量对复合材料
弯曲强度的影响

图 8-7　高岭土含量对复合材料冲击强度的影响

8.3.3　X 射线衍射分析

尼龙 6 具有 α 晶和 γ 晶两种晶型结构,其中 α 晶更为稳定。根据文献[172, 173],在 $2\theta = 19.5°$ 和 21.8°出现的峰为 α 晶的(200)和(002)晶面的衍射峰,分别称为 α_1 和 α_2 晶,如图 8-8 所示。图中显示,加入高岭土以后,(200)面的衍射峰逐渐变强,而(002)晶面的衍射峰减弱,最后几乎消失。峰强也可以在一定程度上反映结晶度的大小。从图中可以看出,当高岭土含量为 1 wt%时,晶型变化不大;含量为 3 wt%时 α_1 峰最尖锐,α_2 峰最弱;而含量为 5 wt%时 α_1 峰又减弱,α_2 峰略有变强。这表明高岭土的加入能够促进尼龙 6 的 α_1 晶结晶,提高尼龙 6 的结晶度,含量为 3 wt%时促进效果最好。这可以解释为,高岭土活性中心的引入一方面可以使分子链沿着高岭土面堆砌,使结晶完善;另一方面限制了大分子链的运动,使结晶困难。当高岭土含量为 3 wt%时前者起主要作用,所以会促进结晶;当含量继续增加时,后者的问题开始凸现,结晶度开始下降。

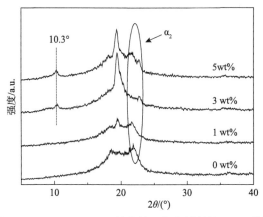

图 8-8　纯 MCPA6 以及其高岭土复合材料的 XRD 谱图

8.3.4　偏光显微镜照片分析

偏光显微镜下也能观察到浇铸尼龙的球晶生长过程[163]。从图 8-9 中可以看出,

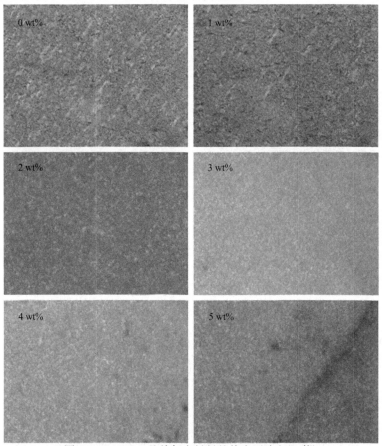

图 8-9　MCPA6 及其复合材料的偏光照片(400 倍)

纯 MCPA6 的球晶边界呈多边形，与纯 PP 明显的球形球晶相比纯 MCPA6 球晶因相互碰撞、挤压而改变了其外貌。这说明 MCPA6 结晶度较高而且分子链可以自由向晶核扩散和堆砌。加入 1 wt%高岭土后，结晶形态变化不大，当高岭土含量继续增加时，球晶尺寸变小，晶粒明显细化。当高岭土含量为 3 wt%时，晶粒分布均匀，高岭土无明显团聚。含量继续增加到 4 wt%、5 wt%时，复合材料的偏光照片中出现了较多的黑团，这是部分高岭土发生了团聚现象。

总体而言，改性后的高岭土加入 MCPA6 中，能够起到异相成核的作用，使得 MCPA6 球晶的尺寸变小，球晶间的边界越模糊。高岭土的最佳含量为 3 wt%，高于 3 wt%则容易发生团聚。

8.3.5　场发射扫描电镜分析

为了研究高岭土在复合材料中的分散情况，以及与基体的界面结合状况，本节采用 MCPA6/3 wt%高岭土复合材料，用液氮淬断后对表面进行场发射扫描电镜分析。从图 8-10(a)中可以看出，改性高岭土均匀地分散在 MCPC6 基体中，无明显的团聚现象。图 8-10(b)中高岭土粒子基本无外露，这是因为作为活性中心的高岭土被基体包裹。

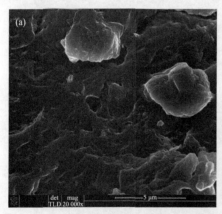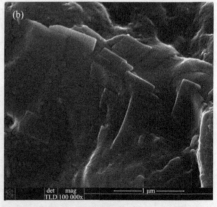

图 8-10　MCPA6/3 wt%高岭土复合材料的断面形貌

8.3.6　Molau 试验

Molau 试验是通过观察共混物在基体树脂的溶剂中溶解后的分相行为来了解共混体系相容性的直观方法[174]。如果聚合物组分间结合较强，在溶解过程中不会出现分层现象，表明相容性有改善；否则有明显分层和沉降现象。由于甲酸是 MCPA6 的良溶剂，所以选择甲酸为溶剂。从图 8-11(a)可以看到，添加未改性高岭土的复合材料经过甲酸 24 h 溶解后，底部明显有分层沉淀部分；而 3 wt%改性高岭土增强的 MCPA6 溶解后，液面澄清无分层现象，部分高岭土颗粒清晰可见，如图 8-11(b)所示。这说明高岭土表面接枝 *N*-酰化己内酰胺，可以作为聚合活性中心，聚合物在其表面聚合后界面结合力较强，不易被甲酸溶解。

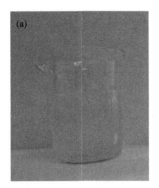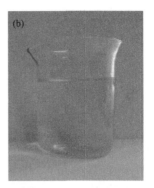

图 8-11　MCPA6/高岭土纳米复合材料在甲酸中的 Molau 照片(24 h)

(a)未改性高岭土增强 MCPA6；(b)*N*-酰化己内酰胺接枝高岭土增强 MCPA6

8.3.7　热重分析

图 8-12 和图 8-13 列出了 MCPA6、MCPA6/3 wt%高岭土复合材料和 MCPA6/3 wt% Kao-CL 复合材料的热重(TG)和微商热重(DTG)曲线。可以发现三种材料的热分解过程都分为两个阶段，第一阶段为残留在 MCPA6 基体中的己内酰胺单体的分解过程，第二阶段为 MCPA6 基体的分解过程[175]。分解 50%时的温度和两个失重峰的温度见表 8-1。可以看出，高岭土的加入对基体的影响不大，而 Kao-CL 的加入则明显地提高 MCPA6 的热分解温度。对于 MCPA6 基体的分解过程，Kao-CL 的加入分别将其分解 50%时的温度和第二个失重峰温度提高了约 6.9℃和 3.5℃。这可能是尼龙 6 分子链进入高岭土层间和异相成核共同作用，使大分子链运动困难和结晶完善，从而提高了基体的分解温度，提高了复合材料的耐热性。

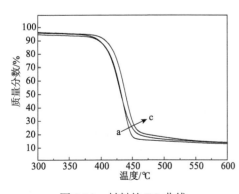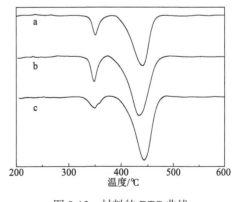

图 8-12　材料的 TG 曲线　　　　　　　　图 8-13　材料的 DTG 曲线

a. MCPA6；b. MCPA6/高岭土；c. MCPA6/3 wt% Kao-CL　　　a. MCPA6；b. MCPA6/高岭土；c. MCPA6/3 wt% Kao-CL

表 8-1　MCPA6 及其 0.3 wt%纳米复合材料的 TG 分析

样品	$T_{50\,wt\%}$/℃	T_{peak1}/℃	T_{peak2}/℃
MCPA6	429.8	350.7	439.7
MCPA6/3 wt%高岭土	429.0	348.1	433.6
MCPA6/3 wt% Kao-CL	436.7	348.9	443.2

8.3.8　尼龙 6/高岭土纳米复合材料的非等温结晶动力学

图 8-14 是 MCPA6 和 MCPA6/3 wt% Kao-CL 复合材料的 DSC 非等温结晶曲线，降温速率分别是 5℃/min、10℃/min、20℃/min 和 30℃/min。从曲线中可以发现，随着降温速率的增大，MCPA6 及其复合材料的结晶峰变宽，结晶峰位置和结晶温度 T_p(到达结晶峰最低点时的温度)都向低温度方向移动。这是因为在较低的结晶速率下，分子链有较长的时间扩散至晶相，结晶可以在较高的温度进行；而结晶速率提高时，温度停留时间较短，分子链进入晶相后在短时间内就冻结，导致晶体排列不完善。

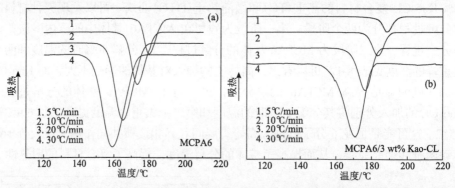

图 8-14　MCPA6 和 MCPA6/3 wt% Kao-CL 复合材料在不同降温速率下结晶的 DSC 曲线

在同一降温速率下，加入 Kao-CL 的 MCPA6 的结晶温度 T_p 明显升高，这表明了 Kao-CL 的加入，提高了结晶速率，Kao-CL 是一种有效的成核剂，起到异相成核的作用。这也与 POM 照片观察的结果一致。

通过第 5 章中所采用的 Jeziorny 方法、Ozawa 模型、莫志深方法来分析复合材料的非等温结晶动力学。首先根据式(5-1)将 DSC 曲线转化为相对结晶度 X_T 与温度 T 的关系曲线，见图 8-15。再由式(5-9)可以转化为相对结晶度 X_T 与结晶时间 t 的关系，见图 8-16。由图可以得出半结晶期 $t_{0.5}$，列于表 8-2。对于同一材料，半结晶期随着降温速率的增加而缩短；在相同降温速率下，复合材料的半结晶期短于纯 MCPA6。

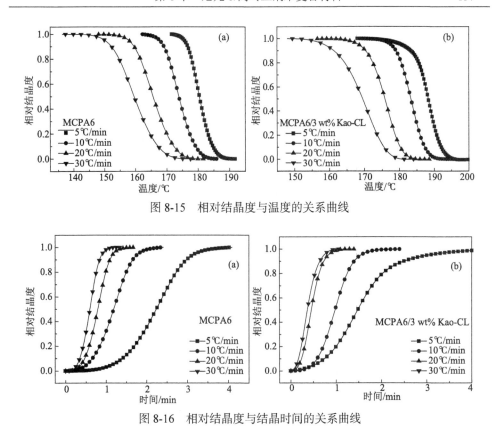

图 8-15 相对结晶度与温度的关系曲线

图 8-16 相对结晶度与结晶时间的关系曲线

表 8-2 非等温结晶过程中试样的动力学参数

参数	MCPA6				MCPA6/3 wt% Kao-CL			
	5℃/min	10℃/min	20℃/min	30℃/min	5℃/min	10℃/min	20℃/min	30℃/min
$t_{0.5}$/min	2.24	1.19	0.80	0.60	1.48	0.98	0.45	0.36
T_p/℃	180.02	173.31	165.11	158.89	188.40	183.35	176.36	170.87

1. Jeziorny 法

根据 Avrami 方程，由图 8-17 可以得到 $\ln[-\ln(1-X_T)]$-$\ln t$ 曲线由拟合直线的斜率和截距可以求出 n 和 Z。由式 (5-10)，可以得出 Z_c，结果列于表 8-3。

表 8-3 非等温结晶过程中试样的动力学参数

样品	ϕ/(℃/min)	n	Z/min^{-n}	Z_c
MCPA6	5	3.87	0.02	0.46
	10	3.17	0.43	0.92
	20	3.53	1.55	1.02
	30	3.41	4.06	1.05

续表

样品	$\phi/(\text{℃/min})$	n	Z/min^{-n}	Z_c
MCPA6/3 wt% Kao-CL	5	2.29	0.27	0.77
	10	3.36	0.71	0.97
	20	2.53	4.75	1.08
	30	2.22	6.27	1.06

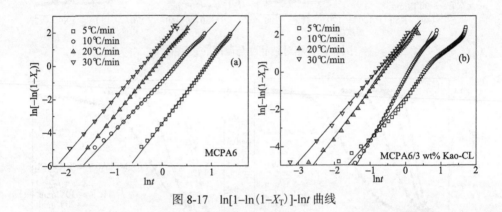

图 8-17　$\ln[1-\ln(1-X_T)]$-$\ln t$ 曲线

　　Avrami 指数主要是与分子量、成核类型以及二次结晶有关，而与温度的关系不大[176]。复合材料的 Z 也高于 MCPA6 的，表明 Kao-CL 的加入提高了 MCPA6 的结晶速率。修正后的动力学参数 Z_c 保持在 1 左右，基本上没有变化。

2. Ozawa 方程

　　根据 Ozawa 方程公式（5-12），对 $\ln[-\ln(1-X_T)]$-$\ln\phi$作图，如果 MCPA6 和 MCPA6/3 wt% Kao-CL 满足 Ozawa 模型，则应该有线性关系。如图 8-18 所示，结晶动力学曲线线性关系不明显，所以 Ozawa 模型不适合本章的非等温结晶过程。

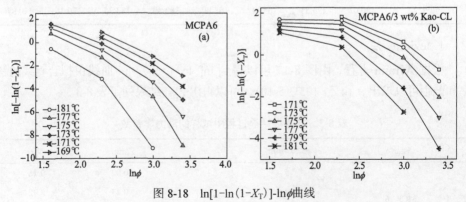

图 8-18　$\ln[1-\ln(1-X_T)]$-$\ln\phi$曲线

3．莫志深方法

　　莫志深认为，在非等温结晶过程中，结晶度 X_T 与降温速率 ϕ、结晶温度 T 和结晶时间 t 都有着密切的关系。将 Avrami 方程和 Ozawa 方程联系得到新方程如式（5-14），根据此公式对 $\ln\phi$-$\ln t$ 作图。如果莫氏方法能够描述该材料的非等温结晶过程，则应得到一条直线，再由直线的截距和斜率得出参数 $F(T)$ 和 α。

　　图 8-19 为 MCPA6 和 MCPA6/3 wt% Kao-CL 的 $\ln\phi$-$\ln t$ 曲线。从图中可以看出，两种材料的 $\ln\phi$-$\ln t$ 都有很好的线性关系，这说明莫氏方法可以很好地描述这两种材料的非等温结晶过程。由拟合直线的斜率和截距求得参数 $F(T)$ 和 α，见表 8-4。

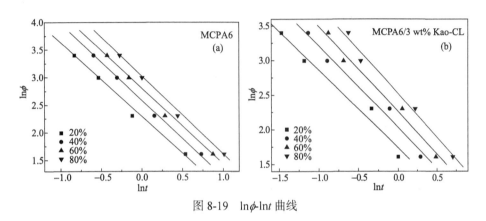

图 8-19　$\ln\phi$-$\ln t$ 曲线

表 8-4　基于 Mo 方法的 MCPA6 和 MCPA6/3 wt% Kao-CL 复合材料动力学参数

样品	X_T/%	α	$F(T)$
纯 MCPA6	20	1.32	9.58
	40	1.36	13.06
	60	1.38	15.96
	80	1.40	19.88
MCPA6/3 wt% Kao-CL	20	1.12	5.60
	40	1.17	7.61
	60	1.23	9.58
	80	1.26	12.55

　　从表 8-4 中可以看出，当达到相同的相对结晶度时，复合材料的 $F(T)$ 比纯 MCPA6 的小，这说明复合材料的结晶速率快于 MCPA6 的结晶速率。这也与之前的分析一致。对于 α 值，MCPA6 在 1.32~1.40 之间，MCPA6/3 wt% Kao-CL 复合材料在 1.12~1.26 之间。这说明 α 值在不同降温速率条件下几乎都保持一致，这就意味着 Avrami 指数与 Ozawa 指数在不同降温速率下的变化程度保持一致。莫志深方

法最重要的一点就是将降温速率与结晶温度、结晶时间以及结晶形态关联起来[159]。

8.4　本章小结

(1)考察了聚合条件对己内酰胺阴离子聚合的影响,当己内酰胺为 1 mol 时,综合考察最优工艺条件为:聚合温度 180℃;NaOH 用量 0.003 mol;MDI 用量 0.003 mol。

(2)在考察的高岭土含量范围内,复合材料的拉伸强度以及缺口冲击强度随 Kao-CL 含量的增加先升高而后降低;弯曲强度则一直呈升高趋势。Kao-CL 含量 3 wt%时,综合力学性能最优。通过 POM 和 SEM 照片观察到结晶情况和断面形貌,也证明了 Kao-CL 含量 3 wt%时,复合材料结晶完善,Kao-CL 分布均匀,无团聚。XRD 结果表明,Kao-CL 的加入能够促进 α_1 晶结晶,抑制 α_2 晶结晶。Molau 试验表明高岭土表面接枝 N-酰化己内酰胺,可以作为聚合活性中心,聚合物在其表面聚合后界面结合力较强,不易被甲酸溶解。

(3)采用 Jeziorny 法、Ozawa 法和莫志深方法研究了 MCPA6 和 MCPA6/3 wt% Kao-CL 复合材料的非等温结晶动力学。Jeziorny 法是基于 Avrami 方程,对结晶前期描述良好,但是后期有很大的偏移。Ozawa 法无法合理描述该过程。莫志深方法可以很好地描述这两种材料的非等温结晶过程。

第9章　改性高岭土增强 PVC 薄膜

9.1　引　　言

以高强聚酯纤维基布为增强材料，表面经过聚氯乙烯(PVC)增塑糊涂层改性后，与聚氯乙烯薄膜高温层压而成的复合材料，具有质量轻、强度高、气密性好、易焊接、阻燃、使用寿命长等优点。因此，该复合材料广泛应用于沼气工程材料、充气艇材料、体育地板材料、水池衬垫材料、新型篷盖材料及膜结构材料等领域[177-180]。然而在这些应用领域中，由于长期的户外暴露，复合材料表层的聚氯乙烯薄膜易受到各种侵袭。例如，光、氧、热的降解破坏，酸、碱的腐蚀和外部作用力引起的磨损等，这些都会破坏聚氯乙烯薄膜表面的完整性。当薄膜表面出现破损，聚酯网布就会暴露在环境中，从而致使整个复合材料的力学性能下降以及使用寿命缩短。因此，高性能聚氯乙烯薄膜的开发和研究就显得尤为重要。

通过调节增塑剂的含量，聚氯乙烯可以制备成软质、半硬以及硬质材料。聚氯乙烯的热降解行为可以划分为两个阶段，即逐步分解和催化热解阶段[181, 182]。聚氯乙烯长链分子上脱氯化氢发生在较低的温度(300℃)，释放出来的氯化氢对聚氯乙烯树脂进一步热降解有催化作用。

高岭土作为一种重要的黏土矿物材料，在工业上有着广泛的应用。例如，用作纸张、塑料和橡胶行业的颜填料，用来制备插层聚合物基复合材料或制备一些具有特殊结构的无机材料的前驱体[23, 183]。在聚合物基质中，高岭土作为功能性填料，具有阻燃、耐化学腐蚀、尺寸稳定性好、耐析出、耐磨、热传导率和电导率低等优点，同时还可以降低聚合物基复合材料的成本。高岭土在 600℃煅烧处理后，去除了结晶水，从而形成具有无定形和多孔结构的偏高岭土。煅烧处理可以提高铝氧结构单元的酸活性，这有利于在聚氯乙烯基质中吸收降解释放出来的氯化氢气体。

本章所涉及的高岭土为煅烧处理的偏高岭土，具有无定形和多孔性等特点，经过有机改性后，与聚氯乙烯熔融共混制备了薄膜材料。本章研究复合材料的力学性能、加工性能、热性能以及脆断面的微观形貌，并通过紫外光谱研究高岭土对聚氯乙烯体系热降解的影响。

9.2　改性高岭土增强 PVC 薄膜的制备

高岭土改性：改性前将高岭土在 80℃烘干处理 12 h，然后与铝钛复合偶联剂按 100∶1.5 的质量配比，温度设定为 110℃，在高速混合机中高速搅拌 15 min 即可。

以 PVC100 份，DINP45 份，粉体钡锌稳定剂 2 份，液体钡锌稳定剂 1 份，高岭土为变量（分别为 5 份、10 份、15 份、20 份），进行计量配料（以质量计），机械混合均匀后，在扭矩流变仪中熔融共混达到塑化平衡后取出样料，然后在炼塑机上制备成一定厚度的样品（厚度为 0.3 mm 样品用来进行力学性能测试，厚度为 10 μm 样品用来进行 X 射线衍射分析测试，厚度为 80 μm 样品用来进行紫外-可见光谱测试）。

9.3　改性高岭土增强 PVC 薄膜的结构与性能表征

9.3.1　改性高岭土的红外光谱分析

图 9-1 为煅烧高岭土、改性高岭土和铝钛复合偶联剂的红外光谱图。在煅烧高岭土红外光谱图中，可以看到较宽的羟基吸收峰，$3697\ cm^{-1}$、$3622\ cm^{-1}$ 为煅烧后高岭土片层上残留的羟基振动峰。$1074\ cm^{-1}$ 归属于 Si—O 伸缩振动峰，$799\ cm^{-1}$ 为游离硅或石英的吸收峰，$539\ cm^{-1}$ 归属于 Si—O—Al 弯曲振动，$472\ cm^{-1}$ 为 Si—O—Si 面内弯曲振动吸收峰。改性高岭土红外光谱图与改性前相比较，不同之处是在 $2920\ cm^{-1}$ 和 $2853cm^{-1}$ 处出现了—CH$_3$ 和—CH$_2$ 的伸缩振动峰，表明铝钛复合偶联剂使煅烧高岭土的表面有机化。

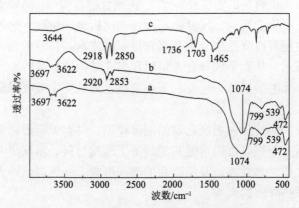

图 9-1　煅烧高岭土(a)、改性高岭土(b)和铝钛复合偶联剂(c)的红外光谱图

9.3.2　改性高岭土的热重分析

　　煅烧高岭土、改性高岭土和铝钛复合偶联剂的 TG 分析曲线见图 9-2。从图 9-2a 中可以看出，煅烧高岭土的 TG 分析曲线可以划分为两个阶段：第一阶段从室温到 200℃之间，有一个缓慢的失重，这主要是高岭土表面物理吸附水分子的脱除引起的。第二阶段的失重从 500℃开始，一直持续到 800℃。这主要归因于与高岭土片层以氢键结合的结构水分子的脱除。与煅烧高岭土相比，改性高岭土在 288～342℃之间出现了相对快速的失重特征，如图 9-2b 所示。这主要是偶联剂的热分解引起的。从图 9-2c 中可以看出，纯偶联剂的热重曲线有两个失重台阶，第一失重台阶在 180～480℃，失重率约 50%；第二失重台阶在 600～720℃，失重率约 20%。在改性高岭土中，偶联剂的初始分解温度由 180℃升高到 288℃，提高了近 108℃，这表明高岭土提高了铝钛复合偶联剂的热稳定性，偶联剂与高岭土表面的结合不只是简单的物理吸附，很有可能形成了一定键合。

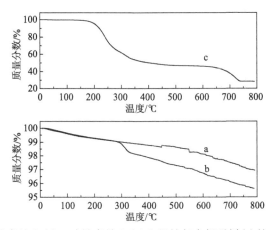

图 9-2　煅烧高岭土(a)、改性高岭土(b)和铝钛复合偶联剂(c)的 TG 分析曲线

9.3.3　改性高岭土的扫描电子显微镜分析

　　图 9-3 为煅烧高岭土偶联剂改性前后的 SEM 照片。从图 9-3(a) 中可以看出，改性处理前高岭土的团聚现象较为明显，甚至有 10 μm 以上的团聚颗粒。经过铝钛复合偶联剂改性处理后，高岭土的片层更加细小，团聚粒子在一定程度上被打散，粒子分布相对均匀。这是因为在改性过程中，高速搅拌产生的剪切作用力将团聚的粒子进一步分散，同时由于偶联剂对高岭土表面的有机包覆作用，降低了高岭土表面的静电引力，减小了打散的粒子再次团聚的概率。

图 9-3　煅烧高岭土(a)和改性高岭土(b)的 SEM 照片

9.3.4　高岭土/PVC 复合材料的加工性能分析

图 9-4(a)和(b)分别为未改性高岭土和改性高岭土填充 PVC 的扭矩流变曲线。从图中可以看出,随着高岭土含量的增加,PVC 体系的最大扭矩和平衡扭矩均呈上升趋势。这表明随着高岭土粒子添加到 PVC 基质中,固体粒子对转子产生了额外的阻力,因此表现为扭矩增大。而改性后的高岭土填充 PVC 体系比未改性的高岭土填充 PVC 体系的最大扭矩和平衡扭矩均要小。如表 9-1 所示,当改性高岭土的含量 10 wt% 时,PVC 体系的平衡扭矩与纯 PVC 的相等,这主要是因为改性后的高岭土在从 PVC 熔融到再次达到稳定的均化态时,表现出良好的相容性。因此,有机化改性处理可以从一定程度上削弱高岭土填料对 PVC 体系加工性能产生的消极影响。

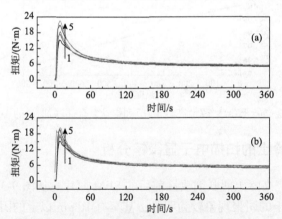

图 9-4　高岭土(a)和改性高岭土(b)在不同填充份数(1.0；2.5；3.10；4.15；5.20)时 PVC 体系的扭矩流变曲线

表 9-1　高岭土/PVC 复合材料的扭矩流变性能

复合材料	最大扭矩/(N·m)	平衡扭矩/(N·m)	平衡温度/℃
$m(\text{K})/m(\text{PVC})$　(0wt%)	15.3	5.2	175.5

续表

复合材料	最大扭矩/(N·m)	平衡扭矩/(N·m)	平衡温度/℃
m(MK)/m(PVC) (5 wt%)	17.0	5.1	175.4
m(MK)/m(PVC) (10 wt%)	17.7	5.2	176.2
m(MK)/m(PVC) (15 wt%)	19.7	5.7	175.8
m(MK)/m(PVC) (20 wt%)	20.3	5.5	176.6
m(UK)/m(PVC) (5 wt%)	17.5	5.4	175.7
m(UK)/m(PVC) (10 wt%)	18.4	5.5	175.9
m(UK)/m(PVC) (15 wt%)	20.9	5.5	176.9
m(UK)/m(PVC) (20 wt%)	22.6	5.7	177.0

K：高岭土；MK：改性高岭土；UK：未处理高岭土

9.3.5　高岭土/PVC 复合材料的热重分析

图 9-5 为纯 PVC 膜材和改性高岭土/PVC 复合材料的 TG 和 DrTG 分析曲线。从 TG 分析曲线中可以看出，纯 PVC 膜材和改性高岭土/PVC 复合材料均有两个失重台阶，在 165～350℃为第一阶段降解，主要涉及 PVC 长链脱氯化氢作用形成多烯结构和一些有机配合剂的失重[181]。第二阶段失重温度范围为 420～535℃，主要涉及碳链的分解，这个阶段伴随着烷基芳香族化合物和残炭的形成。从 TG 和 DrTG 分析曲线中可以看出，改性高岭土/PVC 复合材料有着与纯 PVC 膜材相似的热失重曲线，PVC 复合材料出现明显热失重的温度为 235℃，而纯 PVC 膜材是 224℃，这要归因于高岭土在煅烧后，铝氧层的酸活性增加，可以吸收 PVC 长链脱出的氯化氢，延缓了氯化氢的催化降解。第二阶段失重温度范围为 428～535℃，主要涉及碳链的分解。最后纯 PVC 膜材的残炭率约为 11%，而高岭土/PVC 复合材料的残炭率为 20%。考虑到高岭土在 800℃的失重率为 4.4%，通过理论计算，高岭土填充 PVC 体系的残炭量增加了 0.54%。改性高岭土/PVC 复合材料的 TG 和 DrTG 结果如表 9-2 所示，改性高岭土/PVC 复合材料的最大失重速率温度在第一失重阶段提高了 3℃，在第二失重阶段提高了 7℃。这表明高岭土在 PVC 长链的热降解过程中，可以起到吸收释放的氯化氢气体的作用，在一定程度上，高岭土可以提高复合材料的热稳定性。

表 9-2　改性高岭土/PVC 复合材料的 TG 和 DrTG 数据

高岭土含量	第一失重台阶			第二失重台阶		
	T_{onset}/℃	T_{max}/℃	ΔW_1/%	T_{onset}/℃	T_{max}/℃	ΔW_2/%
0 wt%	165	288	72.6	420	462	14.1
10 wt%	165	291	66.4	420	469	16.2

T_{onset}=起始温度；T_{max}=最大失重速率温度；ΔW_1 和 ΔW_2=最大失重速率

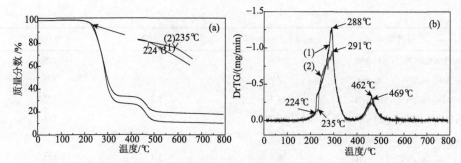

图 9-5　纯 PVC 膜(1)和改性高岭土/PVC 复合材料(高岭土含量为 10 wt%)
(2)的 TG(a)和 DrTG(b)曲线

9.3.6　高岭土/PVC 复合材料的 X 射线衍射分析

图 9-6 为纯 PVC 膜和改性高岭土/PVC 复合材料(高岭土含量为 10 wt%、20 wt%)的 XRD 谱图。从图中可以看出，纯 PVC 膜和改性高岭土/PVC 复合材料均显示了两个较宽的特征峰，即 $2\theta \sim 18.7°$ 和 $24.6°^{[184, 185]}$。在图 9-6a 和 b 中，$2\theta=26.6°$ 处出现了游离二氧化硅或石英吸收峰，且强度随着高岭土含量的增加明显增强，这是高岭土中所含杂质二氧化硅所致。在相同的加工条件下，高岭土添加到 PVC 基质中，并未对 PVC 的结晶相产生十分明显的影响。

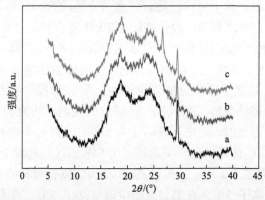

图 9-6　纯 PVC 膜(a)和改性高岭土/PVC 复合材料[高岭土含量为 10 wt%(b)、
20 wt%(c)]的 XRD 谱图

9.3.7　高岭土/PVC 复合材料的力学性能分析

由表 9-3 可知，随着高岭土含量的增加，复合材料的力学性能出现先升后降的趋势，拉伸强度和断裂伸长率在高岭土含量为 10 wt%时达到最大值，分别为 16.5 MPa 和 343.2%。撕裂强度在高岭土含量为 5 wt%时达到最大值 47.7 kN/m。综合看来，改性高岭土的含量在 10 wt%时，综合力学性能达到最佳，拉伸强度由纯

PVC 膜材的 15.8 MPa 上升到 16.5 MPa，断裂伸长率由 263.7%上升到 343.2%，撕裂强度由 37.0 kN/m 上升到 46.8 kN/m。当高岭土含量超过 10 wt%后，复合材料的力学性能开始下降，当含量在 20 wt%时，复合材料的拉伸强度、断裂伸长率和撕裂强度较纯 PVC 膜材分别下降了 0.8 MPa、11.1%和 2.7 kN/m。数据表明，高岭土在低含量时，对复合材料的力学性能起到明显的增强增韧作用。而当高岭土的含量过高时，复合材料的力学性能会降低。这可能是因为，在低填充量时，高岭土在 PVC 基质中分散的效果较佳，高岭土与 PVC 基质的相容性较好，而随着含量的增加，分散较为困难，形成团聚的粒子很难进一步分散，从而影响复合材料的力学性能。

表 9-3　改性高岭土/PVC 复合材料的机械力学性能

复合材料	拉伸强度/MPa	断裂伸长率/%	撕裂强度/(kN/m)
m(MK)/m(PVC)（0 wt%）	15.8	263.7	37.0
m(MK)/m(PVC)（5 wt%）	16.2	311.4	47.7
m(MK)/m(PVC)（10 wt%）	16.5	343.2	46.8
m(MK)/m(PVC)（15 wt%）	15.4	269.7	40.3
m(MK)/m(PVC)（20 wt%）	15.0	252.6	34.3

MK：改性高岭土。

9.3.8　高岭土/PVC 复合材料的微观断面形貌分析

图 9-7 为未改性和改性高岭土填充 PVC 的断面 SEM 照片，未经过有机改性的高岭土直接添加到 PVC 基体中时，会出现 1~5 μm 的团聚粒子，高岭土与基体的相容性较差，分散不均匀。采用铝钛复合偶联剂处理的高岭土能较均匀地分散在 PVC 基体中，团聚现象得到明显改善，绝大部分的高岭土片层结构十分明显，且分散状态存在较高的取向性。

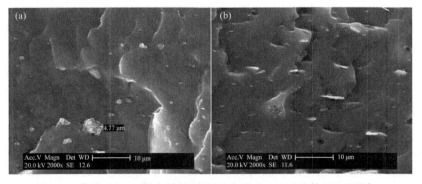

图 9-7　高岭土/PVC 复合材料(高岭土含量为 10 wt%)的 SEM 照片
(a)煅烧高岭土；(b)改性高岭土

9.3.9 高岭土/PVC 复合材料的紫外-可见光谱分析

图 9-8 为纯 PVC 膜材和改性高岭土/PVC 复合材料在不同热老化时间的紫外-可见光谱图。根据文献的报道[186, 187]，紫外-可见光吸收波长与 PVC 体系中共轭多烯链长存在对应关系，即 H—(CH=CH)$_n$—H 中 n 在 3~10 时，吸收波长分别对应于 268 nm、304 nm、334 nm、364 nm、390 nm、410 nm、428 nm、447 nm。从图 9-8(a) 中可以看出，随着热老化时间的延长，4~7 个碳原子的共轭多烯结构的含量明显增加，对应于在 300~400 nm 波长范围的吸收强度不断提高。如图 9-8(b) 所示，添加了 10 wt%高岭土的 PVC 体系，在 300~400 nm 波长范围的吸收强度的变化趋势也是随着热老化时间的延长增加，但明显低于相同热老化时间的纯 PVC 膜材。这表明，高岭土在 PVC 体系中能与钡锌稳定剂形成协同效应，可以进一步提高高岭土/PVC 复合材料体系的热稳定性，这可能要归因于煅烧高岭土中活性氧化铝能吸收 PVC 长链热降解中产生的氯化氢，在一定程度上抑制或延缓了氯化氢催化降解 PVC 长链的作用。

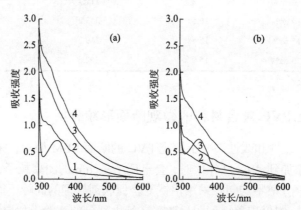

图 9-8　纯 PVC 膜(a)和改性高岭土/PVC 复合材料(b)(高岭土含量为 10 wt%)不同热老化时间
(1. 0 min；2. 30 min；3. 60 min；4. 90 min)的紫外-可见光谱图

图 9-9 为不同高岭土含量的复合材料在热老化 90 min 后的紫外-可见光谱图。从图中可以看出，未添加高岭土的 PVC 体系热老化 90 min 后，在 300~400 nm 范围的吸收强度最大，表明 4~7 个碳原子的共轭多烯结构的含量最多。高岭土/PVC 复合材料体系的吸收强度随着高岭土含量的增加而逐渐降低。高岭土含量在 15 wt%时，体系在 300~400 nm 范围的吸收强度最低，这表明该体系中共轭多烯结构(4~7 个碳原子)的含量相对较低，复合材料的热稳定效果最佳。在高岭土的含量为 20 wt%时，体系在 300~400 nm 范围的吸收强度反而略高于 15 wt%。这可能与体系中高岭土的分散状态有关。高岭土含量增加时，在体系中的分散就越困难，形成团聚的概率增加，形成团聚的粒子很难进一步分散，从而使得高岭

土在 PVC 基质中的分散粒度增大，粒子的比表面积减小，从而降低了吸收氯化氢的效能。

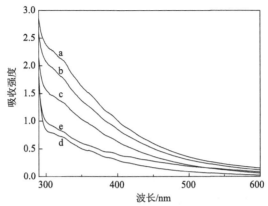

图 9-9　高岭土/PVC 复合材料［高岭土含量分别为 0 wt%(a)；5 wt%(b)；10 wt%(c)；15 wt%(d)；20 wt%(e)］热老化 90 min 的紫外-可见光谱图

9.4　本 章 小 结

（1）采用铝钛复合偶联剂对高岭土进行有机化改性处理，可以抑制高岭土的团聚现象，改善无机高岭土粒子与 PVC 的相容性，提高高岭土在 PVC 基质中的分散性。

（2）在改性高岭土含量为 10 wt%时，高岭土/PVC 复合材料的综合力学性能达到最佳：拉伸强度、断裂伸长率和撕裂强度分别提高了 0.7 MPa、79.5%和 9.8 kN/m。

（3）煅烧高岭土中活性氧化铝能吸收 PVC 长链热降解中产生的氯化氢，在一定程度上抑制或延缓了氯化氢催化降解 PVC 长链形成共轭多烯结构的作用。高岭土在 PVC 体系中能与钡锌稳定剂形成协同效应，可以进一步提高高岭土/PVC 复合材料体系的热稳定性。

第 10 章　PVC 增塑糊

10.1　引　言

  PVC 增塑糊(或增塑溶胶)是以 PVC 糊树脂和增塑剂为主要原料,添加热稳定剂、填料等助剂,通过机械混合的方式制备而成。PVC 增塑糊是细小的 PVC 颗粒均匀分散在增塑剂中而形成的悬浮液。当增塑糊受热后,PVC 颗粒开始吸收增塑剂,进而发生溶胀作用,形成均化结构。随着温度的升高,PVC 粒子在最大程度上吸收增塑剂,经过凝胶化、熔融和塑化等阶段,最终失去流动性而形成固相结构[188]。PVC 增塑糊可以被视作具有两相的简单体系,即刚性的微晶和韧性的无定形相[189]。

  PVC 增塑糊的成型工艺主要有涂层、浸渍、喷涂和模塑等。其中,涂层工艺是指以纸张或纤维织物等为基材,通过浸涂、刮涂、滚涂等方式,在基材表面涂覆一定厚度的 PVC 糊,然后经过烘箱,进行烘干和塑化处理。通过该工艺生产的制品广泛应用于篷盖、膜结构、墙纸、人造革、发泡地板、充气玩具和充气艇等领域。

  根据流变学理论,PVC 增塑糊树脂颗粒分散在增塑剂中形成的悬浮体系,影响其黏度的主要因素有:糊树脂颗粒的布朗运动,糊树脂颗粒之间的相互作用力,糊树脂颗粒与增塑剂分子之间的作用力,游离的增塑剂含量。影响 PVC 增塑糊制品质量的主要因素有两个方面:①PVC 增塑糊的黏度及其稳定性;②PVC 增塑糊塑化工艺控制(塑化温度、时间等)。

  本章设计 PVC 增塑糊的基本配方,并以篮式研磨分散机为主要设备,制备增塑糊,分析配方各组分的添加量对体系黏度及其稳定性的影响,并探索温度与时间对 PVC 增塑糊塑化性能的影响。

10.2　PVC 增塑糊的制备过程

10.2.1　工业生产制备

1. 高速搅拌工艺

首先在混合器中加入所有液体组分(增塑剂、稳定剂、稀释剂等),中速搅拌,混合均匀后再缓慢加入填料，搅拌直至填料分散均匀后再缓慢加入 PVC 树脂，最后高速搅拌。

该工艺的特点及注意事项：固体组分在混合过程中加入，总体混合搅拌时间不宜超过 20 min，温度需控制在 35℃以下。必要时，混合器皿加夹套冷却装置。

2. 低速搅拌工艺

首先在混合容器中加入所有固体组分(PVC 树脂、填料等)，低速启动搅拌，加入部分增塑剂，搅拌得到黏度较高的均化溶胶(增塑剂的添加量视 PVC 树脂和填料的量而定)。再加入颜料、发泡剂等其他组分(按一定配比与增塑剂制备成均化相母料的形式加入)，最后加入剩余的增塑剂，继续低速搅拌，当各组分充分分散均匀后，再高速搅拌 15 min。

工艺的特点：制备的增塑糊的均匀性和稳定性更好，避免了结块的现象。

3. 均化作用

只通过搅拌分散制备的增塑糊，会因某些组分分散不完全而产生结块。在黏度允许的范围内，可以通过真空或常压过滤装置加以去除。

通常为了得到细度和稳定性更好的增塑糊，需要将增塑糊在三辊研磨机上进行研磨。研磨辊筒的转速不一样，产生的剪切力可以进一步分散团聚的粒子。在操作过程中，辊筒需要通冷却水，避免摩擦产生的热量导致增塑糊凝胶化。

一些固体组分的添加剂(如稳定剂、填料、颜料、发泡剂、增稠剂等)与一定比例的增塑剂混合后，在三辊研磨机上制备成均化母料。经过母料制备过程中的预分散，可以提高其在增塑糊体系中的分散性。

4. 脱泡、陈化与储存

在制备增塑糊的过程中，不可避免将会引入空气，需要采用真空脱泡或真空过滤进行脱泡处理。

增塑糊在制备好后需要陈化 24 h，使增塑剂充分浸润 PVC 树脂颗粒，增塑糊会发生溶胀，黏度会出现一定程度的上升，并趋于稳定。在进行下一道工序时，陈化的增塑糊需要再搅拌一下。

增塑糊储存采用不锈钢容器，注意环境温度控制，温度不超过 35℃。

10.2.2　实验室制备 PVC 增塑糊工艺

将固体组分按配方比例，准确称量，加入不锈钢容器中，再加入部分增塑剂，用玻璃棒搅拌，使增塑剂充分浸润固体组分，再利用分散机边分散边加入剩余的增塑剂组分，搅拌均匀后，采用篮式研磨分散机进行分散研磨，先低速(600 r/min)分散 10 min，再高速(1200 r/min)分散 10 min，分散过程中通冷却水。具体 PVC 增塑糊工艺路线如图 10-1 所示。

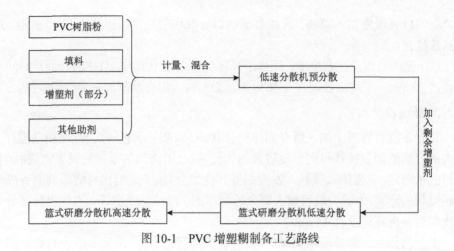

图 10-1　PVC 增塑糊制备工艺路线

10.2.3　PVC 增塑糊固化样品的制备

采用线性刮棒将制备好的 PVC 增塑糊涂刮在聚四氟乙烯薄膜上,然后送入烘箱(设定好温度),塑化一定时间后取出,待冷却后取下 PVC 膜即为所制样品。

PVC 增塑糊树脂凝胶化和熔融过程如图 10-2 所示。

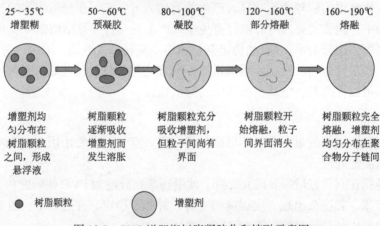

图 10-2　PVC 增塑糊树脂凝胶化和熔融示意图

10.3　PVC 增塑糊的表征

10.3.1　PVC 增塑糊体系黏度

1. 温度对 PVC 增塑糊体系黏度的影响

图 10-3 为温度对 PVC 增塑糊体系黏度影响的关系曲线。从图中可以看出,当温度在 20℃时,温度较低,增塑剂的溶剂化能力受到影响,从而导致 PVC 增

塑糊体系的黏度偏高。在 25～35℃范围内，PVC 增塑糊体系的黏度最低。随着温度的升高，PVC 增塑糊体系的黏度逐渐升高，当温度超过 45℃时，PVC 增塑糊体系的黏度上升速度显著加快，温度为 60℃时，体系的黏度已经达到 13000 cPa·s，PVC 增塑糊的流动性已经被严重破坏。由于温度的升高，增塑剂进入 PVC 颗粒孔隙中的速度加快，当 PVC 粒子充分吸收增塑剂后，PVC 颗粒发生溶胀，从而导致体系的黏度逐渐上升。在 50～60℃的范围内，充分吸收增塑剂的 PVC 颗粒发生溶胀后，有的开始出现预凝胶的现象，从而导致体系的黏度急剧上升。

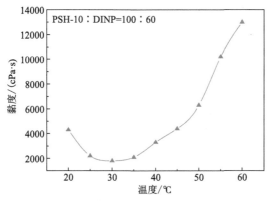

图 10-3　温度对 PVC 增塑糊黏度的影响

由此可以看出，配制增塑糊的最佳温度应该控制在 25～35℃。此时，增塑剂能够充分进入 PVC 颗粒的空隙，形成均匀的悬浮体系，又不会引起 PVC 颗粒的过度溶胀而发生预凝胶的现象。

2. PVC 糊树脂类型对增塑糊体系黏度的影响

按生产工艺分类，PVC 糊树脂可以分为微悬浮法、乳液法和种子乳液法三种。图 10-4 所示为三种生产工艺的 PVC 糊树脂所对应的增塑糊黏度稳定性的曲线。PSH-10 为微悬浮法生产，该糊树脂配制的增塑糊体系黏度最低，且经过 7 天的黏度稳定性试验，黏度的上升较为平缓，增塑糊黏度仅上升了 588 cPa·s。P-440 为乳液法生产，该糊树脂配制的增塑糊体系黏度初始黏度就较高，约为 4360 cPa·s，存放 2 天后，黏度上升较快，达到 6134 cPa·s，而后增塑糊体系的黏度变化趋于稳定，7 天后体系的黏度达到 6575 cPa·s，较初始黏度上升了 2215 cPa·s。PB-1302 为种子乳液法生产，该糊树脂配制的增塑糊体系黏度初始黏度为 2860 cPa·s，在存放 5 天后体系的黏度上升到 4530 cPa·s，而后黏度有所下降，在 7 天后黏度为 4380 cPa·s，较初始黏度上升了 1520 cPa·s。综上所述，微悬浮法生产的糊树脂配制的增塑糊体系黏度最低，且稳定性最好；种子乳液法次之；乳液法最差。糊树脂颗粒的粒度尺寸与粒度尺寸分布，团聚二次粒子和乳化剂的残留是影响增塑糊

黏度的关键因素。微悬浮法生产的糊树脂，粒度分布相对较宽，粒度较大，约为
0.1~5 μm，平均粒度为 1.0 μm。乳液法生产的糊树脂，粒度分布较窄，平均粒度
约为 0.3 μm。种子乳液法生产的糊树脂，粒度分布呈双峰分布，平均粒度大部分
约为 1.0 μm，少数在 0.3 μm。而糊树脂团聚二次粒子的粒度为 30~60 μm，在研
磨破碎处理后粒度减小到 5~20 μm。

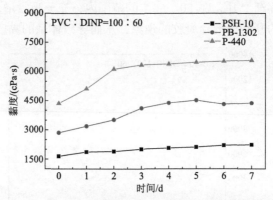

图 10-4　PVC 糊树脂的聚合工艺对黏度稳定性的影响

　　图 10-5(a)为三种型号 PVC 糊用掺混树脂对配制增塑糊的黏度及其稳定性影
响的曲线。从图 10-5 中可以看出，随着掺混树脂含量的增加，增塑糊体系的黏度
逐渐下降，当掺混树脂的含量达到 30 wt%时，增塑糊体系的黏度已下降约 50%。
掺混树脂的含量继续增加到 40 wt%，增塑糊体系的黏度下降已趋于平缓。从降黏
效果来看，LB110 最优，其次分别为 SB100、EXT。从图 10-5(b)在增塑糊稳定性
试验中可以看出，在存放 2 天的时间内，三种型号的稳定性效果基本一致。存放 7
天后，添加 LB110 体系的黏度较初始时上升了 280 cPa·s，EXT 体系上升了 350 cPa·s，

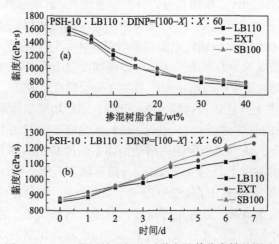

图 10-5　PVC 糊用掺混树脂对黏度及其稳定性的影响

而 SB100 体系上升了 410 cPa·s。从增塑糊体系的稳定性来看，LB110 最优，其次分别为 EXT、SB100。

PVC 糊用掺混树脂是采用特殊悬浮法工艺，相比通用悬浮树脂具有更细的粒度(10~150 μm)，掺混树脂颗粒结构较紧密，孔隙率低，具有较优的表面积-体积比。与 PVC 糊树脂(5~20 μm)混合使用时，可以获得良好的填充效应，PVC 糊树脂的粒度较小，可以填充在大粒度的掺混树脂之间的缝隙，这样就会增加游离的增塑剂的量，因此就可以提高 PVC 颗粒的流动性，从而降低增塑糊体系的黏度。

3. 增塑剂含量对增塑糊体系黏度的影响

图 10-6 为三种增塑剂含量对增塑糊体系黏度的影响曲线。从图中可以看出，PVC 增塑糊黏度随着增塑剂含量的增加而逐渐降低。当增塑剂含量从 45 wt%增加到 50 wt%时，增塑糊体系的黏度下降幅度十分显著，三种增塑剂体系的黏度下降了 76%~79%，当增塑剂含量超过 55 wt%以后，增塑糊体系的黏度变化趋于平缓。总体来看，DOP 的增塑效率最佳，其次分别为 DINP、对苯二甲酸二辛酯(DOTP)。

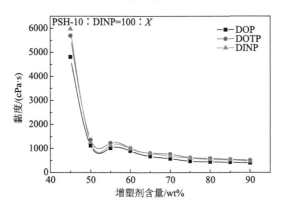

图 10-6　增塑剂含量对 PVC 增塑糊黏度的影响

增塑剂与 PVC 糊树脂颗粒界面处会发生一系列物理化学作用，如润湿、溶剂化、溶胀、凝胶化、塑化等过程。理想的增塑糊悬浮体系，是增塑剂与 PVC 颗粒的溶剂化作用停留在增塑剂向 PVC 颗粒孔隙渗透的过程，该状态下游离的增塑剂较多，在 PVC 颗粒之间起到充分润滑的作用。而当过度溶剂化后，PVC 颗粒发生溶胀，游离的增塑剂减少，颗粒之间的相互作用力增加，增塑糊体系的黏度开始上升。

4. 高岭土含量对增塑糊体系黏度的影响

图 10-7 为高岭土含量对 PVC 增塑糊体系黏度及其稳定性的影响曲线。从图 10-7(a)中可以看出，随着高岭土含量的增加，增塑糊体系的黏度逐渐上升。与未添加掺混树脂的增塑糊体系黏度相比，含有掺混树脂体系的黏度上升更为缓慢。

如图 10-7(a)中的曲线 a 所示，高岭土含量为 1 wt%～2 wt%时，体系的黏度迅速上升，当添加量为 2 wt%时，体系的黏度较初始值上升了 808 cPa·s。而后随着高岭土含量的增加，体系的黏度上升比较缓慢，当高岭土含量增加至 14 wt%时，体系的黏度仅上升了 716 cPa·s。在高岭土含量超过 14 wt%后，体系的黏度上升开始变快，当添加量增加至 20 wt%时，体系黏度又上升了 1289 cPa·s。从图 10-7(a)中的曲线 b 中可以看出，未添加掺混树脂、高岭土含量小于 7 wt%时，体系的黏度上升较为平缓，添加 7 wt%高岭土后，体系黏度仅增加了 640 cPa·s。在高岭土含量超过 14 wt%后，体系的黏度急剧上升，当高岭土含量增加至 20 wt%时，体系的黏度继而上升了 3750 cPa·s。从图 10-7(b)中可以看出，含有掺混树脂的增塑糊在存放 7 天后，体系的黏度上升较为缓慢，仅上升了 570 cPa·s。而未添加掺混树脂的增塑糊在存放 7 天后，体系黏度增加了 1460 cPa·s。增塑糊的黏度在前 4 天上升比较明显，之后基本趋于稳定。

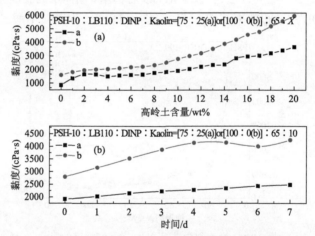

图 10-7　高岭土含量对 PVC 增塑糊黏度及其稳定性的影响

　　高岭土作为功能填料，经过有机化改性后，提高了在 PVC 增塑糊体系中的分散性。高岭土会吸收部分增塑剂，使得游离的增塑剂减少，随着高岭土含量的增加，高岭土粒子与 PVC 颗粒和高岭土粒子之间的作用力随之增加，从而降低了 PVC 颗粒在体系中的流动性。而在含有掺混树脂的体系中，PVC 颗粒之间形成了良好的填充效应，不仅降低了体系黏度，也提高了增塑糊黏度的稳定性。

　　5. 气相二氧化硅对增塑糊体系黏度的影响

　　图 10-8 和图 10-9 分别为气相二氧化硅对增塑糊体系黏度及其稳定性的影响曲线。从图 10-8 中可以看出，随着气相二氧化硅(采用三种型号 N20、A200、Y200)含量的增加，增塑糊体系的黏度逐渐上升。从增黏效果来看，N20 最佳，A200 次之，Y200 最差。N20 含量为 0.4 wt%时，体系的增黏效果已经比较明显，黏度上

升了 755 cPa·s。而在相同含量下，A200 体系的黏度上升了 448 cPa·s，Y200 体系的黏度上升了 246 cPa·s。当气相二氧化硅含量超过 0.6 wt%时，增塑糊体系的黏度上升速度显著加快。当气相二氧化硅含量从 0.6 wt%继续增加到 1.2 wt%时，N20、A200 和 Y200 体系的黏度继而分别上升了 1515 cPa·s、1362 cPa·s 和 607 cPa·s。从图 10-9 中可以看出，未添加气相二氧化硅的体系黏度在存放 7 天后，黏度上升的幅度最大（约 2000 cPa·s）。气相二氧化硅对提高增塑糊体系黏度稳定性的作用明显。从增塑糊黏度稳定性来看，N20 最佳，A200 次之，Y200 最差。增塑糊在存放 7 天后，N20 体系的黏度最为稳定，仅上升了 260 cPa·s，而 A200 体系的黏度上升了 834 cPa·s，Y200 体系的黏度上升了 1575 cPa·s。

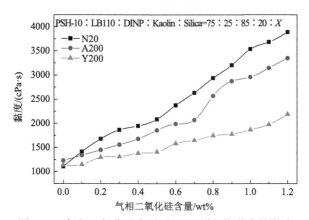

图 10-8　气相二氧化硅含量对 PVC 增塑糊黏度的影响

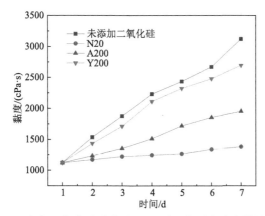

图 10-9　气相二氧化硅种类对 PVC 增塑糊黏度稳定性的影响

　　气相二氧化硅具有高的比表面积，在增塑糊中可以起到增稠、防沉降、防流挂、消光和补强等作用。由于气相二氧化硅表面的氢键键合，在增塑糊体系中形成三维的"交联网络"，从而使得体系的黏度上升，同时赋予了增塑糊良好的存储稳定性。而这种网络结构在剪切力的作用下易被破坏，从而获得低黏度的增塑糊体系，在实际生产中具有优异的加工性能。

6. 降黏剂对增塑糊体系黏度的影响

图 10-10 为降黏剂种类对增塑糊体系黏度及其稳定性的影响曲线。降黏剂的降黏作用发生在 PVC 颗粒与增塑剂的界面上，按作用机理主要分为吸附作用和润滑作用。从图 10-10(a)中可以看出，W-4704(脂肪族烃类)的降黏效果要明显优于 XF-110(可增塑类)。当降黏剂的含量在 1 wt%～3 wt%时，PVC 增塑糊体系的黏度明显下降，而降黏剂的含量超过 3 wt%时，降黏效果已趋于平缓。在稳定性方面[图 10-10(b)]，W-4704 体系的黏度在 7 天里上升了 212 cPa·s，而 XF-110 体系的黏度在 7 天里上升了 413 cPa·s。脂肪族烃类降黏剂的作用机理是，降黏剂分子吸附在 PVC 颗粒表面，形成一层分子膜的包覆作用，阻碍了增塑剂分子的进一步浸润 PVC 颗粒的过程，同时减弱了增塑剂分子的渗透和溶剂化作用，使得体系中游离的增塑剂含量增加从而起到降低体系黏度的作用。可增塑类降黏剂的作用机理是，通过非极性烷基的屏蔽作用，降低 PVC 颗粒间的相互作用力，同时降低 PVC 颗粒和增塑剂分子之间的界面能，从而起到降低体系的黏度的作用。从实际应用情况来看，脂肪族烃类降黏剂的降黏效果要明显优于可增塑类降黏剂。

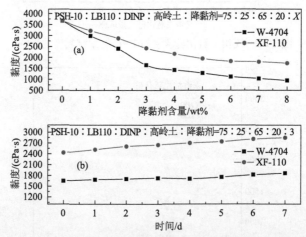

图 10-10　降黏剂种类对 PVC 增塑糊黏度及其稳定性的影响

7. 黏合剂对增塑体系黏度的影响

图 10-11 为黏合剂种类对增塑糊体系黏度稳定性的影响曲线。黏合剂中的有效组分是多异氰酸酯(DINP)，以增塑剂为分散载体。聚酯纤维表面较光滑，与 PVC 增塑糊的黏附作用较差，为了提高 PVC 增塑糊与聚酯纤维基布的黏结强度，

需要在 PVC 增塑糊中添加一定比例(一般为 3 wt%～4 wt%)的黏合剂。异氰酸酯基团可以与聚合物分子链上的极性基团发生反应，形成交联键，提高 PVC 增塑糊与聚酯纤维的黏结强度[190]。实际生产中，根据环保要求，黏合剂一般按载体不同分为普通型(TP101、载体为 DBP)、不含 3P 型(VP202、载体为 DINP)和不含 6P型(EP304、载体为乙酸丁酯)。从图 10-11 中可以看出，VP202 体系在 120 min 的开放时间内，PVC 增塑糊的黏度变化最小，仅上升了 908 cPa·s；EP304 体系黏度上升较快，尤其是在 60 min 以后，体系的黏度急剧上升，整个 120 min 的开放时间内，体系的黏度上升了 4585 cPa·s；TP101 体系的黏度在 120 min 内上升了 1835 cPa·s；未添加黏合剂的体系，在 120 min 内黏度基本保持稳定。添加黏合剂的 PVC 增塑糊体系具有一定的开放时间，实际生产中在增塑糊使用之前才加入黏合剂，使用过程中必须注意环境温度和湿度的影响,必要时可以采用空调装置进行控制，来延长其开放时间。

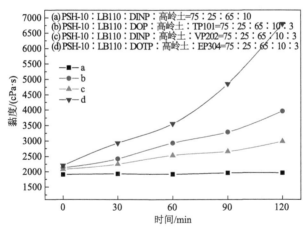

图 10-11　黏合剂种类对 PVC 增塑糊黏度稳定性的影响

10.3.2　PVC 增塑糊塑化性能表征

1. X 射线衍射分析

图 10-12 为不同塑化温度下成型的 PVC 膜的 XRD 谱图。从图中可以看出，所有的 PVC 膜样品均显示了典型的 PVC 微晶特征衍射峰[191]，即 2θ 在 $18.6°$ (110)和 $23.8°$ (210)。随着凝胶化温度的升高，PVC 微晶的衍射强度出现了轻微的下降，表明 PVC 的结晶率出现了一定程度的减少。这可能是 PVC 微晶在高温凝胶过程中发生熔化或被破坏而引起的，温度升高，微晶的破坏程度增加[192]。在添加了高岭土的 PVC 样品中,温度升高引起的 PVC 结晶率的下降较纯 PVC 样品更为明显，这可能与高岭土减少了熔融的 PVC 微晶形成二次结晶的概率有关。

图 10-13 为不同塑化时间下成型的 PVC 膜的 XRD 谱图。从图中可以看出，

在未添加高岭土的 PVC 样品中，塑化时间由 2 min 延长到 6 min 时，PVC 微晶的衍射强度略有上升，而塑化时间延长到 10 min 时，PVC 微晶的衍射强度又出现下降的现象。随着塑化时间的延长，PVC 微晶的破坏程度增加，同时形成二次结晶结构的能力也随之加强[189, 193]，在塑化时间为 6 min 时，形成二次结晶的速率大于 PVC 微晶熔融的速率，因为表现为 PVC 微晶衍射强度的提高，而塑化时间延长到 10 min 后，PVC 微晶熔融的速率明显提高，随之 PVC 微晶的衍射强度下降。在添加了高岭土的 PVC 样品中，随着塑化时间的延长，PVC 微晶的衍射强度先下降后又略有上升，但整体而言，当塑化时间延长，PVC 微晶的结晶率有所下降。

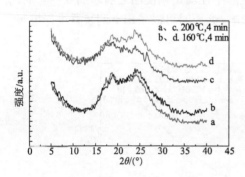

图 10-12　不同塑化温度下成型的 PVC 膜的
XRD 谱图

a, b. 未添加高岭土；c, d. 添加 10 wt%高岭土

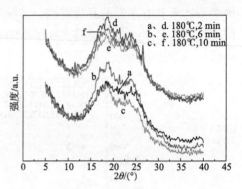

图 10-13　不同塑化时间下成型的 PVC 膜的
XRD 谱图

（a～c）未添加高岭土；（d～f）添加 10 wt%高岭土

2. 热重分析

图 10-14 不同塑化温度成型的 PVC 膜的 TG 和 DrTG 分析曲线。从图 10-14 中可以看出，随着塑化温度的升高，PVC 膜在第一失重台阶的失重率逐渐减小，这可能是塑化温度升高后，增塑剂与 PVC 分子链之间的相互作用力增强，PVC 分子链之间的交联结构增加，从而提高了体系的热稳定性。添加了高岭土的 PVC 膜在第一和第二个失重台阶中的失重率都要比纯 PVC 膜的低，表明高岭土可以提高 PVC 体系的热稳定性。如表10-1 数据所示，随着塑化温度由 160℃提高到200℃，未添加高岭土的 PVC 样品在第一失重台阶的最大失重速率对应的温度也随之升高，由 284℃提高到 291℃。而第一失重台阶的最大失重速率由 76.2%下降到 70.0%。在添加了高岭土的 PVC 样品中，在第一失重台阶的最大失重速率温度随着塑化温度的升高而下降，但是其最大失重速率由 69.4%下降到 63.8%。在第二失重台阶的最大失重速率温度较未添加高岭土的 PVC 样品升高了 10℃，且其最大失重速率也有所下降。总之，塑化温度的升高可以提升 PVC 体系的热稳定性，

高岭土对 PVC 体系的热稳定性具有一定的促进作用。

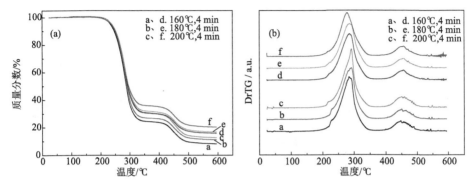

图 10-14　不同塑化温度成型的 PVC 膜的 TG(a) 和 DrTG(b) 分析曲线

(a～c)未添加高岭土；(d～f)添加 10wt%高岭土

表 10-1　不同塑化温度成型的 PVC 膜的 TG 和 DrTG 数据

	第一失重台阶			第二失重台阶		
	T_{onset}/℃	T_{max}/℃	ΔW_1/%	T_{onset}/℃	T_{max}/℃	ΔW_2/%
a	173	284	76.2	392	446	15.3
b	173	288	73.1	392	446	15.2
c	173	291	70.0	392	446	16.9
d	173	287	69.4	392	456	14.8
e	173	284	68.8	392	456	14.8
f	173	278	63.8	392	456	15.1

T_{onset}=起始温度；T_{max}=最大失重速率温度；ΔW_1 和 ΔW_2=最大失重速率

3. 扫描电子显微镜分析

图 10-15 不同塑化温度成型的 PVC 膜脆断面的 SEM 照片。从图 10-15(a)～(c)可以看出，随着塑化温度的升高，PVC 膜的脆断面变得越来越致密、光滑与平整[194, 195]。在添加了高岭土的样品中，如图 10-15(d)～(f)所示，高岭土与 PVC 基质结合紧密且分散较为均匀，并未对 PVC 的塑化性能产生明显的影响。PVC 塑化过程是增塑剂分子与 PVC 颗粒相互作用形成均一基质的过程，对于 PVC 增塑糊的静态塑化而言，温度是最为关键的因素。从图 10-15(a)和(d)中可以看出，塑化温度为 160℃时，还有明显的 PVC 颗粒未被熔融。如图 10-15(b)和(e)所示，当温度提高到 180℃时，未被熔融的 PVC 颗粒已经变得十分细小且与 PVC 基质界面并不明显；在 200℃时，PVC 基本形成了均一的体系，结构致密光滑，如图 10-15(c)和(f)所示。

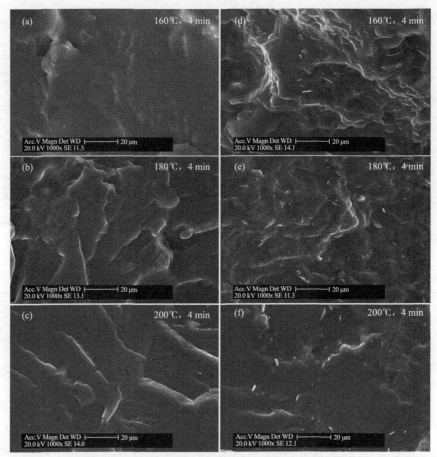

图 10-15　不同塑化温度成型的 PVC 膜脆断面的 SEM 照片

(a~c)未添加高岭土；(d~f)添加 10 wt%高岭土

10.4　本章小结

(1)PVC 糊用掺混树脂颗粒结构较紧密，孔隙率低，具有较优的表面积-体积比，与 PVC 糊树脂混合使用时，可以获得良好的填充效应，降低增塑糊体系的黏度。随着掺混树脂含量的增加，增塑糊体系的黏度逐渐下降，当掺混树脂的含量超过 30 wt%时，增塑糊体系的黏度下降已趋于平缓。

(2)添加高岭土填料后，PVC 增塑糊体系的流动性随之降低。在含有填料的 PVC 增塑糊体系中，配比使用掺混树脂可以明显降低体系的黏度，同时也提高了存储性能。在高岭土添加量超过 14 wt%后，体系的黏度上升开始变快。

(3)气相二氧化硅具有较高的比表面积，在增塑糊体系中通过形成三维的"交联网络"，从而使得体系的黏度上升。当气相二氧化硅含量超过 0.6 wt%时，增塑糊体系的黏度上升速度显著加快。

(4)添加了高岭土的 PVC 膜在第一和第二个失重台阶中的失重率都要比纯 PVC 膜的低，表明高岭土可以提高 PVC 体系的热稳定性。随着塑化温度由 160℃提高到 200℃，未添加高岭土的 PVC 膜的第一失重台阶的最大失重速率温度由 284℃提高到 291℃，而添加了 10 wt%高岭土的 PVC 膜的第一失重台阶的最大失重速率温度由 287℃下降到 278℃。添加了 10 wt%高岭土的 PVC 膜的第二失重台阶的最大失重速率温度较未添加高岭土的 PVC 膜升高了 10℃。

第 11 章　TiO₂/改性高岭土复合催化剂

11.1　引　言

高岭土是一种典型的 1∶1 型层状硅酸盐黏土,在工业上已经得到了广泛的应用,如陶瓷、纸张、橡胶和塑料等领域。由于 $AlO_2(OH)_4$ 八面体和 SiO_4 四面体在片层结构上的不对称性,高岭土的有机插层复合物成为近年来的研究热点,如制备具有催化性能的纳米管[196]、纳米卷[23]和无定形材料等。

董文钧等以高岭土为原料制备了二氧化硅纳米管,其试验过程包括:先进行高岭土的煅烧处理,硫酸溶液处理去除活性氧化铝,再在水热反应中利用表面活性剂作用制备最终产物。Matusik[196]等通过烷基铵盐的插层与脱嵌效应,削弱了高岭土层间的氢键作用力,增加了高岭土片层的不适应性,成功制备了管状高岭土。Kuroda 等[23]采用“一步法”路线制备了高岭土纳米卷材料,其研究表明高岭土的插层效率会直接影响纳米卷的产率。Singh 和 Mackinnon 利用乙酸钾反复的插层与剥离作用,使得单片层的高岭土发生卷曲形成卷状结构,并发现这种卷曲在垂直于母体高岭土 c 轴的方向上更容易发生。

Belver 等[4]研究了高岭土在不同煅烧温度处理后与酸碱反应的活性,并证实酸处理可以制备活性二氧化硅,而碱处理的产物是沸石。以黏土矿物为硅源,如高岭土、蛭石、海泡石、莫来石等,通过酸洗的方式制备无定形二氧化硅已经是一种稳定高效的方法。由于高的比表面积和多孔性结构,无机层状结构材料以及由此制备的一系列具有卷状、管状或无定形结构的纳米材料在高效吸附剂与催化剂载体等领域展现出喜人的应用前景。

Kun 等[197]和 Ménesi 等[198]成功制备了 TiO₂/蒙脱土光催化剂,光催化效率得到明显提高。Ökte 和 Sayınsöz [199]以海泡石为载体,采用溶胶-凝胶法制备了 TiO₂/海泡石光催化剂。Vohra 和 Tanaka [200]制备了 SiO₂-TiO₂ 复合催化剂,其显示了较高的催化效率。Nakagaki 等[201]首先对高岭土进行插层改性,得到高比表面积的管状高岭土或剥离的片层,再进行卟啉类离子化合物的负载,从而合成了氧化催化剂。Chong 等和 Vimonses 等[202, 203]采用两步溶胶-凝胶法,制备了 TiO₂ 浸渍改性高岭土的复合催化剂。总之,高比表面积载体的引入,增强了有机污染物的吸附性,减少了复合催化剂表面的电子-空穴复合的概率,从而提高了光催化降解效率。

本章首先以纯化高岭土为原料,通过二甲亚砜插层后再与甲醇进行置换反应,制备了高岭土/甲醇插层复合物,然后与十六烷基三甲基氯化铵反应制备了卷状高岭土。通过煅烧处理去除了有机插层物,同时使得高岭土片层结构活化,与盐酸溶液反应除去活性氧化铝,得到二氧化硅纳米管。以二氧化硅纳米管为载体,采用溶胶-凝胶法制备光催化剂,并通过光催化试验测试其光催化效率。本章试验方案如图 11-1 所示。

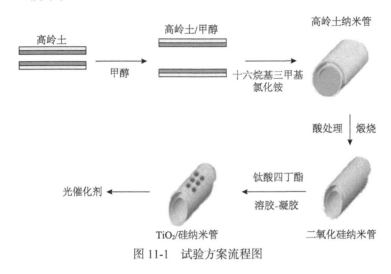

图 11-1　试验方案流程图

11.2　TiO$_2$/改性高岭土复合催化剂的制备

11.2.1　二氧化硅纳米管的制备

采用沉降分离法[204],对高岭土原土进行纯化。称取 100 g 高岭土原土放入反应釜中,再注入 3 L 水,搅拌 12 h 后转移至 5 L 窄口瓶中,沉降分离 12 h 后,取液面下 10 cm 的悬浮液,经抽滤、干燥、研磨后得到纯化高岭土。

将 10 g 纯化高岭土磁力搅拌分散于 150 mL 二甲亚砜和 10 mL H$_2$O 的混合溶液中,80℃下磁力搅拌 3 天,室温下搅拌 2 天,过滤,异丙醇洗涤 3 次,60℃干燥 4 h,即得到高岭土/二甲亚砜(K/D MSO)插层复合物。

取 5 g K/D MSO 插层复合物磁力搅拌分散于 100 mL 甲醇溶液中,每 12 h 更换一次新鲜的甲醇溶液(甲醇更换过程中保持样品处于湿润状态),室温下磁力搅拌反应 3 天即得到高岭土/甲醇(K/M eOH)插层复合物湿样。样品采用甲醇浸泡、密封、低温保存。

取适量上述湿样,分散于 60 mL CTAC 的甲醇溶液中,室温下磁力搅拌 24 h,

抽滤，60℃干燥 12 h，得到高岭土/十六烷基三甲基氯化铵（K/CTAC）插层复合物。

　　将 K/CTAC 插层在电阻炉中煅烧处理 12 h 去除插层有机物，温度设定为 500℃，升温速率为 10℃/min，取出样品冷却至室温即得到高岭土纳米管（K-NT）。然后取适量 K-NT，分散在盛有 250 mL 盐酸溶液（浓度为 6 mol/L）的三颈圆底烧瓶中，水浴温度设定为 90℃，通冷却水进行冷凝回流。盐酸溶液处理 24 h 后，抽滤，去离子水洗涤多次（pH 试纸测试清洗液为中性即可），60℃干燥 12 h，即得到二氧化硅纳米管（Si-NT）。

11.2.2　TiO₂ 的负载

　　将 10 mL 钛酸四丁酯和 12 mL 无水乙醇在三颈圆底烧瓶中混合，磁力搅拌，再加入 25 mL 稀释的硝酸溶液（浓度为 2.5 mol/L），搅拌 30 min 得到透明溶胶。将 2 g Si-NT 分散到 100 mL 去离子水中，注入三颈圆底烧瓶中，超声 10 min，然后在水浴 37℃下磁力搅拌 4 h。反应结束后，冷却到室温，陈化 15 h 后抽滤，65℃干燥 10 h，500℃煅烧处理 5 h，即得到 TiO₂/二氧化硅纳米管（TiO₂/Si-NT）复合催化剂。

　　纯 TiO₂ 的制备过程中不加入 Si-NT，其他步骤同上述试验。

11.3　TiO₂/改性高岭土复合催化剂的表征

11.3.1　二氧化硅纳米管的 ²⁹Si CP/MAS NMR 分析

　　图 11-2 为高岭土、高岭土/十六烷基三甲基氯化铵和二氧化硅纳米管的 ²⁹Si 核磁共振谱图。从图 11-2 曲线 a 可以看出，高岭土在−90.9 ppm、−91.5 ppm 处分裂出两个强度相当的特征峰，这归因于高岭土片层上存在两类有区别但密度相等的硅结构单元[205, 206]。经十六烷基三甲基氯化铵插层后，高岭土在−92.1 ppm 处出现了较宽的特征峰，并在−91.0 ppm 处伴随着一个较弱的特征峰。高岭土经长链有机分子的插层后，层间的氢键键合发生破坏，随着长链分子的进入，层间作用力减弱，层间距变大。此时，高岭土的片层倾向于发生弯曲形成管状结构以适应层间的变化[23, 196]。将高岭土/十六烷基三甲基氯化铵插层复合物在 500℃的温度下煅烧处理 12 h，除去插层复合物中的有机分子，同时使得高岭土活化，经过盐酸溶液处理 24 h 后，八面体中的 Al³⁺ 有 95%被溶解[207]。²⁹Si CP/MAS NMR 谱图在−101.3 ppm（Q3）处显示了一个较宽的特征峰，两边分别存在一个弱的特征峰：−91.3 ppm 和−110.6 ppm（Q4）[41, 48, 94]。

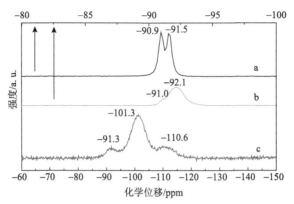

图 11-2　高岭土(a)、高岭土/十六烷基三甲基氯化铵(b)和 Si-NT(c)的 ²⁹Si 核磁共振谱图

11.3.2　二氧化硅纳米管的 FTIR 分析

图 11-3 为高岭土、偏高岭土和二氧化硅纳米管的 FTIR 谱图。从图 11-3 中可看出，在低波数范围(400～1200 cm⁻¹)内红外吸收特征峰发生了明显的变化。高岭土原土(图 11-3 曲线 a 所示)典型的 Si—O 伸缩振动出现在 1114 cm⁻¹、1032 cm⁻¹ 和 1009 cm⁻¹，913 cm⁻¹ 归属于 Al—Al—O 键，789 cm⁻¹ 处的特征吸收峰归属于游离二氧化硅或石英杂质。754 cm⁻¹ 和 538 cm⁻¹ 归属于 Si—O—Al 键，698 cm⁻¹ 和 430 cm⁻¹ 归属于 Si—O 键，468 cm⁻¹ 归属于 Si—O—Si 键[97]。从图 11-3 曲线 b 中可以看出，偏高岭土(高岭土/十六烷基三甲基氯化铵插层复合物经煅烧后制得)显示的谱图相对简单，主要特征吸收峰出现在 1066 cm⁻¹、801 cm⁻¹ 和 474 cm⁻¹。1066 cm⁻¹ 和 474 cm⁻¹ 分别对应于 SiO₄ 结构片层中的 Si—O 键和 Si—O—Si 键，表明高岭土在煅烧过程中，其原始结构发生变形，硅氧四面体片层发生了变化。801 cm⁻¹ 处的特征吸收峰表明，煅烧过程并没有对游离二氧化硅或石英杂质产生影响。从图 11-3 曲线 c 中可以看出，盐酸处理后，主要特征吸收峰出现在 1083 cm⁻¹、798 cm⁻¹ 和 460 cm⁻¹。高岭土原土中 Si—O—Si 键的振动吸收峰接近于 1000 cm⁻¹，而酸处理

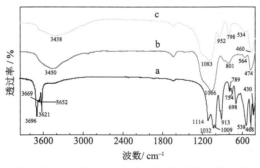

图 11-3　高岭土(a)、偏高岭土(b)和二氧化硅纳米管(c)的 FTIR 谱图

后，该吸收峰向高波数移动，接近于 1100 cm^{-1}。1083 cm^{-1} 处的特征吸收峰表明，酸处理的过程中，随着铝氧八面体的去除，硅酸盐结构中 Si—O—Mg—O—Si 键转化为无定形二氧化硅结构中的 Si—O—Si—O—Si 键[41, 46]。798 cm^{-1} 归属于在酸处理过程中未发生变化的游离二氧化硅或石英杂质。460 cm^{-1} 归属于 Si—O—Si 键。

11.3.3　二氧化硅纳米管的 FE-TEM 分析

图 11-4 为高岭土、高岭土/十六烷基三甲基氯化铵和二氧化硅纳米管的 TEM 照片。从图 11-4(a) 可看出高岭土原土呈现假六边形片层结构，结晶度较高，晶型较好。经过十六烷基三甲基氯化铵插层后，高岭土呈现出管状结构，从图 11-4(b) 可看出层间距约为 3.8 nm。高岭土片层发生卷曲会引起 Si 环境的改变，图 11-2

图 11-4　高岭土(a)、高岭土/十六烷基三甲基氯化铵插层复合物(b) 和二氧化硅纳米管(c, d) 的
TEM 照片

曲线 b 显示了这一变化。图 11-4(c)和(d)显示了二氧化硅纳米管的微观形貌，棒
形的中空管呈无规排列，两端开口，外径约为 50 nm，内径约为 32 nm。在煅烧及
盐酸溶液处理后，仍然可以观察到其具有完好管型结构，这表明先制备管状高岭
土，再去除铝氧结构单元来制备二氧化硅纳米管的方案具有可行性。

11.3.4　TiO₂/二氧化硅纳米管复合催化剂的 XRD 分析

图 11-5 为高岭土/十六烷基三甲基氯化铵煅烧后、二氧化硅纳米管和 TiO₂ 负
载二氧化硅纳米管的 XRD 谱图。从图 11-5a 中可以看出，高岭土/十六烷基三甲
基氯化铵插层复合物在 500℃煅烧处理后，原来高岭土层间结构的衍射峰完全消
失，插层复合物的结晶结构发生破坏，形成无定形的结构。XRD 谱图在 $2\theta=20°\sim$
30°范围内呈现一个非对称的吸收峰，在 $2\theta=26.6°$ 处的尖峰为游离二氧化硅或石英
杂质的吸收峰，与图 11-3 中红外吸收峰形成辅证。经过盐酸溶液处理后，在
$2\theta=26.6°$ 处的游离二氧化硅或石英杂质吸收峰仍然存在，强度略有增加，而
$2\theta=20°\sim30°$ 范围内的吸收峰演变为相对均匀且对称的形态。在盐酸溶液洗涤后，
绝大部分的活性铝氧层(Al_2O_3)被去除，得到二氧化硅组分富集(> 95 wt%)的无定
形结构，结合 TEM 照片观察到产生管状结构(图 11-4)，即说明得到了二氧化硅
纳米管。采用 TiO₂ 溶胶-凝胶法与二氧化硅纳米管复合后的 XRD 谱图如图 11-5c
所示，出现了典型的锐钛型 TiO₂ 的衍射峰：2θ 分别位于 25.3°(101)、37°(103)、
37.8°(004)、38.6°(112)、48°(200)、54°(105)和 55°(211)。TiO₂ 有两种晶型，在
400℃时，锐钛型会向金红石型转变，而谱图中并未出现金红石型 TiO₂ 的特征衍
射峰 $2\theta=27.4°$(110)，这表明在 500℃热处理的过程中，并未发生大量的晶型转化，
可能归因于体系中二氧化硅的稳定效应。同时，$2\theta=26.6°$ 处的吸收峰减弱，二氧
化硅纳米管在 $2\theta=20°\sim30°$ 范围内的衍射峰也出现明显减弱，这是二氧化硅纳米
管表面包覆了 TiO₂ 引起的。

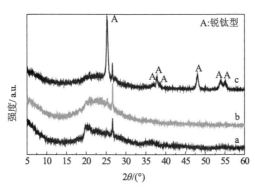

图 11-5　高岭土/十六烷基三甲基氯化铵煅烧后(a)、二氧化硅纳米管(b)和 TiO₂ 负载二氧化硅
纳米管(c)的 XRD 谱图

11.3.5　TiO$_2$/二氧化硅纳米管复合催化剂的 TG 分析

图 11-6 为纯 TiO$_2$、高岭土/十六烷基三甲基氯化铵煅烧后、二氧化硅纳米管和 TiO$_2$ 负载二氧化硅纳米管的 TG 分析曲线。从图 11-6a 可看出,在室温到 160℃范围内有一个轻微的热失重阶段,这主要是由 TiO$_2$ 粒子表面吸附水的脱除引起的;另外一个相对比较明显的热失重阶段出现在 450℃,并一直持续到 1000℃。这主要归因于粒子表面的羟基基团(Ti—OH)的脱除以及锐钛型与金红石型发生相转变。高岭土/十六烷基三甲基氯化铵插层复合物煅烧后的偏高岭土产物中有机物已经提前被去除,从图 11-6b 中可以看出,在室温到 200℃范围内有一个缓慢的热失重阶段,主要是偏高岭土表面物理吸附水分的脱除;另外一个相对急剧的热失重阶段出现在 550℃,并一直持续到 1000℃。这主要归因于偏高岭土表面的羟基基团和结构水的脱除。而二氧化硅纳米管的热失重曲线与之相比有着明显不同,在室温到 100℃的范围内出现了快速的失重,主要是二氧化硅纳米管表面物理吸附水的脱除。出现这一现象的主要原因是,二氧化硅纳米管的高比表面积与多孔性使得它对水分子和一些有机小分子的吸附力增强,二氧化硅表面吸附了更多水分子;另一个热失重阶段出现在 300℃,并一直持续到 1000℃。这主要归因于 Si(OSi)$_3$OH 结构单元上的羟基基团和固定在上面的水分子(以氢键结合的方式)的脱除。从图 11-6c 中可以看出,TiO$_2$ 负载二氧化硅纳米管的 TG 分析曲线和二氧化硅纳米管基本相似。不同之处是在 500℃处出现了进一步的热失重,这主要是由于二氧化硅纳米管表面吸附了 TiO$_2$,与纯 TiO$_2$ 粒子表面 Ti—OH 的失重温度(450℃)相比提高了 50℃,这表明二氧化硅对 TiO$_2$ 的热稳定性有一定积极作用。

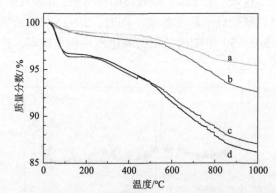

图 11-6　纯 TiO$_2$(a)、高岭土/十六烷基三甲基氯化铵煅烧后(b)、二氧化硅纳米管(c)和
TiO$_2$ 负载二氧化硅纳米管的 TG 分析曲线

11.3.6　TiO$_2$/二氧化硅纳米管复合催化剂的紫外-可见光谱分析

为了评估 TiO$_2$ 负载二氧化硅纳米管、TiO$_2$、二氧化硅纳米管和高岭土/十六烷

基三甲基氯化铵煅烧后样品的光吸收能力,采用紫外-可见分光光度计表征其吸收谱图,如图 11-7 所示。图 11-7a 为锐钛型 TiO₂ 典型的紫外-可见光谱图。纯 TiO₂的强吸收主要在 300 nm 以下的紫外光区,而在 400 nm 以上的可见光区基本无吸收。高岭土/十六烷基三甲基氯化铵插层复合物煅烧制备的偏高岭土,在可见光区与紫外光区都出现明显的吸收,而二氧化硅纳米管的吸收曲线与偏高岭土相比明显上移,表明酸处理去除铝氧层后,样品的光吸收能力得到了进一步的提高。从图 11-7d 中可看出,TiO₂ 负载二氧化硅纳米管的光吸收能力较纯 TiO₂ 有了明显的提高,在 260 nm 以下紫外光区的吸收强度只有略微的下降,但在 260 nm 以上紫外光区和可见光区的吸收强度都有明显的提高。与二氧化硅纳米管相比,TiO₂ 负载二氧化硅纳米管在 320 nm 以下紫外光区的吸收强度明显增强,在 320 nm 以上光区的吸收强度有一定的下降。总而言之,TiO₂ 通过与二氧化硅纳米管复合,提升了纯 TiO₂ 的光吸收能力,使得复合催化剂的光吸收从紫外光区扩展延伸到可见光区。这可能归因于二氧化硅纳米管的表面效应。

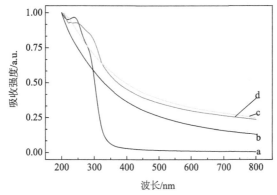

图 11-7　纯 TiO₂(a)、高岭土/十六烷基三甲基氯化铵煅烧后(b)、二氧化硅纳米管(c)和 TiO₂ 负载二氧化硅纳米管(d)的紫外-可见光谱图

11.3.7　TiO₂/二氧化硅纳米管复合催化剂的光催化降解反应

在光化学反应器中,分别测试了纯 TiO₂ 和 TiO₂ 负载二氧化硅纳米管对甲基橙的光催化降解效率,结果如图 11-8 所示。在光催化降解测试前,催化剂在甲基橙溶液中达到吸附平衡后,纯 TiO₂ 催化体系的甲基橙溶度下降了约 19%,而 TiO₂负载二氧化硅纳米管体系下降了约 39%,结果表明二氧化硅纳米管作为载体有较强的吸附甲基橙分子的作用。这与二氧化硅纳米管高的比表面积和多孔性结构有关。在光照反应 30 min 和 60 min 后,TiO₂ 负载二氧化硅纳米管体系的甲基橙降解率分别达到 74% 和 91%,而纯 TiO₂ 催化体系的甲基橙降解率为 51% 和 73%。在光照反应 180 min 后,两种体系的甲基橙降解率均达到 98%。显然,通过负载

后 TiO$_2$/二氧化硅纳米管复合催化剂的催化效率提高,这与二氧化硅纳米管载体的引入密切相关。二氧化硅纳米管提高了复合催化剂吸附有机小分子的能力,并且在载体的表面减少了电子-空穴复合的概率,从而提高了复合催化剂的催化降解效率。另外一个重要的原因可能是复合催化剂优异的光吸收能力,如图 11-7d 所示。

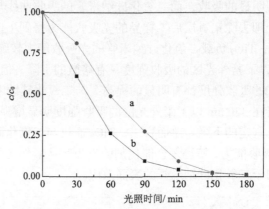

图 11-8　纯 TiO$_2$(a)和 TiO$_2$ 负载二氧化硅纳米管(b)对甲基橙溶液的光催化降解效率

11.4　本　章　小　结

(1)采用甲醇置换高岭土/二甲亚砜插层复合物中的二甲亚砜,制备了高岭土/甲醇插层复合物,以此为先驱体与表面活性剂十六烷基三甲基氯化铵进行插层反应,成功制备了卷状高岭土插层复合物。

(2)以卷状高岭土插层复合物为原料,经过高温煅烧和盐酸溶液洗涤,可以去除活性氧化铝,同时卷状结构大部分得以保持,可以制备二氧化硅纳米管。

(3)以二氧化硅纳米管为载体,采用溶胶-凝胶法与 TiO$_2$ 复合制备了复合光催化剂。催化降解甲基橙测试表明,与纯 TiO$_2$ 相比,复合催化剂的光催化降解效率在光照反应 30 min 和 60 min 后,分别提高了 23 个百分点和 18 个百分点;吸附能力提高了 20 个百分点。

第 12 章　PVC 膜材表面处理及力学性能

12.1　引　　言

1970 年日本世界博览会上，美国馆首次采用了玻璃纤维织物涂层 PVC 树脂的膜材，这标志着现代膜结构建筑的开始，在膜结构建筑的发展史上具有里程碑的意义。随着膜结构材料的革新和膜结构技术的发展，2010 年上海世界博览会上涌现出许多新的膜结构建筑和膜结构材料。世界博览会上的轴膜结构采用 PTFE 膜材，由 69 片单元拼接而成，并裁出花瓣的造型，展开面积达 6.8 万 m^2，这是国内最大的全张拉索膜结构工程，在世界建筑史上独树一帜。德国馆采用银灰色网格膜，既能反射大部分太阳光，又能保证空气流通，达到低碳、环保、节能的目的。日本馆在 ETFE 气枕中采用集成内置非晶硅太阳能电池技术，充分利用太阳能资源，具备 20～30 kW 的发电能力。

一些新的膜结构材料，如带 TiO_2 涂层的 PVC 膜材和 ETFE 膜材、可折叠的纯 PTFE 膜等展示了新技术的独特魅力。现代膜结构材料对于透光率、印刷性、色彩、节能、保温、隔热和吸音等功能特性提出了新的要求。

目前，市场上广泛应用的膜结构材料还是以 PTFE 膜材和 PVC 膜材为主。PVC 膜材主要在尺寸稳定性、耐老化和防污自洁性能等方面不够理想。为了改善 PVC 膜材的表面性能，一般采用的表面涂层技术主要有聚丙烯酸酯类涂层、氟碳树脂类涂层和纳米 TiO_2 涂层。TiO_2 涂层技术在韩国应用较早，其原理是利用紫外光的辐照，实现 TiO_2 的光催化作用，分解有机物污染物，同时在膜表面形成亲水基，使膜表面具有优异的防污自洁能力，保持膜材表面的美观整洁。

Bigaud[178]等研究了涂层织物上初始裂纹长度和方向对材料撕裂性能的影响。Luo 和 Hu[179]研究了涂层织物上初始裂纹的长度和方向对材料拉伸性能的影响，表明采用多轴拉伸模型比单轴拉伸能更好地表征材料的各向异性。Galliot 和 Luchsinger[208]通过建立模型研究了 PVC 膜材双轴向拉伸性能，证明非线性模型比有限元分析更容易计算，其精确度比线性正交模型要高，且不增加计算时间。Abdul Razaka 等[209]进行了两年的户外耐候测试试验，表明 PTFE 膜材具有比 PVC 膜材更优异的耐候性和防污性，而 TiO_2 涂层处理的 PVC 膜材具有最理想的自清洁性能。

本章采用自制的表面涂层剂对 PVC 膜材进行表面处理，经过户外暴露和紫外加速老化试验后，分析膜材的表面性质并测试了膜材的力学性能等指标。

12.2　PVC 膜材表面处理过程

12.2.1　表面涂层剂的制备

采用第 11 章制备的 Si-NT 光催化剂为改性剂，添加到市售的含氟涂层剂中，经分散后制备改性含氟涂层剂。

Si-NT 改性含氟涂层剂的制备工艺流程如图 12-1 所示。

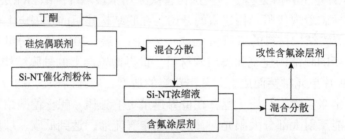

图 12-1　Si-NT 改性含氟涂层剂的制备工艺流程图

Si-NT 浓缩液的制备：首先把硅烷偶联剂与丁酮(溶剂)均匀混合，然后把复合催化剂粉体加入其中，在一定转速下搅拌，分散一定时间后制得 Si-NT 浓缩液。

Si-NT 改性含氟涂层剂的制备：取一定量含氟涂层剂在搅拌的条件下加入适量 Si-NT 浓缩液，搅拌均匀，即配得 Si-NT 改性含氟涂层剂。

12.2.2　PVC 膜材的表面处理

采用 30 μm 的线性刮棒，在 PVC 膜材表面进行涂层处理，于烘箱中 120℃烘 2 min。PVC 膜材选用涂刮法制备的膜材，未经表面处理的记为 A 样品；采用含氟涂层剂进行表面处理的记为 B 样品；采用 Si-NT 改性含氟涂层剂进行表面处理的 PVC 膜材记为 C 样品。

12.3　PVC 膜材表征

12.3.1　Si-NT 浓缩液分散稳定性表征

采用沉降法将制备好的悬浮浓缩液计量倒入 5 mL 量筒中(上端密封处理)，静置一定时间(以天计)后，通过观察沉降体积(以清液柱高度来表示)来表征

Si-NT 在丁酮中的分散效果。

分光光度计分析法：取一定量悬浮浓缩液倒入离心试管中，在离心机上以 1000 r/min 离心 10 min，然后取上层清液用分光光度计测其透过率。

12.3.2　涂层剂性能表征

图 12-2 为在不同转速条件下（分散时间为 2 h）浓缩液的沉降试验结果。从图 12-2 可以看出，相对于较高转速（5000～6000 r/min）下制得的浓缩液而言，在较低转速（3000～4000 r/min）下制得的浓缩液在第 1～2 天沉降更为明显。但 7 天后的沉降结果却表明，在各个转速条件下制得的浓缩液沉降现象都很严重。随着转速的提高，剪切力较高，二次团聚的粒子可以被打散，从而得到分散性较好的浓缩液，但是分散的粒子会由于静电引力重新团聚，出现沉降的现象。

将不同转速、分散时间下制得的浓缩液在离心机上处理后，采用分光光度计法表征其分散效果试验，如图 12-3 所示。从图 12-3 可以看出，随着转速的提高，分散效果会逐渐改善。当转速提高到 5000 r/min 以上时，分散效果的改善就不再明显。在转速为 3000 r/min 时，随着分散时间的延长，浓缩液的透过率逐渐降低，表明其分散效果逐渐提高。而在较高转速下（> 4000 r/min），随着分散时间的延长，其浓缩液的透过率呈现无规律的变化。整体而言，在分散时间为 90～120 min 时，浓缩液的透过率并无明显的降低（转速为 5000 r/min、6000 r/min），有的甚至出现升高的现象（转速为 4000 r/min）。在高速的剪切作用下会产生大量的热量，随着分散时间的延长，反而会增加粒子之间的相互碰撞的概率，打散的团聚粒子再次发生团聚。因此，分散时间和转速需以达到分散效果为宜，过高的转速和较长的分散时间并不能到达最佳的分散效果。

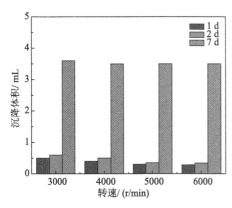

图 12-2　不同转速下（分散时间为 2 h）浓缩液的沉降试验结果

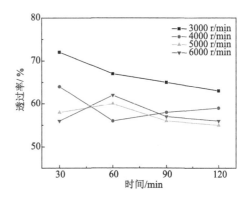

图 12-3　不同转速和不同分散时间对浓缩液透过率的影响

对于无机粒子在液体中的分散来说，仅仅采用机械分散的方法，并不能获得均匀稳定的分散效果。在本试验中，采用硅烷偶联剂(KH-570)提高 Si-NT 在丁酮中的分散稳定性，同时也可提高涂层剂在 PVC 膜材表面的附着力。

图 12-4 为 KH-570 含量对浓缩液透过率的影响。从图 12-4 可以看出，随着 KH-570 含量的增加，体系的透过率出现了先降低，随后逐渐升高，最后又降低的变化趋势。KH-570 含量在 1.0 wt%～1.5 wt%时，浓缩液的透过率较低，体系的分散效果达到最佳。从其沉降试验结果(图 12-5)也可看出，KH-570 的添加明显提高了浓缩液的分散稳定性，尤其在 7 天后的沉降试验表明，浓缩液的沉降体积由 3.5 mL 降低到 1 mL。

综上所述，本试验制备 Si-NT 浓缩液的条件：分散转速为 4000～5000 r/min，分散时间 1.5～2 h，偶联剂 KH-570 用量 1.0 wt%～1.5 wt%。

本试验中 Si-NT 浓缩液的配方设计为：丁酮∶Si-NT∶KH-570=100∶5∶0.07(质量比)。改性剂 Si-NT 含量为 0.5 wt%的改性含氟涂层剂的配方设计为：含氟涂层剂∶Si-NT 浓缩液=90∶10(质量比)。将制备好的 Si-NT 浓缩液按上述比例与含氟涂层剂混合，分散均匀后即得到改性含氟涂层剂。

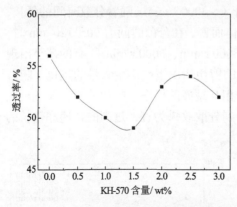 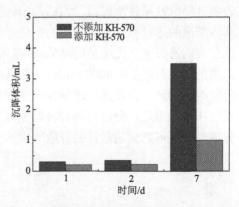

图 12-4　KH-570 含量对浓缩液透过率的影响　　图 12-5　添加 KH-570 对浓缩液的沉降性影响

12.3.3　PVC 膜材的表面处理

图 12-6 为紫外加速老化时间对 PVC 膜材表面白度的影响。从图中可以看出，未经表面处理的 PVC 膜材(A)的白度随着老化时间的延长，其白度逐渐下降，在老化时间超过 300 h 后，其白度值下降最为明显；当老化时间为 1000 h 时，其白度值由初始的 81.1 下降到 72.2，降幅达 8.9。而经过含氟涂层剂进行表面处理的膜材(B)的耐候性得到明显提高，其白度值在最初的 200 h 内下降比较明显，之后趋于平缓，在老化 1000 h 后，其白度值由初始的 80.0 下降到 75.8，降幅为 4.2。采用改性含氟涂层剂进行表面处理的膜材(C)的白度在老化试验中变化最小，老

化前白度为 82.1，老化 1000 h 后白度为 80.2，降幅仅为 1.9。

　　图 12-7 为紫外加速老化时间对 PVC 膜材表面光泽度的影响。从图中可以看出，未经表面处理的 PVC 膜材(A)的光泽度随着老化时间的延长逐渐下降，在老化时间超过 100 h 后，其光泽度下降最为明显。当老化时间为 1000 h 时，其光泽度值由初始的 54.3 下降到 37.6，降幅达 16.7。而经过含氟涂层剂进行表面处理的膜材(B)的耐候性得到明显提高，其光泽度在超过的 200 h 时出现了明显下降，之后趋于平缓，在老化 1000 h 后，其光泽度由初始的 51.3 下降到 42.8，降幅为 8.5。采用改性含氟涂层剂进行表面处理的膜材(C)的光泽度在老化试验中变化较小，老化前光泽度为 50.8，老化 1000 h 后光泽度为 45.7，降幅仅为 5.1。

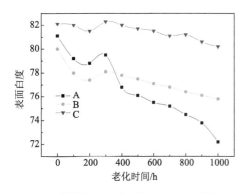

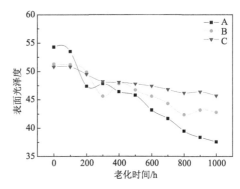

图 12-6　紫外加速老化时间对 PVC 膜材表面　　　　图 12-7　紫外加速老化时间对 PVC 膜材表面
　　　　　白度的影响　　　　　　　　　　　　　　　　　　光泽度的影响

　　Si-NT 是以改性高岭土(二氧化硅纳米管)为载体，负载纳米二氧化钛制备而成，具有无规则分布的管状结构，可以增加涂层剂的物理机械强度，提高涂层的阻隔性，表现为涂层具有更好的耐刮、耐磨、耐腐蚀、隔热、耐候等性能。

　　在 CIE1976 色空间中，颜色均可以用 L^*、a^*、b^* 这三个指数来表示，其中 L^* 为明度指数(亮度轴)，a^* 为色品指数(红绿轴)，b^* 为色品指数(黄蓝轴)。试样与标准样品 L^*、a^*、b^* 的差值分别表示为 ΔL^*、Δa^*、Δb^*，ΔE^* 为总色差。表 12-1 为紫外加速老化后 PVC 膜材表面的色差数据。从表 12-1 中可以看出，在前 400 h 的老化时间里，未表面处理(A)、含氟涂层剂进行表面处理(B)、改性含氟涂层剂进行表面处理(C)三种样品的总色差值 ΔE^* 变化相对较小，表明这时紫外辐照对膜材表面颜色的影响较小。当老化时间在 600~1000 h 时，三种样品的总色差值 ΔE^* 出现明显的增加，其中 A 样品的 ΔE^* 变化最大，ΔE^* 从 1.76(老化 400 h 时)增大到 9.20(老化 1000 h 时)。C 样品的 ΔE^* 变化最小，整个老化试验中 ΔE^* 值在 1~3 以内。B 样品的 ΔE^* 从老化 400 h 时的 1.71 增大到老化 1000 h 时的 4.53。从总色差值 ΔE^* 来看，经过含氟涂层剂表面处理后的膜材，具有较佳的耐紫外线性能，能够起到保护膜材的作用，表面的颜色变化较未经表面处理的膜材有很大程度的减小。而添加了改性剂的含氟涂层剂应用在膜材的表面后，能进一步提高涂层的抗紫外线能力。Δb^*为正值，表明样品颜色较标准样品偏黄，且值越大，偏黄越严重。黄变问题也是 PVC 膜材在使用过程中受到广泛关注的问题，黄变严重的膜材会极大地影响其美观效果。

表 12-1　紫外加速老化后 PVC 膜材表面的色差数据

A	ΔL^*	Δa^*	Δb^*	ΔE^*	Δb^*校正值
100 h	0.49	−0.31	1.97	2.06	0
200 h	0.52	0.27	1.97	2.05	0
400 h	0.51	−0.18	1.68	1.76	0
600 h	−8.14	1.14	4.49	6.51	0
800 h	−11.00	1.40	6.32	9.03	0
1000 h	−10.84	1.45	6.48	9.20	0
B	ΔL^*	Δa^*	Δb^*	ΔE^*	Δb^*校正值
100 h	0.68	−0.03	1.28	1.45	−0.69
200 h	0.68	−0.15	1.54	1.69	−0.43
400 h	0.65	−0.09	1.58	1.71	−0.10
600 h	−5.25	0.77	2.30	3.58	−2.19
800 h	−4.96	0.73	2.52	3.76	−3.80
1000 h	−6.54	0.88	2.96	4.53	−3.52
C	ΔL^*	Δa^*	Δb^*	ΔE^*	Δb^*校正值
100 h	0.39	−0.12	1.33	1.39	−0.64
200 h	0.20	−0.22	1.41	1.44	−0.56
400 h	−0.10	−0.35	1.13	1.18	−0.55
600 h	−1.87	0.38	1.36	2.34	−3.31
800 h	−2.04	0.39	1.73	2.70	−4.59
1000 h	−2.06	0.35	1.61	2.64	−4.87

从表 12-1 中 Δb^*数据来看，随着老化时间的延长，三种样品的 Δb^*都出现不同程度的增大，其中 A 样品增加最多，B 样品其次，C 样品稳定性最好。从 Δb^*校正值来看，PVC 膜材表面涂层改性能明显改善其黄变现象，其中 C 样品比 B 样品表现出更优异的抑制黄变的能力。

图 12-8 为 PVC 膜材在紫外加速老化前后表面的 SEM 照片。在人工加速老化的试验过程中，PVC 膜材经氙灯的辐照和循环喷淋处理后，其表面老化过程可以概括为：可溶性无机填料开始渗出，膜材的表面开始变得粗糙，一些无机粒子开

始暴露出来，甚至形成微孔或孔洞；随着增塑剂的析出速率加快，会引起 PVC 分子链的"聚集"，造成孔洞的进一步变大，最后形成裂纹。从图 12-8(a)和(b)可以看出，未经表面处理的 PVC 膜材，在老化前表面结构致密且比较光滑，而老化后膜材表面变得十分粗糙，出现了大量无机填料的溶出现象，且在表面形成了一些团聚体。膜材表面的完整性遭到破坏。如图 12-8(c)和(d)所示，采用含氟涂层剂处理后的 PVC 膜材表面十分光滑平整，在老化后膜材表面只出现部分溶出的现象，且团聚颗粒较少，这表明表面进行涂层处理后，可以较好地保护基材，提升膜材抗紫外线的能力。而采用改性涂层剂处理后的 PVC 膜材，在老化后表现出优异的抗紫外线性能，膜材表面仍然比较光滑，并未出现无机填料的溶出现象，只是部分区域出现了细小的"凸起"。

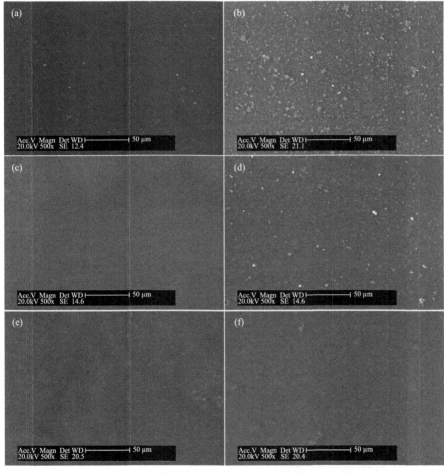

图 12-8　PVC 膜材紫外加速老化前后表面的 SEM 照片

(a)未经表面处理；(b)未经表面处理 1000 h；(c)含氟涂层剂表面处理 0 h；

(d)含氟涂层剂表面处理 1000 h；(e)改性涂层剂表面处理 0 h；(f)改性涂层剂表面处理 1000 h

图 12-9 为 PVC 膜材户外暴露试验前后的表面形貌。在户外暴露 6 个月后，未经表面处理的膜材表面积满了污渍，并且能看到发黄的现象，有雨水冲刷的痕迹，但雨水并没有带走表面的灰尘等污渍。采用含氟涂层剂进行表面处理后，膜材表面积累的污渍相对较少，而采用改性涂层剂进行表面处理后，膜材具有一定的耐污和自清洁能力，在膜材表面基本看不到明显的污渍，膜材表面白度和光泽度比较均匀。这与在人工老化试验中观察到的表面形貌结果相一致。未经表面处理的膜材在老化后，表面会出现粗糙和增塑剂析出的现象，灰尘等污渍易吸附在表面，且不易被雨水冲刷带走。而采用涂层剂处理后，膜材的耐候性得到提高，在老化过程中其表面完整性较好，从而显示了更好的耐污能力。经过改性涂层剂处理的膜材在老化后具有比含氟涂层剂处理的膜材更优异的表面性质，这也是在户外暴露试验中其表面效果最佳的原因。

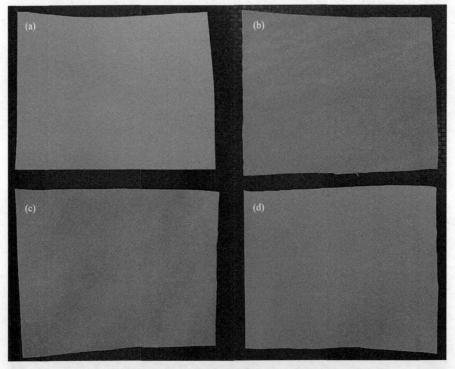

图 12-9 PVC 膜材户外暴露试验前后表面的表面形貌
(a)暴露试验前样品；(b~d)未进行表面处理、含氟涂层剂表面处理和改性涂层剂表面处理的膜材分别在户外暴露 6 个月

12.3.4 PVC 膜材力学性能

表 12-2 所示为 PVC 膜材在使用中主要的力学性能指标。从表 12-2 中的数据

可以看出，在基布规格相同的情况下，涂刮法制备的膜材厚度更小、质量更轻，然而膜材的强度并不逊色。膜材的强度主要由纤维基布的强度决定，工艺路线、参数控制和基布与 PVC 的结合情况等也是影响膜材强度的重要因素。

表 12-2　PVC 膜材的力学性能(参考标准 DIN53)

		1#PVC 膜材	2#PVC 膜材	标准
基布		聚酯纤维 2000D 15×15	聚酯纤维 2000D 15×15	—
克重/(g/m²)		1037	1015	DIN EN ISO 2286-2
厚度/mm		0.82	0.78	—
拉伸强度/ (N/5 cm)	经向	4449.3	4246.3	DIN 53354
	纬向	3852.6	4127.2	
断裂伸长率/%	经向	20.59	23.18	DIN 53354
	纬向	28.29	25.54	
撕裂强度/N	经向	410.0	560.1	DIN 53363
	纬向	480.2	580.1	
剥离强度/(N/5 cm)		139	—	DIN 53357

注：1#贴合法；2#涂刮法

涂刮法是直接将 PVC 增塑糊涂覆到纤维基材上面，经烘干、塑化而成型的一种工艺。涂刮法制备的膜材 PVC 面层与纤维基布的结合较好，具有优异的抗剥离性能，而贴合法制备的膜材主要缺点在于剥离强度较差。通常为了提高贴合法膜材的剥离强度，通过增加黏合剂的用量或提高纤维基布的上糊量，这样就会影响膜材的撕裂强度。

从经纬向拉伸强度和撕裂强度的同一性来看，涂刮法制备的膜材更具有优势。如表 12-2 数据所示，2#膜材的拉伸强度经纬向相差约 100 N/5 cm，断裂伸长率经纬向基本相当，撕裂强度经纬向相差仅为 20 N，1#膜材的拉伸强度经纬向相差约 600 N/5 cm，断裂伸长率经纬向相差 7.7%，撕裂强度经纬向相差 69.8 N。这种力学性能的差异性会导致膜材在不同方向受力时产生较大差异的形变，材料的稳定性较差，易产生缺陷。

2#膜材的撕裂强度明显要高于 1#膜材，且两种膜材纬向的撕裂强度均高于经向。梯形法撕裂主要是撕裂"三角区"中沿拉伸方向的纱线被逐渐拉断的一种破坏形式。撕裂强度的大小，取决于撕裂破坏时"三角区"内承受载荷纱线根数的多少，承载纱线根数越多，撕裂强度越高。贴合法制备的膜材，纤维在撕裂时容易产生滑移，这主要是由于浸入纤维间隙增塑糊的量过多造成的。

图 12-10 为 PVC 膜材（A、B、C 样品）在紫外加速老化处理 1000 h 后力学性能保持率的直方图。从图 12-10 可以看出，未经表面处理的 PVC 膜材（A 样品）在老化后，其力学性能降低得比较明显，拉伸强度降低到 97%（经向）和 95%（纬向），断裂伸长率降低到 98%（经向）和 97.4%（纬向），撕裂强度降低到 96.3%（经向）和 95.3%（纬向）。经过表面处理后的膜材的抗紫外线性能得到增强，减少了紫外辐照对膜材的损伤程度。采用含氟涂层剂进行表面处理的膜材（B 样品）的拉伸强度降低到 98.2%（经向）和 98%（纬向），断裂伸长率降低到 98.1%（经向）和 98%（纬向），撕裂强度降低到 98%（经向）和 97.6%（纬向）。采用改性涂层剂进行表面处理的膜材（C 样品）的力学性能在老化后的保持率最高，拉伸强度的保持率为 99.5%（经向）和 99.3%（纬向），断裂伸长率为 99.3%（经向）和 99.1%（纬向），撕裂强度为 98.8%（经向）和 98.2%（纬向）。

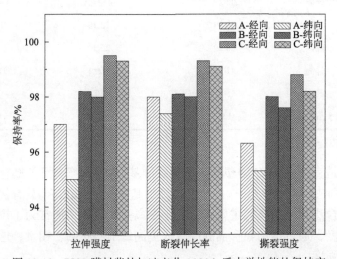

图 12-10　PVC 膜材紫外加速老化 1000 h 后力学性能的保持率

从整体来看，各力学性能在经向的保持率要高于纬向。不论在纤维基布的织造过程还是在膜材的生产工艺中，纬向所受的张力在不同程度上都要小于经向的纱线，一般经向的纱线处于伸直的状态，而纬向的纱线会有明显的屈曲（图 12-11）。因此，在膜材厚度相同的情况下，在纬纱上的 PVC 保护层就会相对较少。这可能就是膜材纬向的力学性能保持率低于经向的原因。

(a)　　　　　　　　　　　　　　　　(b)

图 12-11　PVC 膜材经向（a）和纬向（b）纱线的伸展状态

表 12-3 为 PVC 膜材的耐磨性试验结果。未经表面处理的膜材(A 样品)的磨损量为 0.0687 g，而经过含氟涂层剂进行表面处理的膜材(B 样品)的磨损量降低到 0.0325 g，这表明含氟树脂的耐磨性优于 PVC 树脂，表面经过涂层处理可以提高膜材的耐磨性。采用改性涂层剂进行表面处理的膜材(C 样品)的磨损量降低到 0.0126 g，Si-NT 改性剂的加入明显提高了涂层剂的耐磨性。

表 12-3　PVC 膜材的耐磨性测试结果

样品	测试前质量/g	测试后质量/g	磨损量/g
A	9.6182	9.5495	0.0687
B	9.7946	9.7621	0.0325
C	9.7722	9.7596	0.0126

表 12-4 为 PVC 膜材的高频焊接试验结果。未经表面处理的膜材(A 样品)的焊接强度为 486 N/5cm，而经过含氟涂层剂进行表面处理的膜材(B 样品)的焊接强度为 398 N/5 cm，低含氟量的涂层剂可焊接，但较未经表面处理的膜材焊接强度有所下降。而采用改性涂层剂进行表面处理的膜材(C 样品)的焊接强度为 391 N/5 cm，对焊接性能几乎没有影响。

表 12-4　PVC 膜材的焊接性能测试结果

样品	A	B	C
焊接强度/(N/5 cm)	486	398	391

12.4　本 章 小 结

(1)制备 Si-NT 浓缩液的最佳条件为：分散转速 4000～5000 r/min；分散时间 1.5～2 h；偶联剂 KH-570 用量 1.0 wt%～1.5 wt%。

(2)PVC 膜材经过涂层剂表面处理后，其白度、光泽度、色差及耐污性等表面性质得到明显改善。Si-NT 改性含氟涂层剂处理过的膜材，其表面性质最优，经过 1000 h 紫外加速老化后，白度仅下降 1.9，光泽度仅下降 5.1，色差变化最小，通过环境扫描电子显微镜发现，膜材表面仍然比较光滑，并未出现无机填料的溶出现象。在户外暴露 6 个月后，其表面耐污性最优。

(3)力学性能测试表明，涂刮法制备的膜材的力学性能同一性更好，撕裂强度较贴合法制备的膜材要高。膜材经纬向力学性能的差异与制备工艺中经纬向纱线所受张力的情况密切相关，经向纱线呈伸直状态，纬向纱线屈曲较严重。

(4) Si-NT 改性含氟涂层剂的耐磨性较好，未经表面处理、采用含氟涂层剂处理和 Si-NT 改性含氟涂层剂处理的膜材的磨损量分别为 0.0687 g、0.0325 g 和 0.0126 g。

第13章 新型稀土稳定剂的研究及其在聚氯乙烯/高岭土复合材料中的应用

13.1 引 言

PVC 是国内五大通用树脂中产量大的产品，广泛应用于包装材料、人造革、塑料制品等软制品及异型材、管材、板材等硬制品。PVC 树脂在生产和使用方面相较于传统建筑材料更为节能，是国家重点推荐使用的化学建材。我国 PVC 主要用于与房地产相关的管材、型材的生产。2018 年管材、型材对 PVC 的需求占比达到 54%。

2018 年中国 PVC 产量达到 1874 万吨，供需紧俏。近年来，PVC 行业消费量平稳增长，在国内 PVC 产能及进口量不出现大幅增加的条件下，表观消费量呈现的数据增长更多的是供需关系改善后的刚性需求放大带来的结果。2018 年我国 PVC 表观消费量为 1889 万吨，较上年增长 118 万吨，增幅 6.66%。同时 PVC 能够在较低的成本下提供较好的透明性和光亮度，所以在膜结构中也有大量应用。热稳定剂是 PVC 加工中的重要助剂，它能防止和减缓 PVC 在加工过程中由热和机械剪切引起的降解，还能抑制热、光和氧的破坏作用。稀土热稳定剂作为我国特有的一类 PVC 热稳定剂，表现出优异的热稳定性、良好的耐候性、优良的加工性、储存稳定性等优点。特别是其无毒环保的特点，使稀土热稳定剂成为少数满足环保要求的热稳定剂种类之一。深入研究及大力发展稀土热稳定剂，使其完全替代有毒的重金属类热稳定剂和部分替代价格昂贵的有机锡类热稳定剂将是我国未来稳定剂行业发展的主要方向。

在 PVC 中加入填料可以在损失一定性能的条件下，大幅度降低成本。这对聚合物制品的广泛应用起到了重要作用。但是随着人们生活水平的提高，人们对材料的性能要求也越来越高。这时对填料的要求不仅是降低成本，而且要不降低性能，甚至是提高性能。这就对助剂提出了越来越高的要求，填充改性塑料不能以牺牲某种力学性能为代价，而要使传统的无机填料变成可显著提高塑料性能的一种功能性材料。一种集多种功能于一体的"一包化"助剂，被越来越多的助剂研究者所关注。

本章以福建长汀稀土为主要原料，制备一种新型稀土稳定剂，研究其稳定效果，以及其对 PVC/高岭土复合材料的稳定性、加工性能、力学性能等的影响。这对增进福建省石化产品间的联系、完善石化产品产业链有一定的意义。

13.2　稀土稳定剂设备

13.2.1　羊毛酸镧的制备

取 10 g 羊毛酸放入一个带机械搅拌和冷凝装置的三颈圆底烧瓶中，加热到 80℃后，用恒压滴液漏斗将 10 wt% NaOH 溶液滴入，90 min 滴完。然后取 50 mL 氯化镧(0.1 mol/L)溶液加入前述体系，并降温到 60℃，控制 pH 为 9 左右，反应 1 h。抽滤，滤饼用去离子水和乙醇交替各洗 2 次后，在真空烘箱中 60℃烘干备用。

13.2.2　羊毛酸钙锌的制备

同羊毛酸镧，羊毛酸镧的制备中涉及的氯化镧换为氯化钙。

13.2.3　材料试样制备

将高岭土(高岭土-PS)、PVC 和稳定剂按照不同比例在高速混合机中混合均匀后，在 175℃下于双辊开炼机上辊压塑炼，充分混炼后(一般混炼 10 min)，用平板硫化机模压成片，热压温度 175℃，压力 10 MPa。取下样片，待冷却至 60℃时，用万能制样机制成样条。

13.3　稀土稳定剂结构与性能表征

13.3.1　羊毛酸金属皂的表征

图 13-1 是羊毛酸金属皂的红外光谱图。从图中可看出，羧酸的伸缩振动峰位于 $1538\sim1547\ cm^{-1}$。金属离子和羧酸的作用有离子型和螯合型两种，将图中的羧酸的峰位列于表 13-1。$CaLan_2$ 中离子型和螯合型是共存的；$ZnLan_2$ 中以螯合型为主，离子型少量存在；而 $LaLan_3$ 中只有螯合型(图 13-2)。

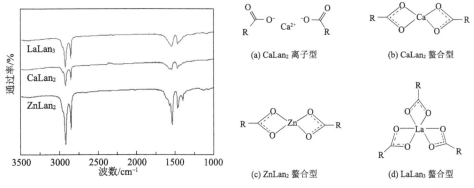

图 13-1　羊毛酸金属皂的红外光谱图　　　　图 13-2　羊毛酸金属皂的主要存在形态

表 13-1　羊毛酸金属皂的存在形态与对应的红外光谱图位置

稳定剂	形态	振动峰位/cm^{-1}
CaLan$_2$	离子型	1577
	螯合型	1547
ZnLan$_2$	离子型	1577
	螯合型	1538
LaLan$_3$	离子型	—
	螯合型	1544

　　羊毛酸金属皂的 XRF 谱图见图 13-3,可以得出三种金属皂的金属含量分别为 Ca 96.00%（CaLan$_2$）、Zn 97.72%（ZnLan$_2$）和 La 95.70%（LaLan$_3$）。

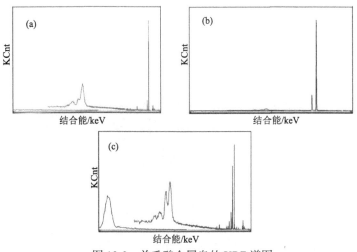

图 13-3　羊毛酸金属皂的 XRF 谱图
(a) CaLan$_2$；(b) ZnLan$_2$；(c) LaLan$_3$

13.3.2 钙锌复合稳定剂

国内外很多学者研究了钙锌稳定剂的协同效果，Ocskay 等[210]研究认为当钙锌比为 2：3（质量比）时颜色稳定效果最好，当钙锌比为 4：1 时稳定时间最长。Benavides 等[211, 212]用不同的方法研究了相同的问题，认为钙锌比为 3：1 时效果比较好。本章采用比较新型的羊毛酸皂，并考察了不同的钙锌比。

图 13-4 是不同比例的钙锌稳定剂的静态稳定时间图。从图中可以看出，随着稳定剂含量的增加，稳定时间基本都延长，只是当钙锌比为 1：1 时波动比较大。在实践中，稳定剂的含量一般在 3 wt%～4 wt%，在这段区间内钙锌比为 3：1，效果最优。这和前人的研究结果一致。

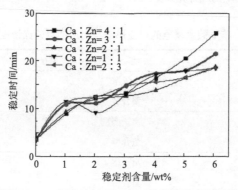

图 13-4　不同钙锌比对 PVC 静态稳定时间的影响

图 13-5 是含不同钙锌比的 PVC 热老化颜色演变图。在 20 min 时，钙锌比为 1：1 和 2：1 的样条颜色已经变深；40 min 时就完全变黑。当钙锌比为 2：3 时，需要 30 min 变成褐色，完全变成黑色需要 50 min。钙锌比为 4：1 和 3：1 时颜色稳定性最好，都需要 40 min 完全变黑，其中颜色变化在 3：1 的含量为最佳。

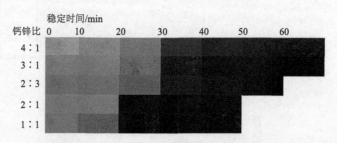

图 13-5　含不同钙锌比的 PVC 热老化颜色演变

锌皂与 PVC 脱氯化氢产生的烯丙基自由基作用能够产生氯化锌，如式（13-1）所示。

$$\text{Zn(OOCR)}_2+\sim\sim\!\underset{\underset{\text{Cl}}{|}}{\text{CH}}\!-\!\text{CH}\!\sim\sim\longrightarrow\text{ClZn(OOCR)}+\sim\sim\!\text{CH}\!-\!\underset{\underset{\text{OOCR}}{|}}{\text{CH}}\!=\!\text{CH}\!\sim\sim \quad (13\text{-}1)$$

$$\text{ClZn(OOCR)}+\sim\sim\!\underset{\underset{\text{Cl}}{|}}{\text{CH}}\!-\!\text{CH}\!=\!\text{CH}\!\sim\sim\longrightarrow\text{CH}\!-\!\underset{\underset{\text{OOCR}}{|}}{\text{CH}}\!=\!\text{CH}\!\sim\sim+\text{ZnCl}_2$$

氯化锌是公认的脱氯化氢作用的催化剂[213]。钙皂的加入可以有效地减少氯化锌的产生，并能发生钙锌络合，见式(13-2)。钙的含量要多于锌的含量[214]才能有效地降低氯化锌的产生。这就是钙锌比为 3∶1 时稳定效果最好的原因。

$$(13\text{-}2)$$

13.3.3　镧钙锌复合稳定剂

根据钙锌稳定剂的研究结果，本节又研究了镧钙锌复合稳定剂。将钙锌比固定为 3∶1，改变镧的含量，静态稳定时间变化见图 13-6。当 La∶Ca∶Zn=8∶9∶3 时静态稳定效果最好。同时还研究了镧锌复合稳定剂和单独羊毛酸镧的静态稳定时间，结果见图 13-7。可以看出，单独的羊毛酸镧以及镧锌复合稳定剂的效果

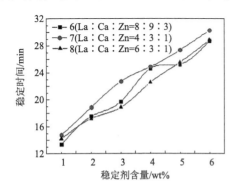

图 13-6　不同镧钙锌比对 PVC 静态稳定时间的影响

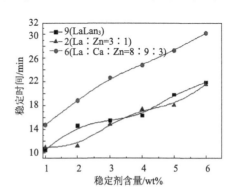

图 13-7　不同钙锌比对 PVC 静态稳定时间的影响

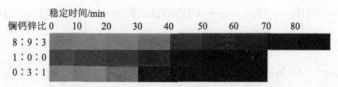

图 13-8　含不同镧钙锌比的 PVC 热老化颜色演变

都不如三者复合。热老化颜色演变见图 13-8,可以看出三者复合的效果显著,PVC 完全变黑需要 80 min。

13.3.4　新型稀土稳定剂在 PVC/高岭土复合材料中的应用

1. 复合材料的力学性能

为了研究稳定剂在 PVC/高岭土复合材料中的作用,固定稳定剂的含量为 3 wt%,变换高岭土含量。由图 13-9 可知,无论添加哪种稳定剂,材料的拉伸强度都是随着高岭土含量的增加先升高后降低。添加稀土复合稳定剂样品的拉伸强度明显高于添加钙锌稳定剂的样品。当高岭土含量为 5 wt%时,两者同时达到最大值,分别是 52.32 MPa 和 49.64 MPa,比纯 PVC 提高了 15.1%和 9.2%。这种趋势表明稀土稳定剂和 Kao-PS 之间有一定的协同作用,能提高高岭土在 PVC 中的相容性,降低表面能。同时由于 PVC 分子链进入高岭土层间,层状结构能够在拉伸过程中沿着拉伸方向产生取向,进而提高材料的拉伸强度。

图 13-10 是添加不同稳定剂的材料冲击强度随高岭土含量变化的曲线。由图可知,添加钙锌稳定剂的材料,冲击强度先升高后降低,最高点在高岭土含量为 3 wt%时,冲击强度为 10.17 kJ/m^2,与纯 PVC 相比提高了 24.28%。添加稀土复合稳定剂后,冲击强度最高点出现在高岭土含量为 5 wt%时,冲击强度为 12.53 kJ/m^2,冲击强度提高 52.99%。在高岭土含量相同的情况下,冲击强度的提高明显高于拉伸强度,可见稀土稳定剂与插层 Kao-PS 的协同作用主要是提高 PVC 的韧性。

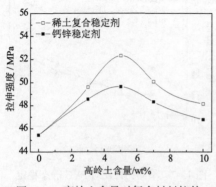

图 13-9　高岭土含量对复合材料拉伸
强度的影响

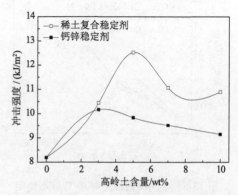

图 13-10　高岭土含量对复合材料冲击
强度的影响

2. 维卡软化温度

维卡软化温度(VST)是试样于液体传热介质中，在一定的载荷、一定的等速升温条件下，被 1 mm² 的压针压入 1 mm 深度时的温度。VST 是 PVC 使用过程中的重要指标之一，对确定 PVC 材料的使用环境有着重要的指导意义。图 13-11 是添加不同稳定剂材料的 VST 随高岭土含量变化的曲线。如图 13-11 所示，材料的 VST 都比纯 PVC 的 VST 显著提高。添加稀土复合稳定剂材料的 VST 要明显高于添加钙锌稳定剂材料的 VST，其最高点在高岭土含量为 7 wt%时出现，为 84.6℃，与纯 PVC 相比提高了 5℃。添加钙锌稳定剂材料的 VST 的最高点出现得要早一些，在高岭土含量为 5 wt%时出现，比纯 PVC 提高了 2.3℃。这是因为稀土复合稳定剂与 PVC 和高岭土的协同效果更好，所以 PVC 的大分子链运动更加困难，所以其 VST 也就更高。

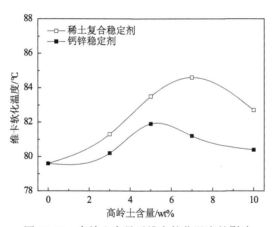

图 13-11　高岭土含量对维卡软化温度的影响

3. 加工流变性能

采用扭矩流变仪模拟材料的加工条件，可以直观地表示材料加工性能的好坏。在 PVC 的研究中，扭矩流变仪可以应用于研究 PVC 的塑化性能，分析 PVC 在熔融状态下扭矩的变化规律，以及最大扭矩、最小扭矩、平衡扭矩、熔融时间(也称塑化时间)和熔融温度(也称塑化温度)。这些数据既能够对选择加工工艺条件提供参考，又能帮助选择加工设备，评价功率消耗。

从表 13-2 中可以看出，稀土复合体系的熔融时间更短，熔融温度也更低。两种体系的最大扭矩、最小扭矩、平衡扭矩和平衡温度都相差不大。这也表明稀土复合体系能改善 PVC 的加工性能，即降低 PVC 的熔体黏度、提高其流动性且具有内润滑作用，更易塑化成型。

表 13-2　不同热稳定体系流变性能对比

热稳定体系	熔融时间/min	最大扭矩/(N·m)	最小扭矩/(N·m)	平衡扭矩/(N·m)	熔融温度/℃	平衡温度/℃
稀土复合体系	2.4	31.3	22.7	18.9	172	191
钙锌复合体系	3.5	31.7	22.8	19.1	176	192

4. XRD 分析

图 13-12 是两种 PVC/高岭土复合材料的 XRD 谱图。从图中可以看出，添加稀土复合稳定剂的 PVC 复合材料在 7.55°有一个明显的衍射峰，而且峰形很好。而添加钙锌稳定剂的复合材料的衍射峰出现在 8.25°，且峰形较差。这说明稀土复合稳定剂能够促进 PVC 分子链向高岭土层间的移动，层间距比较均匀稳定。稀土复合稳定剂的协同作用也能够促进高岭土在 PVC 基体中的均匀分散，使得复合材料的性能提高。

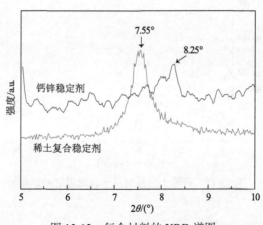

图 13-12　复合材料的 XRD 谱图

5. SEM 分析

图 13-13 是添加稀土复合稳定剂的 PVC/5 wt% Kao-PS 复合材料淬断面的 SEM 照片。在 100 μm 的标尺下，高岭土分布均匀，如图 13-13（a）所示。图 13-13（b）为继续放大的照片，标尺为 5 μm，可以看到，高岭土层状结构不是特别明显，局部有多层叠加现象。这与 Sterky[215]等在 OMMT/PVC 复合材料中发现 10 层左右的 MMT 叠加现象类似。从图 13-13（c）和（d）可以看出，高岭土与 PVC 界面不是很清晰，说明相容性好，而且部分高岭土界面中也能看出界面作用的效果。

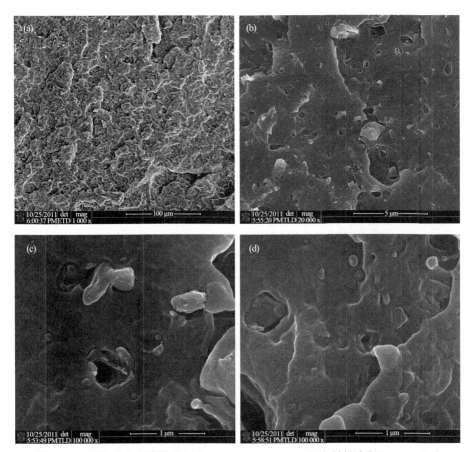

图 13-13　添加稀土复合稳定剂的 PVC/5 wt% Kao-PS 复合材料淬断面 SEM 照片

6. 热降解性能分析

纯 PVC 和不同黏土含量的 PVC/Kao-PS 复合材料热失重和热失重一阶微商曲线见图 13-14。由曲线可知，PVC 的热分解主要由三个阶段组成。第一阶段在 270～360℃，主要是 PVC 连续脱去 HCl，同时形成多烯结构的过程；第二阶段在 400～500℃，主要是多烯结构的降解过程；第三阶段在高温区，主要发生分子链断裂、环化、芳香化和交联等分子链异构化的过程[216]。本小节主要研究第一阶段，这是因为 PVC 的加工温度和第一个阶段密切相关。而且由第 3 章可知 Kao-PS 的分解温度也在 400℃以下。

记录失重率 10%、30%、50% 和第一阶段失重速率最大时对应的温度，分别记为 T_{10}、T_{30}、T_{50} 和 T_{on}，具体数据见表 13-3，这些温度可以作为判断材料热稳定性的依据。

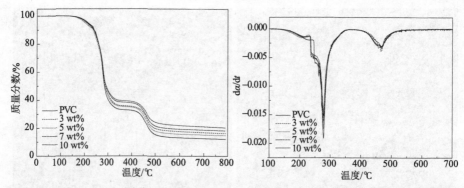

图 13-14　纯 PVC 和不同黏土含量的 PVC/Kao-PS 复合材料热失重和热失重一阶微商曲线

表 13-3　PVC 及其复合材料的热分解温度 T_{10}、T_{30}、T_{50} 和 T_{on}

样品	T_{10}/℃	T_{30}/℃	T_{50}/℃	T_{on}/℃
PVC	238.8	271.6	284.4	276.8
PVC/3 wt% Kao-PS	239.5	271.9	285.2	277.9
PVC/5 wt% Kao-PS	235.6	269.6	285.9	278.6
PVC/7 wt% Kao-PS	240.5	272.8	291.2	278.9
PVC/10 wt% Kao-PS	238.7	273.6	292.4	281.2

　　由表 13-3 可知,当高岭土含量为 3 wt%时,各个指标温度于纯 PVC 相比变化不大。这可能是由于高岭土含有部分小分子改性剂,热分解后会诱导 PVC 进一步脱去 HCl。当高岭土含量进一步增加时,热稳定性开始提高。这是因为 PVC 分子链进入高岭土层间的量增大,这个因素变为主要因素。同时由热失重一阶微商曲线可知,复合材料的失重峰要比纯 PVC 的失重峰宽,这说明复合材料的热分解速率小于纯 PVC。由此可见,Kao-PS 的加入可以减小 PVC 的分解速率,其主要原因还是 PVC 大分子链段进入高岭土层间,大分子链段运动受限,分解物逃逸速度下降,导致分解温度区间变大。

13.4　本章小结

　　(1)合成了一系列羊毛酸金属皂稳定剂,并研究了它们之间的互配。结果表明,当镧钙锌比为 8∶9∶3 时,综合热稳定效果最好。

　　(2)考察了自制稀土复合稳定剂对 PVC/Kao-PS 纳米复合材料性能的影响。力学测试表明,当 Kao-PS 的含量为 5 wt%时,复合材料的拉伸性能比纯 PVC 提高 15.1%,冲击性能提高 52.99%。复合材料的维卡软化温度在高岭土含量为 7 wt%

时达到最大值，与纯 PVC 相比提高了 5℃。加工流变性能测试和 XRD 分析表明，稀土复合体系能改善 PVC 的加工性能和高岭土的分散情况。

(3)扫描电子显微镜结果显示,添加稀土复合稳定剂后,高岭土分散情况良好。TG 分析结果表明，当 Kao-PS 含量大于 3 wt%时，复合材料的热分解速率小于纯 PVC，热稳定性提高。

第 14 章　二次插层法制备高岭土有机复合物

14.1　引　　言

高岭土遍布全国六大行政区 21 个省、市、区，广东省是探明高岭土储量最多的省。高岭土的应用广泛，例如：①造纸行业，高岭土化学性质稳定，不与纸浆中其他成分反应，无毒无味，可以在纸浆中大量存在，此外高岭土比纸浆更为便宜，能降低造纸成本。纸浆中添加高岭土后，能有效地填充纸张中纤维间空隙，提高纸张光泽度和不透明度，增加纸张密度和平滑度。因此，高岭土被广泛地应用于造纸行业。②橡胶、塑料行业，高分子材料中添加高岭土等无机非金属填料，不仅可以降低聚合物成本，更为重要的是能有效地提高复合材料某些特殊的物化性能，如尺寸稳定性、冲击强度、弯曲强度、拉伸强度、阻燃性能、绝缘性能等。③涂料行业，国民经济的发展对涂料的耐久性、稳定性提出了日益严格的要求，高岭土作为涂料工业的添加剂不仅可以改善涂料的涂刷性、抗潮性，还能有效提高涂层的机械性能、改善颜料的抗浮色和发花性；④其他行业，高岭土特殊的结构和优异的性能使其在石油化工、环境保护、冶金、塞隆（Sialon）材料、低聚物材料、催化剂负载等诸多领域得到了广泛的应用。

高岭土是一种典型的 1∶1 型层状硅酸盐，层与层之间以"非对称"氢键连接，只有 DMSO、乙酸钾、N-甲基甲酰胺等少数极性有机分子能直接插入高岭土层间，从而使得高岭土有机插层复合材料的研究受到了一定的限制。

虽然以高岭土/DMSO、高岭土/乙酸铵等为前驱体通过置换插层的方法制备出高岭土/三乙醇胺、高岭土/聚丙烯腈、高岭土/聚乙烯吡咯烷酮等一些新型复合材料，但仍只能小范围地扩大高岭土的应用范围。然而，高岭土/甲醇复合材料的出现在一定程度上改变了这种格局，Komori 等[217]将多种烷基胺插入高岭土层间，使其层间距由 0.72 nm 最大增至 5.75 nm；Takenawa 等[218]制备出高岭土/对硝基苯胺插层复合材料，并发现此复合物具有二次非线性光学特征，有望在非线性光学材料方面得到应用。高岭土/甲醇复合材料在扩大高岭土应用范围、制备新型高岭土有机插层复合材料中发挥了重要的作用，因此高岭土/甲醇前驱体的制备与研究十分有意义。

本章涉及的广东茂名高岭土属于沉积、沉积风化亚型。茂名高岭土原矿中主要成分为高岭土、石英以及极少量的伊利石，不含蒙脱石和埃洛石。原矿中高岭土含量一般为 20%～40%，石英含量高达 50%～80%。由于矿石结构松散，高岭土在淘洗后很容易富集，精选后，小于 2 μm 的高岭土含量高达 99%以上，有机物含量一般为 0.02%～0.03%。本章试验用茂名高岭土经沉降法提纯后平均粒度为 1.53 μm。

本章采用液相法将 DMSO 插入高岭土层间，并对 DMSO 的浓度、插层反应时间等条件进行讨论和优化；随后以二次插层置换法成功地将甲醇接枝在高岭土内表面的羟基上，制备高岭土/甲醇复合材料。讨论置换次数对制备高岭土/甲醇复合材料的影响，分析高岭土/甲醇湿样和干样的结构和性能，研究高岭土/甲醇复合物湿样具有一定通用性的原因，为提高高岭土的附加价值、扩大高岭土的应用领域打下了基础。

图 14-1 为本章试验方案流程示意图。

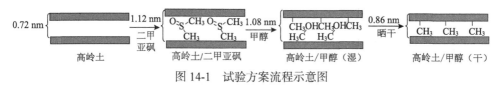

图 14-1　试验方案流程示意图

14.2　高岭土有机复合物的二次插层法制备

14.2.1　高岭土提纯

按照 Stokes 定律 $f = 6\pi\eta r v$，假设粒子做匀速运动，$f = \frac{4}{3}\pi r^3(\rho - \rho_0)g$，得出半径为 r 的粒子沉降 h 的深度需要的时间 $t = \dfrac{9\eta h}{2g(\rho - \rho_0)r^2}$。

称取 200 g 高岭土原土和 4 L 水放入反应釜中，搅拌 8 h 后移入 5 L 窄口瓶中，沉降 12 h，取液面下 10 cm 的液体。抽滤、干燥、研磨后得理论粒度小于 2 μm 的高岭土。

14.2.2　高岭土/甲醇插层复合材料的制备

利用二次置换插层法[217, 218]制备 K/MeOH 插层复合物。将 10 g 纯化高岭土分散于 DMSO 和 H_2O 的混合溶液中，80℃下磁力搅拌反应，过滤，100 mL 异丙醇洗涤 3 次，干燥，制备高插层率的高岭土/二甲亚砜（K/DMSO）复合物。将 8 g K/DMSO 复合物分散于 200 mL 甲醇溶液中，每 12 h 更换一次新鲜的甲醇溶液，常温下反应 3 天。甲醇更换过程中样品保持处于湿润状态。K/MeOH 湿样是一种很好的前驱体，它很大程度地扩大了高岭土的插层范围[217]。但其很不稳定，复合

物在湿润状态下 d_{001} 为 1.10 nm 左右，在自然风干状态下 d_{001} 变为 0.86 nm 左右，须密封保存。

14.3　二次插层法制备高岭土有机复合物的结构与性能表征

14.3.1　高岭土的纯化

1. 粒度分析

图 14-2(a)和(b)分别为高岭土沉降前后的粒度分布曲线。原土粒度在 1.53 μm

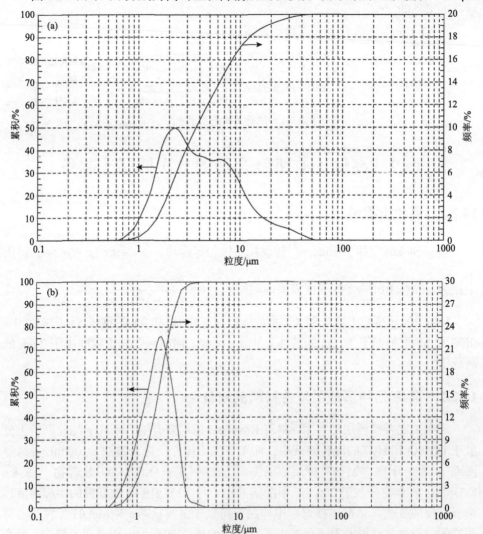

图 14-2　高岭土原土(a)和纯化高岭土(b)的粒度分布曲线

以下的占 10%，3.69 μm 以下的占 50%，13.32 μm 以下的占 90%，32.98 μm 以下的占 99%，平均粒度为 5.85 μm，粒度分布范围较宽。

高岭土原土经沉降后，90% 的高岭土粒度在 2.43 μm 以下，99% 的高岭土粒度在 3.08 μm 以下，纯化高岭土平均粒度为 1.53 μm，粒度分布较为均匀，与小于 2 μm 理论粒度较为接近。可见，沉降法是一种筛选小粒度高岭土的较好方法。

2. XRD 分析

图 14-3a 和 b 分别为沉降前后的 XRD 谱图。在原土的 XRD 谱图中除发现少量石英（$2\theta=26.57°$）的衍射峰外，未发现其他杂质。经沉降处理（图 14-3b）后，石英含量大为减小，这主要是由于石英的粒度大多在 2 μm 以上，而利用重力沉降法选取的高岭土理论粒度在 2 μm 以下。可见，沉降法是去除石英、提纯高岭土比较有效的方法。纯化后的高岭土在 $2\theta=12.29°$ 的衍射峰对应高岭土层间距 0.72 nm。d_{001} 峰形窄而对称，$2\theta=18°\sim22°$ 处三个衍射峰清晰可见、高且对称、双生线分开，Hinckley 指数为 1.15，表明茂名高岭土具有较高的结晶度。

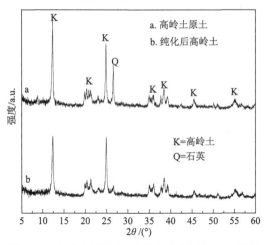

图 14-3　高岭土原土(a)和纯化后(b)的 XRD 谱图

3. TEM 分析

图 14-4 为沉降后高岭土的 TEM 照片。由图可知，茂名高岭土形貌主要为假六边形片状[图 14-4(b)和(c)]，少部分片层堆叠在一起，呈书册状[图 14-4(a)]。从图 14-4(b)可以看到，极少部分高岭土片层晶角变钝甚至缺失，呈浑圆状。但绝大多数片层形貌规则、晶型完整，表明茂名高岭土具有较高的结晶度，与 X 射线粉末衍射分析结果吻合。图 14-4(c)给出的是一个较规则的高岭土六边形单片，单片边长约 120 nm，厚约 10 nm。高岭土粒度主要分布在 0.2～2 μm，绝大多数粒度在 1.5 μm 左右，与激光粒度分析的结果基本一致。测试过程中未观察到其他杂质，表明高岭土具有较高的纯度。

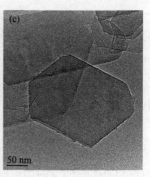

图 14-4　纯化高岭土的 TEM 照片

14.3.2　高岭土有机插层复合物结构分析

1. 高岭土有机插层复合物 XRD 分析

图 14-5 为高岭土、K/DMSO、K/MeOH 湿样及其干样的 XRD 谱图。从高岭土的 XRD 谱图可以看出，位于 $2\theta=12.3°$的 d_{001} 衍射峰窄而对称，$2\theta=18°\sim22°$的三个衍射峰清晰可见，表明高岭土结晶度较高。经过 DMSO 插层处理后，高岭土层间距扩大，d_{001} 值变为 1.12 nm，层间距增大了 0.40 nm，而单个甲基的尺寸为 0.4 nm 左右，高岭土层间距的增加值小于 DMSO 分子的实际尺寸，表明 DMSO 的一个甲基已经嵌入高岭土的复三方空穴中[28]。此外，$2\theta=12.32°$处的衍射峰几乎消失，复合物插层率[$RI = I_{复合物001}/(I_{复合物001}+I_{高岭土001})$]高达 98%。从 K/MeOH 湿样和干样的 XRD 谱图可知，K/MeOH 复合物在湿润状态下层间距为 1.08 nm，在自然风干后 d_{001} 值变为 0.86 nm，仍大于高岭土的 d_{001} 值，表明在置换高岭土层间 DMSO 分子的过程中，一部分甲醇分子与高岭土内表面羟基发

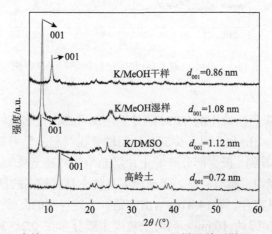

图 14-5　高岭土、K/DMSO、K/MeOH 湿样及其干样的 XRD 谱图

生了脱水反应变成甲氧基，而一部分甲醇分子嵌插于高岭土层间。K/MeOH 复合物在湿润状态和自然风干后 d_{001} 值发生显著变化，是嵌插于高岭土层间的甲醇分子极不稳定、常温脱嵌造成的。

2. 反应温度对高岭土/二甲亚砜复合物插层率的影响

温度对高岭土插层反应的影响较为突出。升高温度可以加快有机物的插层反应速率，缩短有机分子的插层反应时间。在常温下，DMSO 分子以环氢键形成网状聚集体，不易插入高岭土层间，制备插层率较高的 K/DMSO 复合物需十几天甚至数月的时间。升高插层反应温度，有机分子的聚集结构易被破坏，分子的运动速度也加快，插层反应速率可明显提高。王万军[219]发现在 142℃条件下，反应 3 h 即可使 K/DMSO 插层率达 90%以上。但过高的反应温度会降低高岭土的结晶度，高岭土有机插层反应温度一般不超过 80℃为宜，因此，本章未对插层反应温度进行探讨，K/DMSO 复合物反应温度选为 80℃。

3. 水含量对高岭土/二甲亚砜复合物插层率的影响

图 14-6 为反应温度 80℃、反应时间 24 h 不同水含量时，K/DMSO 复合物的 XRD 谱图。图 14-7 为水含量对复合物插层率的影响。水在 DMSO 插层反应中发挥着极为重要的作用。一方面，水作为一种极性小分子可以进入高岭土的复三方空穴及其片层间，使得高岭土层与层之间的氢键作用减弱而易被插层；另一方面，适量的水可以使聚集的 DMSO 分子解离，形成附有水分子的 DMSO 单分子，有利于 DMSO 进入高岭土层间、提高插层反应速率。在无水体系时，80℃下反应 24 h 复合物插层率仅为 16.3%（表 14-1）。当水含量增加到 9%时，复合物插层率明

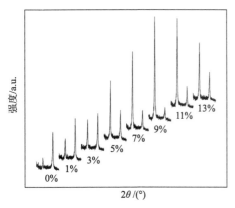

图 14-6　不同水含量下 K/DMSO 复合物的 XRD 谱图

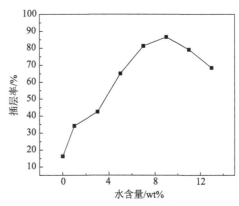

图 14-7　水含量对 K/DMSO 复合物插层率的影响

表 14-1　80℃下不同水含量的 K/DMSO 复合物插层率

水含量/%	0	1	3	5	7	9	11	13
插层率/%	16.3	34.2	42.5	65.1	76.3	83.3	79.2	67.5

显上升，但随着体系中水含量继续增加，复合物插层率反而下降。这主要是因为过高的水含量使得体系中 DMSO 的浓度下降，而此时水分子的协助插层作用又无明显提高。因此，反应体系中水含量应适当，即 9%左右。

4. 反应时间对高岭土/二甲亚砜复合物插层率的影响

图 14-8 为反应温度 80℃、水含量 9%时，不同反应时间 K/DMSO 复合物的 XRD 谱图，图 14-9 为反应时间对复合物插层率的影响，具体数据见表 14-2。由图可知，随着反应时间的延长，复合物插层率从 46.3%增为 98.2%。在 72 h 内复合物插层率随着反应时间的延长迅速增加，反应 72 hK/DMSO 复合物插层率增至90.7%。继续延长反应时间，复合物插层率增长较为缓慢。插层反应时间越长，客体分子与高岭土作用越充分，复合物插层率越高。反应 9 天后，复合物插层率高达 98.2%。延长反应时间是一种提高插层率的有效方法，但一味地延长反应时间，不论是从应用的角度还是研究的角度都是不利的。因此，插层反应时间以 7～9天为宜。

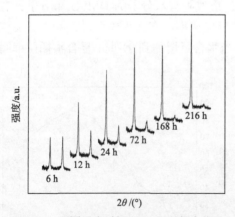

图 14-8　不同反应时间 K/DMSO 复合物的 XRD 谱图

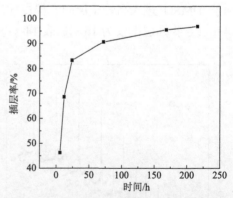

图 14-9　反应时间对 K/DMSO 复合物插层率的影响

表 14-2　80℃、9%水含量条件下不同反应时间 K/DMSO 复合物插层率

反应时间/h	6	12	24	72	168	216
插层率/%	46.3	68.6	83.3	90.7	95.6	98.2

5. 置换次数在制备高岭土/甲醇复合物中的重要性

图 14-10 为 K/DMSO 复合物在甲醇不同置换次数下的 XRD 谱图。高岭土 d_{001} 值为 0.72 nm,衍射峰位于 $2\theta=12.3°$ 处。经 DMSO 插层后,高岭土层间距增至 1.12 nm,层间距扩大了 0.40 nm。K/DMSO 复合物 d_{001} 衍射峰窄而对称,表明 DMSO 在高岭土层间高度定向排列。复合物经甲醇置换 2 次并风干后,d_{001} 衍射峰宽度增加,强度大为减弱,而 $2\theta=12.3°$ 处的衍射峰强度并未增加。这主要是因为少部分甲醇分子已与高岭土羟基发生反应,而部分未被洗去的 DMSO 分子杂乱地排列于高岭土层间。K/DMSO 复合物经甲醇置换 4 次且风干后,复合物 d_{001} 衍射峰移至 $2\theta=10.3°$,但衍射峰强度低、峰形较宽,表明高岭土层间仍存在少量未置换彻底的 DMSO 分子,这点在热重分析中得到了证实。当置换次数增至 6 次时,复合物 d_{001} 衍射峰比较尖锐、峰形窄而对称、K/DMSO 复合物的 d_{001} 衍射峰消失,表明高岭土层间的 DMSO 已被置换完全。甲醇在置换高岭土层间 DMSO 的同时又与高岭土层间羟基发生了接枝反应,使得 K/MeOH 干样 d_{001} 值 0.86 nm 仍大于高岭土的层间距。

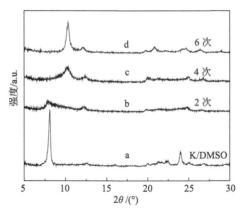

图 14-10　K/DMSO(a) 和 K/DMSO 在甲醇分别置换 2 次 (b)、4 次 (c)、6 次 (d) 自然风干后的 XRD 谱图

14.3.3　高岭土有机插层复合物红外分析

图 14-11 为高岭土、K/DMSO 复合物、K/MeOH 复合物干样的红外光谱图。在高岭土红外光谱图中,3696 cm^{-1}、3669 cm^{-1}、3653 cm^{-1} 和 3620 cm^{-1} 处出现四个羟基振动峰,其中 3696 cm^{-1}、3669 cm^{-1}、3653 cm^{-1} 为内表面羟基的伸缩振动峰,3620 cm^{-1} 为高岭土内羟基振动峰。3696 cm^{-1}、3620 cm^{-1} 为强峰且前者大于后者,3669 cm^{-1}、3653 cm^{-1} 处的肩峰清晰可见,呈蟹钳型,表明高岭土的羟基较为完善,结晶度较高。DMSO 插入高岭土层间后,高频区峰形由蟹钳型变为倒山字型,内表面羟基在 3696 cm^{-1} 处的峰强大为减弱,内羟基在 3620 cm^{-1} 处的峰强几乎不变,3669 cm^{-1}、3653 cm^{-1} 处的两个肩峰变为 3663 cm^{-1} 处一个尖锐的强峰,

同时在 3538 cm⁻¹ 和 3502 cm⁻¹ 处出现两个新的峰。这显然是高岭土层与层之间的氢键被破坏，内表面羟基与 S═O 基团形成了新的氢键造成的，验证了高岭土插层是一个旧氢键断裂、新氢键形成的过程，表明 DMSO 确实插入高岭土层间。当高岭土层间的 DMSO 分子被甲醇置换后，在 3663 cm⁻¹、3538 cm⁻¹、3502 cm⁻¹ 处的振动峰消失。高岭土内羟基位于硅氧四面体和铝氧八面体的共享面内，一般来说，高岭土在有机插层后内羟基振动峰强度基本不变，常作为衡量其他谱带变化的标准[75]。甲醇置换高岭土层间 DMSO 后，位于 3696 cm⁻¹ 处的内表面羟基振动峰和位于 3620cm⁻¹ 处的内羟基振动峰强度都有所减弱，表明甲醇分子不但与内表面羟基发生了反应，而且还可能进入高岭土复三方空穴中与内羟基发生了反应。

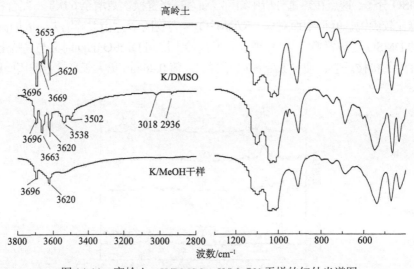

图 14-11　高岭土、K/DMSO、K/MeOH 干样的红外光谱图

14.3.4　高岭土有机插层复合物热重分析

图 14-12 为高岭土、K/DMSO 复合物的热重曲线。从图 14-12 可以看出，高岭土在 400~600℃之间发生分解，失重率为 13.39%。这是高岭土参与晶格配位的羟基以水的形式脱出造成的。高岭土理论失重率为 13.96%，试验所得值与理论值基本相符，表明高岭土杂质含量较少。高岭土/DMSO 有两个失重台阶，第一阶段在 130~200℃，对应 DMSO 的脱嵌，失重率为 15.53%；第二阶段在 400~600℃，对应高岭土结构水脱除，失重率为 11.3%，占高岭土自身的 13.37%，与纯高岭土的失重率 13.39%非常接近，可认为第一阶段 DMSO 全部脱嵌。综合 K/DMSO 复合物第二阶段 11.3%的失重率和复合物 98.2%的插层率，可确定 K/DMSO 复合物的化学式为 $Al_2Si_2O_5(OH)_4(DMSO)_{0.61}$，即平均每个高岭土结构单元含有 0.61 个 DMSO 分子[220, 221]。

图 14-13 为高岭土、K/DMSO 复合物被甲醇置换 4 次、6 次的热重曲线。从甲醇置换 6 次后复合物热重曲线可看出，复合物在 200℃前无明显失重，表明 DMSO 被甲醇置换较为完全，与 XRD 分析结果相吻合。在 300～600℃有一个失重台阶，且失重率为 15.23%，大于纯高岭土脱羟作用的失重率 13.39%，表明高岭土的羟基确实与甲醇发生键合作用。此阶段失重归属于高岭土的羟基和接枝于高岭土片层上甲氧基的分解。假设 K/MeOH 复合物的化学式为 $Al_2Si_2O_5(OH)_{4-x}(CH_3O)_x$，由于在 700℃后，高岭土并无失重现象，其化学式为 $Al_2O_3\cdot2SiO_2$，根据复合物 15.23% 的失重率和 96% 的插层率，可以计算出置换 6 次后制备的 K/MeOH 复合物的化学式为 $Al_2Si_2O_5(OH)_{3.72}(CH_3O)_{0.28}$，即平均每个高岭土结构单元中的 4 个羟基中有 0.28 个与甲醇发生脱水反应[33,42]。而置换 4 次得到的复合物在 130～200℃和 400～600℃两阶段都有失重现象，失重率分别为 6.18% 和 13.72%。这主要是因为 K/DMSO 复合物经甲醇置换 4 次后，其层间仍存在未洗脱的二甲亚砜分子，与 XRD 分析结果一致。可见，即使 4 次置换甲醇溶液仍未将高岭土层间的 DMSO 分子置换彻底，须继续增加置换次数。第二阶段失重占 DMSO 脱嵌后复合物的 14.64%，也大于纯高岭土的 13.39%，可见，置换 4 次时甲醇也与层内羟基发生了接枝反应。由此可知，采用甲醇二次插层时，置换插层反应与甲醇的接枝反应同时发生。结合两阶段失重率和甲醇置换 4 次的复合物插层率，采用上述计算方法[222,223]同样可确定复合物化学式为 $Al_2Si_2O_5(OH)_{3.85}(CH_3O)_{0.15}(DMSO)_{0.22}$。

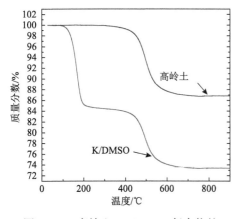

图 14-12　高岭土、K/DMSO 复合物的
热重曲线

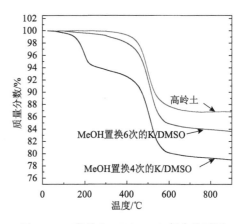

图 14-13　高岭土、K/DMSO 复合物不同
置换次数的热重曲线

14.3.5　高岭土有机插层复合物的 ^{29}Si CP/MAS NMR 分析

图 14-14 为高岭土、K/DMSO、K/MeOH 干样的 ^{29}Si CP/MAS NMR 谱图。

高岭土的 ^{29}Si CP/MAS NMR 谱图在–90.9 ppm、–91.5 ppm 处出现两个特征峰 (图 14-14a)，与文献[224, 225]报道一致。DMSO 插入高岭土层间后(图 14-14b)，复合物的 ^{29}Si CP/MAS NMR 特征峰移至–92.7 ppm，这主要是由 DMSO 在插入高岭土层间后，一个甲基嵌入高岭土层结构的复三方空穴中，Si 原子周围化学环境发生的变化造成的[224, 225]，进一步解释了 XRD 谱图的分析结果(K/DMSO 复合物层间距相对于高岭土增加 0.4 nm，远小于 DMSO 的分子尺寸)。此外，在–90.9 ppm、–91.5 ppm 处出现两个弱峰是未插层的高岭土以及堆垛高岭土片层两侧未受到 DMSO 作用造成的。由图 14-14c 可知，K/DMSO 用甲醇置换后，其 ^{29}Si CP/MAS NMR 特征峰相对于 K/DMSO 向低场移动，这主要是嵌插于高岭土复三方空穴中的 DMSO 被甲醇置换造成的。由于甲醇与高岭土内表面羟基发生反应，其 ^{29}Si CP/MAS NMR 特征峰峰形变宽，特征峰位置(–91.1 ppm，–91.7 ppm)也与高岭土有所不同。

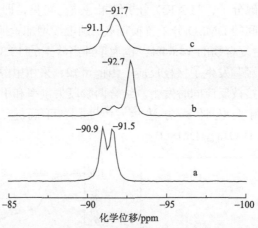

图 14-14　高岭土(a)、K/DMSO(b)、K/MeOH 干样(c)的 ^{29}Si CP/MAS NMR 谱图

14.3.6　高岭土有机插层复合物的结构

未处理高岭土层间距为 0.72 nm。经 DMSO 插层后，K/DMSO 复合物层间距增至 1.12 nm，层间距扩大了 0.40 nm，DMSO 的一个甲基嵌入高岭土片层的复三方空穴中。采用甲醇置换插层后，高岭土层间 DMSO 分子置换完全，K/MeOH 复合物在湿润状态下层间距 1.08 nm，自然风干后层间距变为 0.86 nm。甲醇在置换层间 DMSO 的同时与高岭土羟基发生接枝反应。K/MeOH 湿样之所以是一种具有一定通用性的预插层体，究其原因主要有两点：一方面，甲醇与高岭土羟基发生接枝反应，减少了高岭土层间羟基的数量，减弱了其层间氢键作用；另一方面，镶嵌于高岭土层间的甲醇分子在减弱层间氢键作用的同时又极不稳定、易被其他客体置换。

14.4　本 章 小 结

(1) 利用液相法将 DMSO 插入高岭土层间，K/DMSO 复合物层间距由 0.72 nm 增至 1.12 nm，DMSO 一个甲基已嵌入高岭土复三方空穴中。在 K/DMSO 复合物中平均每个高岭土结构单元含有 0.61 个 DMSO 分子，复合物化学式为 $Al_2Si_2O_5(OH)_4(DMSO)_{0.61}$。

(2) 采用甲醇二次插层置换法，成功制备 K/MeOH 复合物。甲醇的二次置换插层反应与其接枝反应同时发生，6 次置换后制备的 K/MeOH 复合物中平均每 4 个羟基有 0.28 个与甲醇发生了接枝反应，K/MeOH 复合物化学式为 $Al_2Si_2O_5(OH)_{3.72}(CH_3O)_{0.28}$。

(3) 在 K/MeOH 湿样中，高岭土羟基与甲醇发生接枝反应，羟基数量减少，层与层之间的氢键作用减弱；镶嵌于高岭土层间的甲醇分子极不稳定，易被其他客体分子置换。双重原因使 K/MeOH 湿样预插层体具有一定通用性。

第 15 章　高岭土纳米卷

15.1　引　言

自从 1984 年德国科学家 Gleiter 和 Marquardt[226]成功制得铁纳米微粒以来，纳米材料引起了世界各国学者的浓厚兴趣[227]。近 20 多年来，科研工作者制备了如纳米粒[228]、纳米线[229]、纳米膜[230]、纳米管[231, 232]、纳米卷（NS）[233, 234]等一系列不同形貌的纳米材料。其中基于层状硅酸盐制备的纳米卷不仅具有纳米材料的诸多优异性能，而且具有层状硅酸盐插层客体分子的能力[235]，在光催化[236, 237]、吸附[238]、药物附载[239]、防腐涂层[240]等领域有着十分诱人的应用前景，引起了人们广泛的关注。

高岭土是一种典型的 1∶1 型层状硅酸盐，在制备纳米卷材料方面有着潜在的应用价值。但高岭土的晶体结构由铝氧八面体和硅氧四面体在 c 轴方向周期性排列组成，层与层之间以"非对称"的氢键相连，给高岭土片层的卷曲造成了极大的困难。因此，关于高岭土有机插层的报道很多，有关制备高岭土纳米卷的研究较少。

Singh 等[241]利用乙酸钾对高岭土十多次的插层、水洗发现高岭土由片状转变为卷状，处理方法十分烦琐。Gardolinski 等[242, 243]通过多步插层将烷基胺引入高岭土层间，随后用甲苯将层内有机分子洗涤脱嵌，制备了高岭土纳米卷。Kuroda 等[23]以高岭土/甲醇湿样为前驱体，分别用"一步法"和"两步法"制备高岭土纳米卷材料。Dong 等[244]先对高岭土 750℃煅烧处理，随后采用酸溶的方法将煅烧高岭土的活性氧化铝洗去，最后在高温高压水热反应的条件下对其进行表面活性剂处理，制备了二氧化硅纳米管。由于煅烧、酸溶的方法破坏了高岭土的晶体结构，因此在制得二氧化硅纳米管的同时，也使其失去了插层有机分子的能力。

埃洛石管早已被发现和研究，并在诸多领域展现出喜人的应用前景[224, 225]。但埃洛石在自然界含量较少、纯度不高，且管状体经常出现塌扁、崩裂、开展等现象，结晶度较差[218]。因此，在试验室条件下制备形貌一致、高结晶度的高岭土纳米卷对提高高岭土的附加价值、扩大应用领域具有重要意义。

本章以高岭土/甲醇插层复合物为中间体，利用 CTAC 溶液插层处理的方法，制备了卷壁间距为 3.76 nm 的高岭土卷状材料，分析 NS/MeOH 湿样及风干样的结构与性能，同时也对纳米卷的形成机理作了初步探讨。

图 15-1 为本章试验方案流程图。

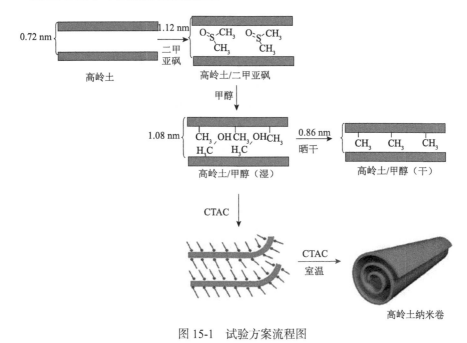

图 15-1　试验方案流程图

15.2　高岭土纳米卷的制备

采用文献[224]和[225]的方法制备高插层率的 K/DMSO 复合物：将 5 g 纯化高岭土磁力搅拌分散于 60 mL DMSO 和 5 mL H_2O 的混合溶液中，80℃下磁力搅拌 7 天，室温下搅拌 2 天，过滤，50 mL 异丙醇洗涤 3 次，干燥。

利用二次置换插层法制备 K/MeOH 插层复合物，将 4 g K/DMSO 复合物在磁力搅拌下分散于 100 mL 甲醇溶液中，每 12 h 更换一次新鲜的甲醇溶液，室温下磁力搅拌反应 3 天。甲醇置换过程中保持样品处于湿润状态。K/MeOH 湿样是一种很好的前驱体，它很大程度地扩大了高岭土的插层范围，但很不稳定，复合物在湿润状态下 d_{001} 为 1.10 nm 左右，在自然风干状态下 d_{001} 变为 0.86 nm 左右，产物需密封保存。

以 K/MeOH 复合物湿样作为前驱体，约 2 g K/MeOH 湿样在磁力搅拌下分散于 CTAC 的甲醇溶液（60 mL）中，室温下磁力搅拌、抽滤、烘干，得到高岭土/十六烷基三甲基氯化铵纳米卷复合物（NS/CTAC）。

15.3　高岭土纳米卷的结构与性能表征

15.3.1　X 射线衍射分析

图 15-2 为高岭土及其插层复合物的 XRD 谱图。从高岭土原土的 XRD 谱图可知，层间距 d_{001}=0.72 nm，d_{001} 峰形窄而尖锐，表明高岭土具有较高的结晶度。经 DMSO 处理后（图 15-2b），复合物层间距 d_{001}=1.12 nm，与文献[17]报道一致。复合物插层率 IR=$I_{复合物 001}$/$(I_{复合物 001}+I_{高岭土 001})$ 高达 98%。高岭土层间距扩大 0.40 nm，而单个甲基的直径为 0.4 nm 左右，层间距的增加值小于 DMSO 的分子尺寸，说明 DMSO 分子的一个甲基分子已经嵌入高岭土的复三方空穴中[220-224]。从图 15-2c 和 d 可以看出，K/DMSO 复合物与甲醇反应三天后，复合物在湿润状态下层间距为 1.08 nm，在自然风干后 d_{001} 值变为 0.86 nm 仍大于高岭土的 d_{001} 值（图 15-2a），表明在置换高岭土层间 DMSO 分子的过程中，一部分甲醇分子与高岭土内表面羟基发生了脱水反应变成甲氧基；而一部分甲醇分子嵌插于高岭土层间。K/MeOH 复合物在湿润状态和自然风干后 d_{001} 值发生显著变化，是嵌插于高岭土层间的甲醇分子极不稳定、常温脱嵌造成的。

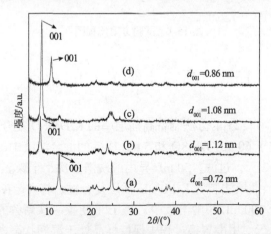

图 15-2　高岭土（a）、K/DMSO（b）、K/MeOH 湿样（c）和干样（d）的 XRD 谱图

图 15-3 是高岭土纳米卷 XRD 谱图，插图为高岭土纳米卷的 TEM 照片。TEM 照片表明 K/MeOH 湿样与 CTAC 溶液作用后呈现出卷状，纳米卷卷壁间距为 3.8 nm，对应于 XRD 谱图中纳米卷的 d_{001} 值 3.76 nm。由于纳米卷经干燥处理，因此 $\triangle d_{001}$ 应以 K/MeOH 干样层间距为基准计算，$\triangle d_{001}$=3.76 nm-0.86 nm=2.90 nm。Lin 等[245]研究表明层状硅酸盐/表面活性剂体系在适当的条件下硅酸盐片层容易发生卷曲，表面活性剂起到模板作用。高岭土纳米卷 d_{001} 值较 K/MeOH 干样增

加了 2.90 nm，可知在高岭土片层卷曲过程中，CTAC 成功地插入高岭土层间并起到模板作用。

图 15-4 是 NS/CTAC、NS/MeOH 湿样、NS/MeOH 干样的 XRD 谱图。K/MeOH 湿样经 CTAC 插层后 d_{001} 衍射峰增至 3.76 nm，对应于纳米卷卷壁间距。由于高岭土纳米卷壁间 CTAC 分子经甲醇洗涤后的 N_2 吸附-脱附曲线具有典型的 Ⅱ 型吸附特征，卷壁间 CTAC 分子经甲醇洗涤后高岭土卷状结构并未发生改变。因此，d_{001} 值由 3.76 nm 变为 1.10 nm 意味着纳米卷卷壁发生收缩。NS/MeOH 复合物卷壁间距在湿润状态下为 1.10 nm、自然风干后变为 0.86 nm，由此可知，片状 K/MeOH 复合物在卷曲过程中，接枝于高岭土片层上的甲氧基并未发生脱落。NS/MeOH 湿样与 K/MeOH 湿样性质相似，其卷壁间有嵌插的甲醇分子，嵌插的甲醇分子不稳定、极易脱嵌。NS/MeOH 湿样不仅具有 K/MeOH 相似的性质，又具有特殊的纳米卷状形貌，应用前景更为广阔。

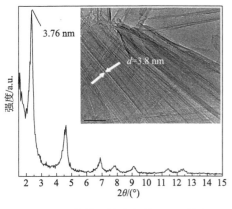

图 15-3　高岭土纳米卷的 XRD 谱图
插图为高岭土纳米卷的 TEM 照片

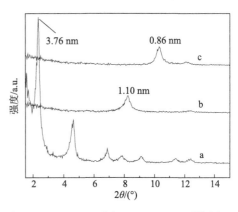

图 15-4　NS/CTAC(a)、NS/MeOH 湿样(b)、
NS/MeOH 干样(c)的 XRD 谱图

15.3.2　红外光谱分析

图 15-5 为高岭土插层复合物以及高岭土纳米卷的红外光谱图。在高岭土原土红外光谱图中，$3696\ cm^{-1}$、$3669\ cm^{-1}$、$3653\ cm^{-1}$ 归属于高岭土内表面羟基的伸缩振动，$3620\ cm^{-1}$ 归属于高岭土内羟基的伸缩振动。经 DMSO 插层处理后，在 $3696\ cm^{-1}$ 处的内表面羟基伸缩振动峰强度大为减弱，$3669\ cm^{-1}$、$3653\ cm^{-1}$ 处的峰消失，$3538\ cm^{-1}$、$3502\ cm^{-1}$ 处出现新的吸收峰，这是由于高岭土层间氢键被破坏，内表面羟基与 S=O 基团形成新的氢键的结果。从高岭土层间 DMSO 分子被甲醇置换后(干样)的红外光谱图可以看出，位于 $3696\ cm^{-1}$ 处的吸收峰与高岭土比较仍大为减弱，$3669\ cm^{-1}$、$3653\ cm^{-1}$ 处的峰消失，是甲醇在置换层间 DMSO 分

子的同时与内表面羟基发生脱水反应造成的,与 XRD 研究结果相吻合。高岭土内羟基位于四面体与八面体共享面内,插层前后其伸缩振动的位置和强度都基本保持不变。但高岭土纳米卷的红外光谱中 3620 cm^{-1} 处内羟基伸缩振动峰变得宽而平坦,这可能是高岭土片层发生卷曲影响了内羟基伸缩振动造成的。此外,在 3016 cm^{-1}、2964 cm^{-1}、2918 cm^{-1}、2849 cm^{-1} 处出现的甲基、亚甲基特征峰辅证了 CTAC 插入纳米卷卷壁间。

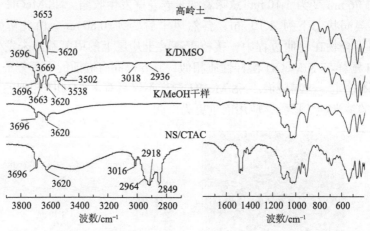

图 15-5　高岭土、K/DMSO、K/MeOH 干样、NS/CTAC 的红外光谱图

15.3.3　扫描电镜分析

图 15-6 分别是高岭土原材料、K/MeOH 湿样和 1 mol/L CTAC 甲醇溶液反应 6 h 和 24 h 的 SEM 照片。从图 15-6(a)和(b)可以看出,茂名高岭土绝大部分呈假六边形单片状或叠片状,少部分片层晶角变钝呈浑圆状六方轮廓,表明茂名高岭土晶型较好,结晶度较高。K/MeOH 湿样与 CTAC 溶液反应 6 h 后[图 15-6(c)和(d)],绝大多数高岭土发生卷曲,片层的卷曲与剥离同时进行,但卷曲程度不高。Singh 等[241]发现天然埃洛石管和试验制备的高岭土纳米卷的长轴有平行于高岭土晶胞 a 轴和 b 轴两种形式,但以平行于 b 轴为主。图 15-6(c)和(d)显示高岭土片层绝大多数向同一端面翻卷(一侧翻卷),少部分高岭土片层从不同端面翻卷(两侧翻卷),主要是由片状高岭土翻卷方式不同所致。经 CTAC 溶液作用 24 h 后[图 15-6(e)和(f)],绝大多数高岭土片层形成卷状,极少部分高岭土仍呈片层状,这主要是由于在 CTAC 处理过程中插层率不可能达到 100%,未受到 CTAC 插层作用的高岭土片层无法卷曲。可见 CTAC 的插层在纳米卷的形成过程中发挥了重要作用。

图 15-6　高岭土(a, b)、K/MeOH 湿样和 1 mol/L CTAC 甲醇溶液反应 6 h(c, d)和 24 h(e, f)的 SEM 照片

15.3.4　透射电镜分析

图 15-7 为高岭土以及不同反应条件下高岭土的 TEM 照片。图中显示,随着 CTAC 甲醇溶液浓度的增加以及反应时间的延长,高岭土纳米卷的内径基本不变,卷壁层数、外径增加,高岭土的卷曲程度更高。从图 15-7(a)可以看到茂名高岭土多呈假六边形状,少部分片层晶角缺失,结晶度较好。测试过程中未观察到其他杂质,表明高岭土纯度较高。当 CTAC 甲醇溶液浓度为 0.2 mol/L、反应时间为 24 h 时[图 15-7(b)],少部分高岭土片状边缘有弯曲现象。反应时间延长至 6 天[图 15-7(c)],高岭土弯曲片状有所增加,但仍未发现卷状高岭土生成。当 CTAC 溶液浓度为 0.6 mol/L、反应时间为 24 h 时[图 15-7(d)],发现有少量卷状高岭土生成,卷状高岭土约占 20%,但每个高岭土片层只是部分卷曲。延长反应时间至 6 天[图 15-7(e)],卷状高岭土数量少许增加,约占 30%,但片状高岭土卷曲仍然不彻底,纳米卷平均内径为 20 nm[图 15-7(f)],卷壁层数大多数为 2 层。当 CTAC 溶液浓度增至 1 mol/L 时[图 15-7(g)~(i)],反应 24 h 后,90%以上的高岭土片层都转变纳米卷状。平均内径与 CTAC 浓度为 0.6 mol/L 时变化不大,约 20 nm,但高岭土片层完全卷曲,卷壁层数与外径增加。

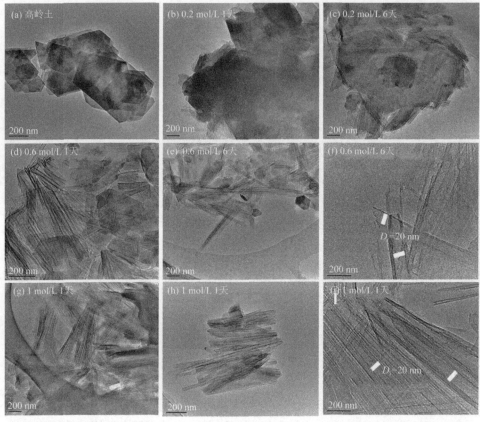

图 15-7　高岭土(a)、不同反应条件下高岭土(b~i)的 TEM 照片

15.3.5　氮气脱附-吸附分析

图 15-8 为 K/MeOH 干样、NS/MeOH 干样的 N_2 等温吸附-脱附曲线，插图为 NS/MeOH 干样的孔径分布曲线。从图 15-8 可以看出，K/MeOH 干样的 N_2 吸附-脱附曲线基本重合，无明显滞后环。这表明高岭土经 DMSO、甲醇两步插层后片状结构保持不变形，这主要是由高岭土片层的刚性决定的。经 CTAC 处理后，纳米卷的 N_2 吸附-脱附曲线具有典型的 II 型吸附特征，滞后环出现在相对压力较高 ($P/P_0 > 0.7$) 的范围内，证实了纳米卷圆柱形孔道的存在，表明纳米卷壁间表面活性剂分子经甲醇洗去后仍保持卷状结构。NS/MeOH 干样的 BET 比表面积为 96 m^2/g，与 K/MeOH 干样的 BET 比表面积(15 m^2/g)比较有显著的提高。从孔径分布曲线来看(插图)，纳米卷的孔径主要分布在 20 nm 左右，与透射电子显微镜观察到的洗涤前纳米卷内径相差不大。由此可知，纳米卷壁间 CTAC 分子洗去后，纳米卷内径基本不变，只是卷壁发生收缩。

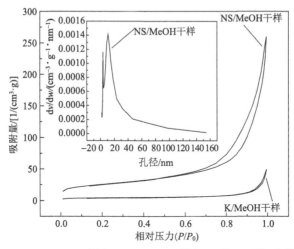

图 15-8　K/MeOH 干样和 NS/MeOH 干样的 N₂ 等温吸附-脱附曲线

插图为 NS/MeOH 干样的孔径分布曲线

15.3.6　²⁹Si CP/MAS NMR 分析

图 15-9 为高岭土、K/DMSO、K/MeOH 干样、NS/CTAC 的 ²⁹Si CP/MAS NMR 谱图。从高岭土的 ²⁹Si CP/MAS NMR 谱图可看出，在−90.9 ppm、−91.5 ppm 处出现两个特征峰（图 15-9a），与文献[224]报道一致。DMSO 插入高岭土层间后（图 15-9b），复合物的 ²⁹Si CP/MAS NMR 特征峰移至−92.7 ppm，这主要是由于 DMSO 在插入高岭土层间后，一个甲基嵌入高岭土层结构的复三方空穴中，Si 原子周围化学环境发生变化，这进一步解释了 XRD 的研究结果（K/DMSO 复合物层间距相对于高岭土增加 0.4 nm，远小于 DMSO 的分子尺寸）。由图 15-9c 可知，K/DMSO

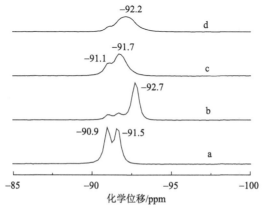

图 15-9　高岭土(a)、K/DMSO(b)、K/MeOH 干样(c)、
NS/CTAC(d)的 ²⁹Si CP/MAS NMR 谱图

用甲醇置换后，其 ^{29}Si CP/MAS NMR 特征峰向低场移动，这主要是嵌插于高岭土复三方空穴中的 DMSO 被甲醇置换造成的。甲醇与高岭土内表面羟基发生反应，使得其 ^{29}Si CP/MAS NMR 特征峰位置（–91.1 ppm，–91.7 ppm）又与高岭土不同，峰形变宽。经 CTAC 处理后（图 15-9d），高岭土纳米卷的 ^{29}Si CP/MAS NMR 特征峰出现在–92.2 ppm。一般来说，高岭土经有机长链分子的插层后其 ^{29}Si CP/MAS NMR 特征峰会向高磁场方向移动，这主要是由于长链分子的插层使高岭土层间铝羟基和硅氧基之间的氢键断裂，造成高岭土层间距变大，层与层之间的作用减弱。

15.3.7　纳米卷形成机理探讨

图 15-10 为高岭土纳米卷形成过程示意图。一般来说，高岭土层与层间的氢键作用使其在有机插层过程中基本保持不变形。但片状高岭土经水合作用和剥离处理后易发生弯曲以减弱硅氧四面体间 Si—Si 的排斥作用，从而缓和高岭土铝氧八面体和硅氧四面体的不适应性。当 K/MeOH 复合物与 CTAC 甲醇溶液作用后，SEM、TEM 显示高岭土片层发生卷曲形成纳米卷。由 XRD 谱图可知，高岭土的层间距的大幅度扩大（2.90 nm），红外光谱图中出现甲基、亚甲基特征峰表明，K/MeOH 复合物与 CTAC 甲醇溶液作用后长链有机分子确实插入高岭土层间。^{29}Si CP/MAS NMR 谱图显示 CTAC 插层后高岭土的 ^{29}Si CP/MAS NMR 特征峰向高磁场方向移动，高岭土层与层间作用减弱。

图 15-10　高岭土纳米卷形成过程示意图

综合上述分析，一方面，CTAC 分子的插层破坏了高岭土层间铝羟基和硅氧基之间的氢键，减弱了高岭土层与层间的作用，加强了高岭土铝氧八面体和硅氧四面体的不适应性，这使得片状高岭土卷曲成为可能。另一方面，高岭土片层外 CTAC 甲醇溶液的浓度（1 mol/L）很大，当表面活性剂溶液浓度为临界浓度 10 倍或者更高时，表面活性剂以腊肠模型聚集，其末端近似于 Hartley 球体，中部分子以辐射状定向排列。从能量角度上看，插入高岭土片层边缘 CTAC 分子的排列方式是不利的，CTAC 起到表面活性剂的模板作用。双重作用使得高岭土片层发生卷曲。

15.4　本　章　小　结

（1）以 K/MeOH 湿样为前驱体，采用表面活性剂 CTAC 插层的方法，成功制备了高岭土纳米卷。纳米卷内径约 20 nm，CTAC 分子排列于纳米卷壁间，纳米卷壁间距为 3.76 nm。高岭土片层的卷曲和剥离同时进行，随着 CTAC 甲醇溶液浓度的增加以及反应时间的延长，高岭土纳米卷的内径基本不变，卷壁层数、外径增加，高岭土的卷曲程度更高。

（2）高岭土纳米卷壁间 CTAC 分子被洗去后，卷壁间距在湿态和自然风干后分别为 1.10 nm 和 0.86 nm，NS/MeOH 复合物仍然保持卷状结构，纳米卷内径基本不变，卷壁收缩。

（3）高岭土纳米卷形成机理与 CTAC 分子的插层减弱高岭土层与层间的作用、加强高岭土铝氧八面体和硅氧四面体的不适应性以及表面活性剂的模板效应有关。

第16章 聚丙烯酰胺/高岭土纳米复合材料

16.1 引　　言

由于高岭土层与层之间存在"不对称"氢键作用、片层之间作用力大，只有极性较大的有机分子才能直接插入高岭土层间，因此对高岭土的插层研究有很长一段时间以强极性分子插层高岭土为特征。

1988年，Sugahara[246]等用二甲亚砜插入高岭土层间、乙酸铵二次插层、丙烯腈再次插层原位聚合的方法首次制备了聚丙烯腈/高岭土插层复合材料，这使人们对聚合物/高岭土插层复合材料产生了浓厚的兴趣。聚合物/高岭土插层复合材料不仅具有聚合物成本低、质量轻、耐腐蚀的优异性能，还具有无机材料优良的热稳定性、高模量的特征。因此，人们采用各种不同的方法制备了一些聚合物/高岭土插层复合材料。Tunney和Detellier[247]采用熔融插层法制备了聚乙二醇/高岭土插层复合材料。Komori等以高岭土/甲醇为前驱体，将聚乙烯吡咯烷酮融入甲醇中，采用溶液法直接将聚合物插入高岭土层间，制备了聚乙烯吡咯烷酮/高岭土插层复合物。李彦峰等[28]以高岭土有机复合物为前驱体，甲基丙烯酸甲酯二次取代原位聚合的方法制备了聚甲基丙烯酸甲酯/高岭土插层复合材料。

聚丙烯酰胺是一种水溶性高分子聚合物，不溶于大多数有机溶剂，具有良好的絮凝性，可以降低液体之间的摩擦阻力，被广泛应用于各种行业。1990年，日本学者Sugahara等[100]采用N-甲基甲酰胺插层、丙烯酰胺取代、原位聚合的方法首次制备了聚丙烯酰胺/高岭土插层复合材料，Komori等[101]则发现聚丙烯酰胺在高岭土层间有阻碍羟基热分解、延缓高岭土结构转变的现象。王林江等[102, 103]采用同样的方法制备了聚丙烯酰胺/高岭土复合物，并在此基础上合成了Sialon材料。Wang等[104]则发现聚丙烯酰胺/高岭土插层复合物对氟化物具有很好的吸附和释放能力，在防龋修复材料上具有潜在的应用前景。

本章以高岭土/甲醇湿样为前驱体、单体取代、原位聚合的方法制备了聚丙烯酰胺/高岭土插层复合材料；同时，以自制高岭土纳米卷为前驱体、单体插入纳米卷壁间、原位聚合首次制备了聚丙烯酰胺/高岭土纳米卷复合材料；对两种不同材料进行了对比分析，并首次采用紫外-可见漫反射光谱对两种聚合前后复合物进行了分析。

图 16-1 为本章试验方案流程示意图。

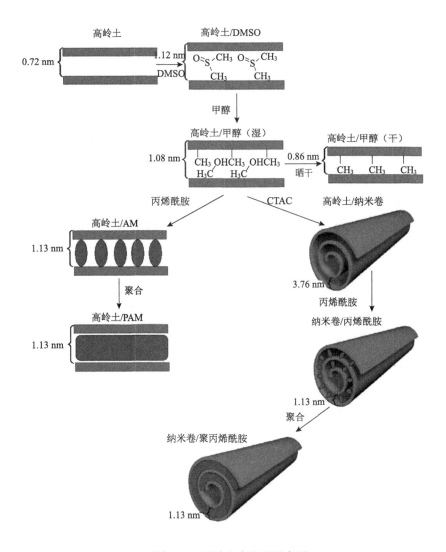

图 16-1　试验方案流程示意图

16.2　聚丙烯酰胺/高岭土纳米复合材料的制备

16.2.1　聚丙烯酰胺/高岭土插层复合材料的制备

K/DMSO 插层复合物和 K/MeOH 复合物的制备方法见第 14、15 章。

以 K/MeOH 复合物湿样作为前驱体，约 2 g K/MeOH 湿样在磁力搅拌下分散于

200 mL 丙烯酰胺(AM)的甲醇溶液(10 wt%)中，室温下磁力搅拌 8 h，抽滤，真空干燥，样品用 60 mL CCl₄ 磁力搅拌洗涤 3 次以除去高岭土表面的丙烯酰胺分子，抽滤，室温下真空干燥，得到 K/AM 插层复合材料。

1 g K/AM 复合物在管式炉中用氮气保护热引发聚合，得到 K/PAM 插层复合材料。

16.2.2　聚丙烯酰胺/高岭土纳米卷复合材料的制备

K/DMSO 插层复合物、K/MeOH 复合物以及 NS/MeOH 湿样的制备方法见第14、15 章。

以 NS/MeOH 复合物湿样为前驱体，约 2 g 湿样在磁力搅拌下分散于 200 mL 丙烯酰胺的甲醇溶液(10 wt%)中，室温下磁力搅拌 8 h，抽滤，真空干燥，样品用 60 mL CCl₄ 磁力搅拌洗涤 3 次以除去纳米卷表面的丙烯酰胺分子，抽滤，室温下真空干燥，得到 NS/AM 复合材料。

1 g NS/AM 复合物在管式炉中用氮气保护热引发聚合，得到 NS/PAM 复合材料。

16.3　聚丙烯酰胺/高岭土纳米复合材料的结构与性能表征

16.3.1　XRD 分析

图 16-2 为 K/MeOH 湿样、K/MeOH 干样、K/AM、K/AM 水洗后的 XRD 谱图。从图 16-2a 可以看出 K/MeOH 湿样层间距为 1.08 nm，而自然风干后其层间距变为 0.86 nm(图 16-2b)。这主要是由嵌插于 K/MeOH 湿样层间的甲醇分子非常不稳定，常温脱嵌造成的。自然风干后复合物层间距仍大于高岭土 d_{001} 值，是因为甲醇在进入高岭土层间的同时一部分甲醇分子与高岭土层间羟基发生了接枝反应。K/MeOH 湿样与丙烯酰胺溶液作用后(图 16-2c)，复合物层间距变为 1.13 nm，相对于高岭土湿样 1.08 nm 的层间距变化不大，插层率高达 98.2%。由于此时的复合物已经过干燥处理，若丙烯酰胺分子未进入高岭土层间，复合物层间距又会变为 K/MeOH 干样的 0.86 nm，由此可知，丙烯酰胺分子确实插入高岭土层间。值得一提的是，本书以 K/MeOH 复合物为前驱体得到的 K/AM 复合物与 Sugahara 等[100]以高岭土/N-甲基甲酰胺(NMF)为前驱体得到的 K/AM 层间距一致，表明接枝在高岭土内表面的甲氧基并没有影响丙烯酰胺分子在高岭土层间的排列方式。K/AM 复合物经水洗后复合物层间距变为 0.86 nm(图 16-2d)，这主要是由嵌插于高岭土层间的丙烯酰胺分子水洗后脱嵌造成的。

图 16-3 为 K/AM 分别在 150℃、250℃下热引发聚合(1 h)以及其水洗后的 XRD 谱图。从图 16-3a 和 c 可以看出，K/AM 不论是经 150℃还是在 250℃热处理，其

层间距相对于单体插层高岭土都未发生改变，d_{001}值为 1.13 nm，与 Sugahara 等[100]、Komori 等[101]报道一致。但 d_{001}衍射峰强度相对于丙烯酰胺单体插层高岭土大为减弱，这主要是由于高温时部分丙烯酰胺单体发生热脱嵌的缘故。水洗是验证高岭土层间单体分子是否聚合常用的方法之一。从 K/AM 复合物 150℃热处理 1 h 水洗后的 XRD 谱图(图 16-3b)可以看出，复合物 d_{001}衍射峰宽而平坦，位置介于 K/MeOH 干样 d_{001}衍射峰与 K/PAM 之间，这主要是高岭土层间发生聚合的丙烯酰胺分子极少导致高岭土层间距不一致造成的。K/AM 复合物经 250℃热处理 1 h 水洗后，其 d_{001}衍射峰相对于水洗前并未发生明显变化(图 16-3c 和 d)，可知在 250℃下热引发丙烯酰胺单体聚合较为合适。若继续升高聚合温度，单体分子脱嵌速度更快甚至发生分解，因此聚合温度不宜再升高。值得一提的是，丙烯酰胺在熔融温度下(85℃左右)聚合较为容易，而在高岭土层间即使在 150℃时聚合量也极少，这主要是因为处于层间的单体分子间间隙较大，再加上与高岭土片层形成氢键作用，使得单体分子在层间移动较为困难[56]。

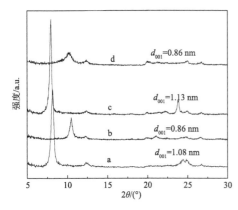 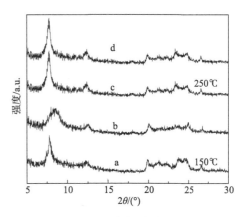

图 16-2　K/MeOH 湿样(a)、K/MeOH 干样(b)、K/AM(c)、K/AM 水洗后(d)的 XRD 谱图

图 16-3　K/AM 150℃聚合、水洗后(a, b), K/AM 250℃聚合、水洗后(c, d)的 XRD 谱图

16.3.2　红外光谱分析

图 16-4 为 K/MeOH 干样、K/AM、K/PAM 的红外光谱图。在 K/MeOH 干样的红外光谱图中(图 16-4a)，3696 cm^{-1}为复合物内表面羟基伸缩振动峰，3620 cm^{-1}为复合物内羟基伸缩振动峰。高岭土 3669 cm^{-1}、3653 cm^{-1}处振动峰消失，是甲醇与高岭土层间羟基发生接枝反应造成的。丙烯酰胺分子插入高岭土层间后(图 16-4b)，3620 cm^{-1}处内羟基振动峰强度基本不变，这是因为内羟基处于硅氧四面体和铝氧八面体的共享面内，没有与丙烯酰胺分子直接接触。3696 cm^{-1}处内表面羟基振动峰强度的减弱以及 3620 cm^{-1}附近微弱新峰的出现，是由丙烯酰胺分子在高岭土层间形成新氢键造成的。1677 cm^{-1}为 C═O 伸缩振动峰，其位置与丙

烯酰胺的 CHCl₃ 溶液 C=O 吸收峰相比变化不大，可认为 C=O 并未与高岭土层间羟基形成氢键作用[56]。3484 cm⁻¹、3358 cm⁻¹ 处归属于 NH 伸缩振动峰，1658 cm⁻¹ 处为 C=C 振动峰，1617 cm⁻¹、1591 cm⁻¹ 处为 NH 变形振动峰，1426 cm⁻¹ 处归属于 CH₂ 的变形振动。250℃热引发聚合 1 h 后(图 16-4c)，位于 1658 cm⁻¹ 处的 C=C 振动峰消失，表明丙烯酰胺单体在热引发下发生了聚合反应。此外，3484 cm⁻¹ 处 NH 振动峰有所变宽，3358 cm⁻¹ 处 NH 伸缩振动峰移至 3386 cm⁻¹ 处，1617 cm⁻¹、1591 cm⁻¹ 处两个 NH 变形振动峰变为 1596 cm⁻¹ 处一个微弱的小峰，这是丙烯酰胺在聚合前后在高岭土层间的氢键形成方式有所改变造成的[100]。

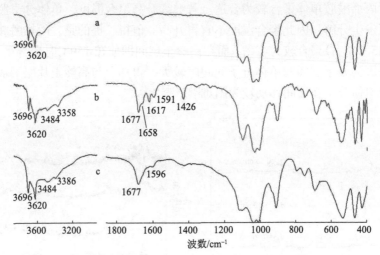

图 16-4 K/MeOH 干样(a)、K/AM(b)、K/PAM(c)的红外光谱图

16.3.3 紫外-可见漫反射分析

图 16-5 为丙烯酰胺、K/AM、K/PAM 的紫外-可见漫反射光谱图。丙烯酰胺的紫外-可见漫反射光谱在 268 nm 处有最大吸收(图 16-5a)，这主要是由丙烯酰胺分子 C=C 和 C=O 的共轭体系造成的。当丙烯酰胺分子插入高岭土层间后(图 16-5b)，K/AM 复合物的最大吸收峰出现在 225 nm 处。这可能与丙烯酰胺在高岭土纳米尺寸的层间呈单分子层排列以及与高岭土片层存在氢键作用有关。当高岭土层间丙烯酰胺分子在热引发聚合后(图 16-5c)，由于 C=C 键被打开、丙烯酰胺的共轭体系减小，K/PAM 复合物在紫外-可见漫反射光谱中的最大吸收峰发生蓝移，其位置移至 213 nm 处。这证明了丙烯酰胺单体确实在高岭土层间聚合，与 K/PAM 水洗后的 XRD 结果和红外分析结果相吻合。

16.3.4 热重分析

图 16-6 为 K/MeOH、K/AM、K/PAM 的热重曲线。从 K/MeOH 的热重曲线(图

16-6a)可看出，高岭土羟基与甲醇发生接枝反应后，失重台阶由高岭土的 400～600℃变为 300～600℃，失重率由 13.39%变为 15.23%。此阶段失重归属于高岭土的羟基和接枝于高岭土层面上的甲氧基的分解。由 K/MeOH 复合物失重率和插层率可得到 K/MeOH 复合物的化学分子式：$Al_2Si_2O_5(OH)_{3.72}(CH_3O)_{0.28}$[222]。

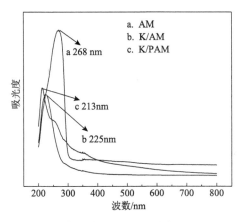

图 16-5 丙烯酰胺(a)、K/AM(b)、K/PAM(c)的紫外-可见漫反射光谱图

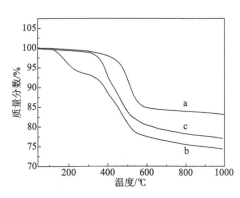

图 16-6 K/MeOH(a)、K/AM(b)、K/PAM(c)的热重曲线

当丙烯酰胺单体插入高岭土层间后(图 16-6b)，复合物热重曲线出现两个台阶：120～250℃失重可归属于层间丙烯酰胺分子受热脱嵌；300～800℃失重可归属于接枝于层间甲氧基、少部分受热聚合的聚丙烯酰胺分子以及高岭土羟基受热分解。根据复合物插层率(98.8%)以及失重率(25.21%)可知，K/AM 复合物的分子式为 $Al_2Si_2O_5(OH)_{3.72}(CH_3O)_{0.28}(C_3H_5ON)_{0.49}$[220, 222]。当层间丙烯酰胺分子热引发聚合后(图 16-6c)，K/PAM 复合物在 300～800℃出现一个失重台阶，失重率大于 K/MeOH 复合物，并且 120～250℃丙烯酰胺单体分子失重台阶消失，表明丙烯酰胺分子在高岭土层间确实发生聚合。300～800℃失重归属于高岭土层间聚丙烯酰分子、接枝于层间甲氧基、高岭土羟基的热分解。结合 K/PAM 复合物插层率 91.8%以及失重率 21.20%可知，K/PAM 化学分子式为 $Al_2Si_2O_5(OH)_{3.72}(CH_3O)_{0.28}(C_3H_5ON)_{0.24}$[222, 247]。由此可知，K/AM 复合物在热引发聚合过程有约 50%的丙烯酰胺分子发生脱嵌。

此外，K/MeOH 复合物在 600℃后基本不再失重，而 K/AM、K/PAM 在 800℃仍有轻微的失重，这主要是由于高岭土层间的聚丙烯酰胺分子延缓了羟基的分解，阻碍了硅铝酸盐结构转换。

16.3.5 透射电镜分析

图 16-7 为高岭土、K/PAM 的 TEM 照片。由高岭土的 TEM 照片[图 16-7(a)

和(b)]可知，茂名高岭土主要为假六边形片状，绝大部分片层轮廓分明，少部分高岭土片层晶角缺失变钝呈浑圆状六方轮廓形貌，片层形貌规则，晶型完整，表明茂名高岭土具有较高的结晶度。高岭土片层的刚性特征使其在插层前后基本保持不变形。从 K/PAM 复合物的 TEM 照片[图 16-7(c)和(d)]同样可以看出，高岭土在经过多步插层以及层间单体热引发聚合后仍以假六边形片状为主，形貌特征变化不大。但其片层轮廓模糊、晶角变钝，这主要是由于经过多次反复插层，特别是高温热处理后高岭土结晶度变低造成的。

图 16-7　高岭土(a, b)、K/PAM(c, d)的 TEM 照片

16.4　聚丙烯酰胺/高岭土纳米卷复合材料的结构与性能表征

16.4.1　XRD 分析

图 16-8 为 NS/MeOH 风干前后以及 NS/AM 复合物水洗前后的 XRD 谱图。

NS/MeOH 湿样 d_{001} 值为 1.10 nm (图 16-8a),接近于 K/MeOH 湿样层间距 1.08 nm,表明 NS/MeOH 湿样卷壁间也有嵌插的甲醇分子。嵌插于壁间的甲醇分子在自然风干脱嵌 (图 16-8b) 后,卷壁间距由 1.10 nm 变为 0.86 nm,与 NS/MeOH 干样层间距一致,表明片状 K/MeOH 在卷曲过程接枝于高岭土层间的甲氧基并未发生脱落,嵌插于卷壁内的甲醇分子脱嵌后,纳米卷壁发生收缩,卷壁间距变小。NS/MeOH 湿样与丙烯酰胺溶液作用后 (图 16-8c),纳米卷壁间距变为 1.13 nm,插层率高达 96.3%。由于此时复合物已经过干燥处理,若丙烯酰胺分子未进入纳米卷壁间,其卷壁间距又会变为 0.86 nm,表明丙烯酰胺分子确实嵌插于纳米卷壁间。NS/AM 经水洗后 (图 16-8d),纳米卷壁间距再次变为 0.86 nm,这主要是由于壁间丙烯酰胺分子水洗脱嵌造成的。

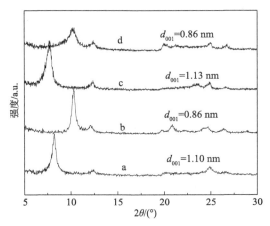

图 16-8　NS/MeOH 湿样 (a)、NS/MeOH 干样 (b)、NS/AM (c)、
NS/AM 水洗后 (d) 的 XRD 谱图

图 16-9 为 NS/AM 分别在 100℃、150℃热处理 1 h 及水洗后的 XRD 谱图。NS/AM 经 100℃热处理 1 h 后 (图 16-9a),复合物 d_{001} 衍射峰位置并未发生变化,d_{001} 值为 1.13 nm。经水洗后 (图 16-9b),复合物 d_{001} 衍射峰变为 0.86 nm,可见纳米卷壁间的丙烯酰胺分子在 100℃下并未聚合。这是因为卷壁间单体分子与高岭土氢键作用使其在壁间移动较为困难,聚合反应难以发生[100]。当温度升至 150℃热引发 1 h 后 (图 16-9c),NS/AM d_{001} 衍射峰也未发生变化,d_{001} 值对应于纳米卷壁间距 1.13 nm。对聚合后复合物进行水洗处理后 (图 16-9d),d_{001} 衍射峰仍未发生变化。由此可知,在 150℃热引发下丙烯酰胺单体已在纳米卷壁间原位聚合。而丙烯酰胺分子在层状高岭土间 250℃才聚合,这可能是由于片状高岭土在发生卷曲后晶体结构发生一定的变化,单体分子与纳米卷作用减弱,从而使其在卷壁间移动比在层间容易。

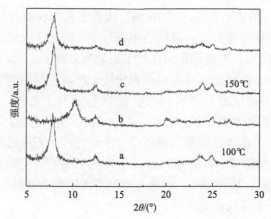

图 16-9 NS/AM 100℃聚合、水洗后(a, b)，NS/AM150℃聚合、水洗后(c, d)的 XRD 谱图

16.4.2 红外光谱分析

图 16-10 为 NS/MeOH 干样、NS/AM、NS/PAM 的红外光谱图。在 NS/MeOH 干样的红外光谱图中(图 16-10a)，3696 cm⁻¹ 为纳米卷内表面羟基伸缩振动峰，3620 cm⁻¹ 为内羟基伸缩振动峰，其峰强相对于 NS/MeOH 有所减弱，可能是由于片状高岭土发生卷曲造成的。丙烯酰胺分子插入纳米卷壁间后(图 16-10b)，3696 cm⁻¹ 处内表面羟基伸缩振动峰强度的减弱是丙烯酰胺分子在纳米卷壁间形成氢键造成的。3620 cm⁻¹ 处内羟基伸缩振动峰强度与 NS/MeOH 相比基本不变，这是因为内羟基处于硅氧四面体和铝氧八面体的共享面内，并没有与丙烯酰胺分子直接接触。1680 cm⁻¹ 为 C═O 伸缩振动峰，其位置与丙烯酰胺在 CHCl₃ 溶液中 C═O

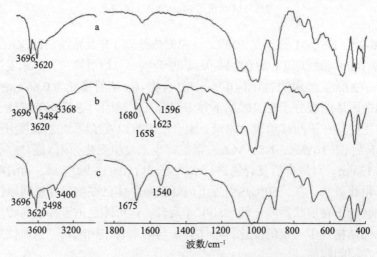

图 16-10 NS/MeOH 干样(a)、NS/AM(b)、NS/PAM(c)的红外光谱图

吸收峰变化不大，可认为 C=O 并未在纳米卷壁间形成氢键作用[100]。3484 cm^{-1}、3368 cm^{-1} 处归属于 NH 伸缩振动峰，1658 cm^{-1} 处为 C=C 振动峰，1623 cm^{-1}、1596 cm^{-1} 处为 NH 变形振动峰，C=O、NH 振动峰与丙烯酰胺在片状高岭土层间略有差别，是由丙烯酰胺所处环境不同所致。经 150℃热引发聚合后(图 16-10c)，位于 1658 cm^{-1} 处的 C=C 振动峰消失，表明卷壁间丙烯酰胺单体发生了聚合。

此外，3484 cm^{-1}、3368 cm^{-1} 处的 NH 振动峰分别移至 3498 cm^{-1}、3400 cm^{-1}。1623 cm^{-1}、1596 cm^{-1} 处 NH 变形振动峰变为 1540 cm^{-1} 处、峰强增大，C=O 振动峰变宽、峰强增大，向低频移至 1675 cm^{-1} 处，3696 cm^{-1} 处羟基振动峰减弱，可见，丙烯酰胺单体在卷壁间聚合后 C=O 与纳米卷羟基形成了氢键，NH$_2$ 的键合方式也发生较大的改变，这一点与其在层状结构中聚合相差较大。

16.4.3 紫外-可见漫反射分析

图 16-11 为丙烯酰胺、NS/AM、NA/PAM 的紫外-可见漫反射光谱图。丙烯酰胺在 268 nm 处有最大吸收(图 16-11a)，这主要是因为丙烯酰胺分子属于 α, β-不饱和酰胺类化合物，存在 C=C 与 C=O 共轭体系。当丙烯酰胺分子插入高岭土纳米卷间后(图 16-11b)，NS/AM 复合物的最大吸收峰出现在 227 nm 处，这可能与丙烯酰胺在纳米卷壁间的单分子排列以及与纳米卷壁存在氢键作用有关。而丙烯酰胺在层状高岭土中最大吸收峰出现在 225 nm 处，可见丙烯酰胺在高岭土层间与在卷壁间状态略有不同，与红外光谱分析相吻合。当纳米卷壁间单体分子聚合后(图 16-11c)，由于 C=C 键被打开、共轭体系减小，NA/PAM 复合物的紫外-可见漫反射光谱发生蓝移，最大吸收峰移至 222 nm 处，但相对于 K/PAM 的 213 nm 变化较大，这主要是由聚丙烯酰胺在层间与纳米卷壁间氢键形成方式不同造成的，这一点在红外光谱中也得到了证实。

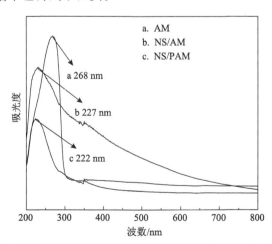

图 16-11 丙烯酰胺(a)、NS/AM(b)、NA/PAM(c)的紫外-可见漫反射光谱图

16.4.4　热重分析

图 16-12 为 NS/MeOH 干样、NS/AM、NS/PAM 的热重曲线。NS/MeOH 干样失重台阶为 300~600℃，失重率为 15.42%。此阶段失重归属于纳米卷羟基和接枝于高岭土上的甲氧基的分解。由 NS/MeOH 复合物失重率和插层率可得到 NS/MeOH 复合物的化学分子式为 $Al_2Si_2O_5(OH)_{3.70}(CH_3O)_{0.30}$[222]。由此可知，片层高岭土在卷曲过程接枝于高岭土层间的甲氧基并未脱落，进一步验证了 XRD 的分析结果。接枝羟基数量略有增加是由于在卷曲过程中使用甲醇作溶剂造成的。

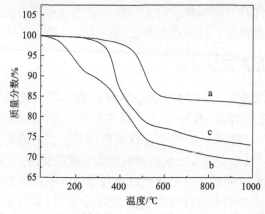

图 16-12　NS/MeOH 干样(a)、NS/AM(b)、NS/PAM(c)的热重曲线

当丙烯酰胺分子插入纳米卷壁间后(图 16-12b)，丙烯酰胺在 80~200℃脱嵌，比插层于高岭土层间的单体分子脱嵌温度(100~250℃)稍有降低，主要是由于卷壁间丙烯酰胺分子与纳米卷作用相对较弱。结合 NS/AM 复合物插层率 96.3%和失重率 21.5%可知，NS/AM 复合物的化学分子式为 $Al_2Si_2O_5(OH)_{3.70}(CH_3O)_{0.30}$ $(C_3H_5ON)_{0.85}$[221, 223]，平均每个结构单元有 0.85 个丙烯酰胺分子，远远大于层状高岭土中丙烯酰胺的含量。由此可知，丙烯酰胺插入纳米卷壁间比插入高岭土层间更为容易。当卷壁间单体分子在 150℃热引发聚合后(图 16-12c)，K/PAM 纳米卷复合物在 250℃开始失重，相对于 K/PAM 提前 50℃左右，可见聚丙烯酰胺分子与纳米卷的作用相比于层状高岭土也有所减弱。结合复合物插层率 95.8%和失重率 26.8%可知，NS/PAM 的化学分子式为 $Al_2Si_2O_5(OH)_{3.70}(CH_3O)_{0.30}$ $(C_3H_5ON)_{0.56}$[247]，平均每个高岭土晶胞含 0.56 个聚丙烯酰胺结构单元。热引发过程中丙烯酰胺脱嵌量为 34%，低于在层状高岭土中的 50%，这可能是由于热引发温度降低。

此外，NS/MeOH 复合物在 600℃后基本不再失重，而 NS/AM、NS/PAM 在 800℃左右仍有轻微的失重，这是因为卷壁间的聚丙烯酰胺分子延缓了羟基的分解，阻碍了硅铝酸盐结构的转换[101]。

16.4.5　透射电镜分析

图 16-13 为高岭土纳米卷、NS/PAM 的 TEM 照片。由图 16-13(a)和(b)可知，有机插层高岭土经表面活性剂 CTAC 溶液处理后，片状高岭土绝大部分发生卷曲，极少数仍保持片状结构。这是因为高岭土卷曲过程中每步插层率不可能达到 100%，未经 CTAC 插层处理的片层无法卷曲。TEM 显示纳米卷壁间距约为 3.8 nm 对应于 XRD 谱图(图 16-3)中 d_{001} 值 3.76 nm。纳米卷内径较为均匀，约 20 nm。丙烯酰胺单体分子插入高岭土纳米卷壁间并经热引发聚合后[图 16-13(c)]，复合物仍保持纳米卷状，极少部分片状高岭土是纳米卷的制备工艺造成的。从高放大倍数照片[图 16-13(d)]可以看出，纳米卷壁已无法分辨，这主要是由于纳米卷壁间 CTAC 分子被聚丙烯酰胺分子替代后，NS/PAM d_{001} 值由 3.76 nm 减小为 1.13 nm，卷壁间距变小，纳米卷发生了收缩。但纳米卷壁在收缩的过程中内径变化不大，仍保持在 20 nm 左右。

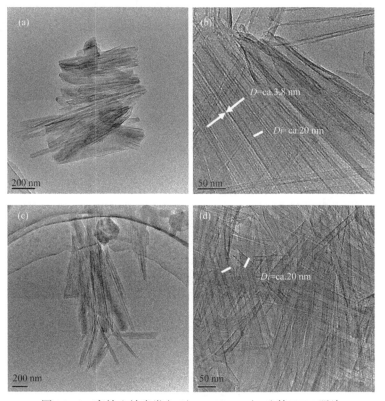

图 16-13　高岭土纳米卷(a, b)、NS/PAM(c, d)的 TEM 照片

16.5　本　章　小　结

(1) 以 NS/MeOH 湿样为前驱体，丙烯酰胺单体插入高岭土层间，250℃热引发聚合制备了 K/PAM 插层复合材料，聚合前后高岭土层间距均为 1.13 nm。

(2) 结合复合物插层率和热重分析可知，K/AM 复合物化学分子式为 $Al_2Si_2O_5(OH)_{3.72}(CH_3O)_{0.28}(C_3H_5ON)_{0.49}$，K/PAM 插层复合物化学分子式为 $Al_2Si_2O_5(OH)_{3.72}(CH_3O)_{0.28}(C_3H_5ON)_{0.24}$。分析表明丙烯酰胺聚合前后与高岭土片层作用方式有所不同。

(3) 以 NS/MeOH 湿样为前驱体，丙烯酰胺单体插入纳米卷壁间，150℃热引发聚合首次制备了 NS/PAM 复合材料。聚合前后高岭土纳米卷壁间距均为 1.13 nm。

(4) 丙烯酰胺单体对纳米卷插层能力比对片状高岭土强，单体分子在纳米卷壁间聚合也比在高岭土层间更加容易。NS/AM 复合物化学分子式为 $Al_2Si_2O_5(OH)_{3.70}(CH_3O)_{0.30}(C_3H_5ON)_{0.85}$，NS/PAM 化学分子式为 $Al_2Si_2O_5(OH)_{3.70}(CH_3O)_{0.30}(C_3H_5ON)_{0.56}$。分析表明丙烯酰胺聚合前后在纳米卷壁间氢键形成方式变化较大。

第17章 聚丙烯/高岭土纳米卷复合材料

17.1 引　言

聚丙烯(PP)作为五大通用塑料之一，具有成本较低、质量轻、无毒无味的诸多特点，在各行各业都获得了广泛的应用。但是，纯聚丙烯树脂本身也存在着很多缺点：低温性能差、成型收缩率大、热变形温度低。这些缺点极大地限制了聚丙烯的应用领域。为提高聚丙烯在应用中的竞争力，各国科研工作者在聚丙烯改性上进行了大量的研究。其中聚丙烯/层状硅酸盐插层纳米复合材料不仅制备简单，而且能较大地提高聚丙烯各项性能，引起了人们的关注。

在聚丙烯/层状硅酸盐插层纳米复合材料中，蒙脱土由于其层间具有大量可交换无机离子，有机物易于插入其层间，蒙脱土在聚合物基体中的相容性较易解决，因此，蒙脱土作为聚丙烯的填料被广泛研究[248-250]。然而人们对矿藏量更丰富、价格更低廉的高岭土研究较少。

高岭土是一种典型的1∶1层状硅酸盐，其晶体结构由铝氧八面体和硅氧四面体在 c 轴方向周期性排列组成，层与层之间以"非对称"的氢键相连。层间不具有可交换阳离子，只有少数强极性分子可以直接插入高岭土层间[219]，因此在制备聚丙烯/高岭土复合材料时有着不小的困难。

邱军[251]通过对高岭土进行偶联改性，讨论了偶联剂种类、用量及高岭土含量对聚丙烯增韧的影响。刘钦甫等[252]利用脂肪酸型改性剂对高岭土进行表面改性，探讨了脂肪酸改性剂的改性条件，并对不同高岭土含量复合材料力学性能进行了测试分析。但聚丙烯都未插入高岭土层间。侯桂香等[253]以二甲亚砜插层改性的高岭土为前驱体，采用熔融插层的方法制备了聚丙烯/纳米有机高岭土复合材料，并对复合材料力学性能做了测试。但是，在聚丙烯/高岭土插层复合材料层间距与高岭土/DMSO 层间距相比仅扩大 0.02 nm、180℃下熔融混合 10 min 时就认为"小分子 DMSO 已经挥发"，得出"聚丙烯已成功进入高岭土片层间，高岭土片层间距增大，甚至产生部分剥离"的结论，本书认为其理由显得不够充分。

本章针对茂名的高岭土，以有机插层复合物 K/MeOH 为前驱体，苯乙烯原位聚合对其插层、包覆改性，聚丙烯熔融共混挤出制备了聚合物/高岭土插层复合材料。同时，以自制新型高岭土纳米卷材料为前驱体，利用苯乙烯单体在纳米卷管内、壁间、表面原位聚合改性，熔融共混挤出首次制备了聚丙烯/高岭土纳米卷复合材料，并对两种复合材料的各项性能进行了对比分析。

图 17-1 为本章试验方案流程示意图。

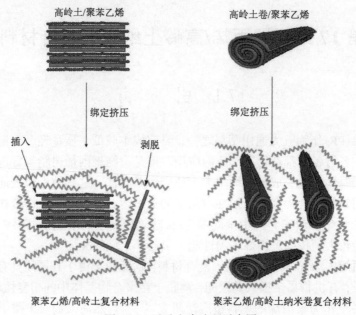

图 17-1　试验方案流程示意图

17.2　聚丙烯/高岭土纳米卷复合材料的制备

17.2.1　聚丙烯/高岭土插层复合材料的制备

K/DMSO 插层复合物的制备：250 g 高岭土分散于 1.5 L DMSO 水溶液中（V_{DMSO}/V_{water}=9%），120℃机械搅拌反应 24 h，过滤，干燥。

K/MeOH 湿样的制备：约 250 g（K/DMSO 复合物分散于 2 L 甲醇溶液中，搅拌反应 72 h，每 12 h 更换一次新鲜甲醇溶液，更换过程中无需干燥处理，样品保持湿润状态。

聚苯乙烯/高岭土(Kao-PS)复合物的制备：约 150 g K/MeOH 湿样分散于 250 mL 苯乙烯溶液中(含 2 g BPO)，机械搅拌 1 h，抽滤，滤饼于 140℃聚合 6 h，粉碎。

聚丙烯/高岭土(K/PP)插层复合材料的制备：将上述改性高岭土、聚丙烯分别按一定的配比投入高速混合机中搅拌均匀，然后经双螺杆挤出机熔融挤出造粒，双螺杆挤出机的温度设定见表 5-3。所得粒料置于 70℃烘箱中干燥 12 h，复合材料测试样条的制备方法采用注塑成型，注塑机的加工温度从加料口至喷嘴分别设定为 190℃、200℃、210℃、195℃，注塑压力为 30 MPa，注射时间为 2 s，保压压力为 18 MPa，保压时间为 6 s。

17.2.2　聚丙烯/高岭土纳米卷复合材料的制备

K/DMSO、K/MeOH 湿样制备方法同上。

NS/MeOH 湿样的制备：约 150 g K/MeOH 湿样分散于 2 L CTAC 的甲醇溶液中，机械搅拌反应 24 h，过滤，甲醇洗涤纳米卷壁内外的 CTAC 分子，保持样品处于湿润状态。

聚苯乙烯/高岭土纳米卷(NS/PS)以及聚丙烯/高岭土纳米卷(NS/PP)的制备方法同上。

17.3　聚丙烯/高岭土插层复合材料的结构与性能表征

17.3.1　改性高岭土的 XRD 分析

图 17-2 为 K/MeOH 湿样、K/MeOH 干样、Kao-PS 的 XRD 谱图。K/MeOH 湿样层间距为 1.08 nm(图 17-2a)，而自然风干后其层间距变为 0.86 nm(图 17-2b)。这主要是嵌插于 K/MeOH 湿样层间的甲醇分子不稳定，常温脱嵌造成的。自然风干后复合物层间距仍大于高岭土 d_{001} 值，是因为甲醇在进入高岭土层间的同时一部分甲醇分子与高岭土层间羟基发生了接枝反应。K/MeOH 湿样经苯乙烯插层原位聚合后(图 17-2c)，复合物层间距变为 1.11 nm，相对于 K/MeOH 湿样 1.08 nm 的层间距变化不大。但此时的复合物已经过高温热聚合，嵌插于高岭土层间的甲醇早已脱嵌，若高岭土层间不存在聚苯乙烯分子，其层间距又会变为 K/MeOH 干样的 0.86 nm，因此可知聚苯乙烯确实嵌插于高岭土层间。

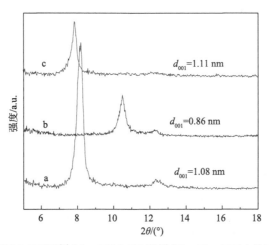

图 17-2　K/MeOH 湿样(a)、K/MeOH 干样(b)、Kao-PS(c)的 XRD 谱图

17.3.2　改性高岭土的 FTIR 分析

图 17-3 为 K/MeOH 干样和 Kao-PS 的 FITR 谱图。高岭土经 DMSO、甲醇插层后,原土在 3696 cm^{-1}、3669 cm^{-1}、3653 cm^{-1} 和 3620 cm^{-1} 出现的 4 个羟基振动峰中,3669 cm^{-1} 和 3653 cm^{-1} 处特征峰消失,3696 cm^{-1}、3620 cm^{-1} 振动峰有所减弱(图 17-3a),这主要是因为甲醇在插层过程中不仅接枝于高岭土内表面羟基上,还可能进入高岭土的复三方空穴中与内羟基发生反应。苯乙烯分子进入高岭土层间聚合后(图 17-3b),3696 cm^{-1}、3620 cm^{-1} 振动峰强度略有减小,这主要是层间聚苯乙烯与羟基作用造成的。此外,1300 cm^{-1} 到 3100 cm^{-1} 段出现多个特征峰:3079 cm^{-1}、3056 cm^{-1} 和 3023 cm^{-1} 处为苯环上=C—H 伸缩振动峰;2921 cm^{-1} 和 2847 cm^{-1} 处分别为聚苯乙烯主链上亚甲基不对称伸缩振动峰和对称伸缩振动峰,表明苯乙烯在高岭土层间确实发生聚合反应;1600 cm^{-1} 和 1493 cm^{-1} 处为苯环骨架伸缩振动峰;1452 cm^{-1} 和 1384 cm^{-1} 处为聚合物主链上亚甲基弯曲振动峰。

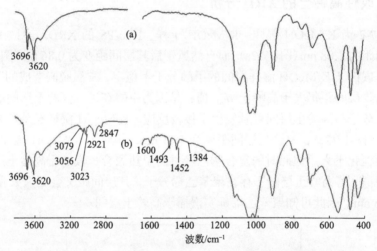

图 17-3　K/MeOH 干样(a)、Kao-PS(b)的 FITR 谱图

17.3.3　改性高岭土活化指数的测定

图 17-4 为 K/MeOH 复合物活化效果的照片。K/MeOH 在改性前呈亲水性,粒子所受的重力大于相界面的作用力。从图 17-4 可以看出,悬浊液在停止搅拌后,绝大部分沉在容器底部,少数悬浮于水中,这主要是因为高岭土粒子在沉降时服从 Stokes 定律,粒度较小的粒子沉降速度较慢,这一点在第 2 章高岭土提纯部分已详述。在蒸馏水搅拌半小时后,4 g 高岭土几乎全部沉降,因此可认为 K/MeOH 活化指数为零。由于聚苯乙烯不仅嵌插于高岭土层间,也附着于高岭土表面,经聚苯乙烯插层及包覆改性的高岭土呈现出较好的疏水性,巨大的表面张力以致 4 g

改性高岭土中有约 3.8 g 漂浮于水面, 活化指数高达 95%。可见, 聚苯乙烯插层包覆是一种改性高岭土效果较好的方法。

图 17-4　K/MeOH(a)和 Kao-PS(b)活化效果照片

17.3.4　聚丙烯/高岭土插层复合材料的力学性能

1. 拉伸性能

图 17-5 列出了聚丙烯复合材料拉伸强度随改性高岭土含量的变化趋势。高岭土作为一种典型的无机矿物填料, 其优异的刚性特征可极大地提高复合材料的强度。从图中可以看出, 加入改性高岭土后聚丙烯拉伸强度提高。改性高岭土含量为 4%时, 聚丙烯拉伸强度达到最大值 35.21 MPa, 与纯聚丙烯的拉伸强度相比, 增加了 12.9%。苯乙烯不但嵌插于高岭土层间, 而且附着于高岭土表面, 大大地降低了高岭土表面能, 提高了其在聚丙烯基体中的相容性, 因此复合材料拉伸强度得到提高。当改性高岭土含量进一步增加, 改性高岭土间的团聚作用也随之加强, 从而抵消了一部分高岭土的增强作用, 聚丙烯拉伸强度呈现出缓慢降低的趋势。

2. 弯曲性能

图 17-6 为改性高岭土含量对复合材料弯曲强度的影响。复合材料的弯曲强度与改性高岭土含量的关系曲线与其拉伸强度与改性高岭土含量的关系曲线类似。纯聚丙烯的弯曲强度为 26.82 MPa, 当改性高岭土含量增至 6%时, 聚丙烯/高岭土复合材料的弯曲强度达到了最大值 34.18 MPa, 相对于空白聚丙烯提高了 27.4%。复合材料弯曲强度提高的原因可能是: 一方面, 聚丙烯可能插入改性高岭土层间; 另一方面, 聚丙烯分子和聚苯乙烯一起与高岭土粒子发生缠绕。二者都限制了聚丙烯分子链的运动, 从而使复合材料弯曲强度有所提高。随着改性高岭土的进一步增加, 复合材料弯曲强度略有降低, 但在本试验范围内均高于纯聚丙烯的弯曲强度。

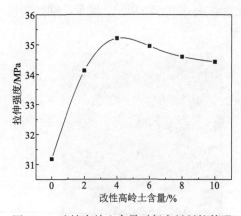
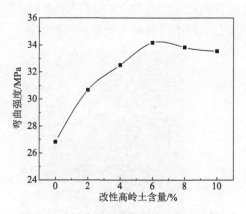

图 17-5　改性高岭土含量对复合材料拉伸强　　　图 17-6　改性高岭土含量对复合材料弯曲强
　　　　度的影响　　　　　　　　　　　　　　　　　度的影响

3. 冲击性能

图 17-7 为改性高岭土含量对复合材料冲击性能的影响。一般来说，由于高岭土与聚丙烯极性相差较大，二者相容性较差、界面黏合力弱，高岭土粒子成为复合体系的应力集中点，导致复合材料的冲击强度降低。高岭土经聚苯乙烯插层包覆改性后，复合材料冲击明显提高。当改性高岭土含量为 6%时，复合物冲击强度为 13.28 kJ/m^2，相对纯聚丙烯提高 30.8%。这主要是因为聚苯乙烯插层包覆改性添加到聚丙烯基体中后，一方面，聚丙烯和聚苯乙烯分子链与高岭土粒子缠绕，改善了高岭土与聚丙烯间的界面结合力；另一方面，当复合材料受到冲击时，由于聚苯乙烯插层、包覆在高岭土的层间及表面，改性高岭土能缓冲外界作用力、避免应力集中。双重作用使复合材料冲击强度提高。

17.3.5　聚丙烯/高岭土插层复合材料的热变形温度

图 17-8 为改性高岭土含量对复合材料热变形温度的影响。热变形温度是表征复合材料的受热与变形之间关系的参数，测试时对高分子材料施加一定的负荷，以一定的速度升温，当聚合物形变达到规定值时所对应的温度，是衡量复合材料耐热性优劣的一种量度。从图 17-8 可看出，加入改性高岭土后，聚丙烯的热变形温度升高。当改性高岭土含量高于 4%后，热变形温度变化不大。当高岭土含量为 6%时，复合物热变形温度达到最大值 105.3℃，比纯聚丙烯提高了 12.9℃。高岭土作为一种无机填料，其本身就具有良好的热稳定性，加入高分子基体中，可以提高聚合物的热稳定性。与此同时，在复合材料受到弯曲压力时，经插层包覆改性的高岭土可以分担外界负荷，也提高了复合材料的热变形温度。

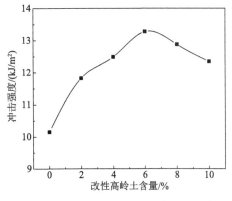

图 17-7　改性高岭土含量对复合材料冲击强度的影响

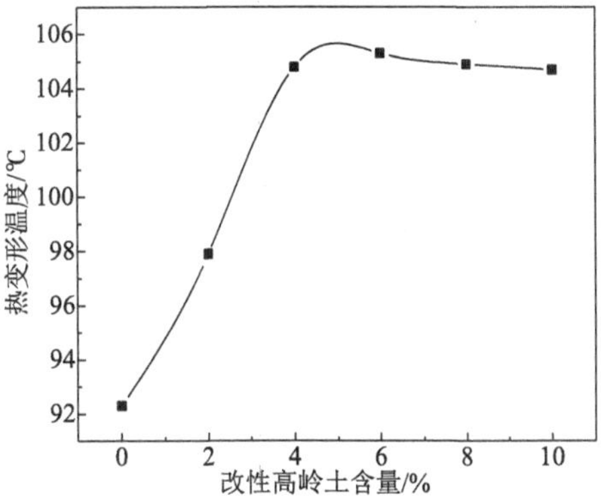

图 17-8　改性高岭土含量对复合材料热变形温度的影响

17.3.6　聚丙烯/高岭土插层复合材料的熔体流动速率

熔体流动速率是在标准化熔融指数仪中于一定的温度和压力下，树脂熔料通过标准毛细管在一定时间内（一般 10 min）内流出的熔料克数，单位为 g/10 min。在塑料加工中，熔体流动速率是用来衡量塑料熔体流动性的一个重要指标。图 17-9 列出了改性高岭土含量对复合材料熔体流动速率的影响。由图可知，少量改性高岭土的加入可以提高聚丙烯的熔体流动速率。当改性高岭土的含量为 4%时，复合材料的熔体流动速率最大。而改性高岭土含量进一步增加，复合材料熔体流动速率明显下降。这可能是由于，少量改性高岭土的加入降低了熔体的黏度，而当改性高岭土含量较大时，高岭土对高分子的流动阻碍作用大于降低黏度的作用，熔体流动速率降低。

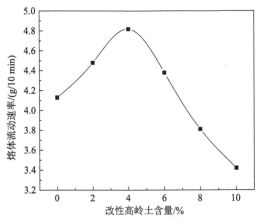

图 17-9　改性高岭土含量对复合材料熔体流动速率的影响

17.3.7 聚丙烯/高岭土插层复合材料断面形貌

图 17-10 给出了改性高岭土含量为 6% 时复合材料低温脆断面的 SEM 照片。从第 2、3 章原土透射电镜和扫描电镜可知，茂名高岭土形貌以假六边形片状堆垛为主。经聚苯乙烯插层包覆改性添加到聚丙烯基体中后，聚合物中绝大多数高岭土的六方轮廓"消失"，高岭土呈现出"圆饼"状[图 17-10(a)]。这主要是因为，高岭土经聚苯乙烯插层和包覆改性后，改性高岭土在聚丙烯基体中有较好的相容性，聚丙烯分子链与高岭土层边缘、表面的聚苯乙烯分子链相互缠绕，掩埋了高岭土晶体结构的轮廓。这也进一步解释了复合材料各项力学性能提高的原因。为明确地描述聚合物层状硅酸盐(PLS)纳米复合材料的结构特征，根据硅酸盐片层的近程及远程有序程度，PLS 传统的"插层型"和"剥离型"被进一步细分为：有序、无序、部分有序、部分无序等。从聚丙烯/高岭土复合材料 SEM 照片可以看出，聚丙烯/高岭土复合材料为典型的部分无序。高岭土以插层

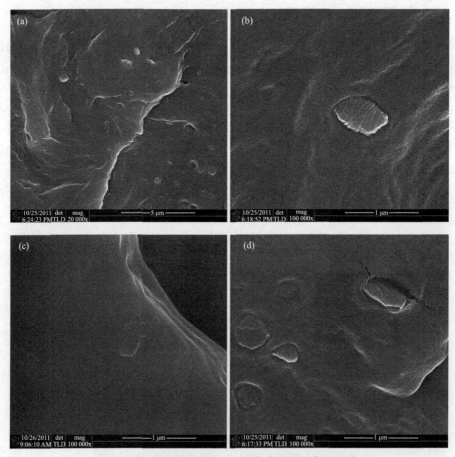

图 17-10　聚丙烯/高岭土(6%)复合材料的断面形貌

型为主[图 17-10(a)]，聚苯乙烯分子链虽然进入高岭土层间，但是只是在很小程度上扩大高岭土的层间距，高岭土的长程有序性仍被高度保持，堆垛片层的结构较为完善[图 17-10(b)]。少部分高岭土处于"半剥离"状态[图 17-10(c)]，埋藏于聚丙烯中，与基体相容性较好。而极少部分高岭土则被完全剥离成纳米片层[图 17-10(d)]，并与聚丙烯基体有一定的排斥性。这可能是由于高岭土片层剥开后，其片层未受到聚苯乙烯分子包覆作用。

17.4 聚丙烯/高岭土纳米卷复合材料结果与分析

17.4.1 改性高岭土纳米卷的 XRD 分析

图 17-11 为 NS/MeOH 湿样、NS/MeOH 干样、NS/PS 的 XRD 谱图。NS/MeOH 湿样 d_{001} 值为 1.10 nm（图 17-11a），而自然风干后 d_{001} 值变为 0.86 nm（图 17-11b）。因为嵌插于高岭土纳米卷壁间的甲醇分子非常不稳定，常温下脱嵌，纳米卷卷壁收缩、卷壁间距变小。NS/MeOH 风干后卷壁间距与 K/MeOH 干样层间距一致。由此可知，片状 K/MeOH 在卷曲过程接枝于高岭土内羟基上的甲基并未发生脱落。NS/MeOH 湿样经苯乙烯插层原位聚合后（图 17-11c），复合物层间距变为 1.11 nm，相对于 NS/MeOH 湿样 1.10 nm 的层间距变化不大。但经高温热聚合后，纳米卷壁间已不存在嵌插的甲醇分子，若卷壁间不存在聚苯乙烯分子，其卷壁间距又会变为 0.86 nm。因此，苯乙烯确实在高岭土纳米卷壁间原位聚合。

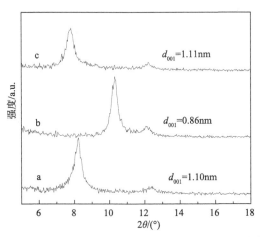

图 17-11 NS/MeOH 湿样(a)、NS/MeOH 干样(b)、NS/PS(c) 的 XRD 谱图

17.4.2 改性高岭土纳米卷的 FTIR 分析

图 17-12 为 NS/MeOH 干样和 NS/PS 的红外光谱图。片状高岭土在卷曲后（图

17-12a)，3696 cm^{-1}处纳米卷内表面羟基伸缩振动峰和3620 cm^{-1}处纳米卷内羟基伸缩振动峰强度都略有减小，这可能是由于片状高岭土的卷曲影响了其羟基振动。苯乙烯分子进入纳米卷壁间聚合后（图 17-12b），3696 cm^{-1}、3620 cm^{-1}振动峰强度进一步减弱，这是纳米卷羟基与聚苯乙烯分子相互作用的结果。与插层复合物一样，NS/PS 在 1300 cm^{-1} 到 3100 cm^{-1} 段出现多个特征峰：3080 cm^{-1}、3054 cm^{-1} 和 3024 cm^{-1}处为苯环上＝C—H 伸缩振动峰，2920 cm^{-1} 和 2848 cm^{-1}处分别为聚苯乙烯主链上亚甲基不对称伸缩振动峰和对称伸缩振动峰，这表明苯乙烯在高岭土层间确实发生聚合反应。1602 cm^{-1} 和 1494 cm^{-1}处为苯环骨架伸缩振动峰，1452 cm^{-1} 和 1385 cm^{-1}处为聚合物主链上亚甲基弯曲振动峰。Kao-PS 与 NS/PS 的红外特征峰位置基本相同，表明聚苯乙烯在高岭土层间与在纳米卷壁间排列方式较为相近。

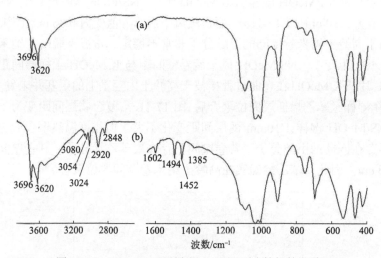

图 17-12　NS/MeOH 干样（a）、NS/PS（b）的红外光谱图

17.4.3　改性高岭土纳米卷活化指数的测定

图 17-13 为 NS/MeOH 活化效果照片。NS/MeOH 复合物在改性前与高岭土一样呈现出亲水性，绝大部分沉在容器底部。但悬浮于水中的粒子相比于 K/MeOH 更多，这是因为片状 K/MeOH 经表面活性剂作用后，堆垛的片层剥离并弯曲成纳米卷状，平均粒度大为减小。根据 Stokes 定律，小粒度粒子沉降速度较慢。NS/MeOH 并未漂浮于水面，NS/MeOH 不具有活性。经改性处理后，聚苯乙烯不仅嵌插于纳米卷壁间以及卷管中，也附着于纳米卷表面，纳米卷呈现出极好的疏水性，试验中未见改性纳米卷下沉，纳米卷活化指数几乎为 100%。

(a) NS/MeOH

(b) NS/PS

图 17-13　NS/MeOH 和 NS/PS 活化效果照片

17.4.4　聚丙烯/高岭土纳米卷复合材料的力学性能

1. 拉伸性能

聚丙烯/高岭土纳米卷复合材料拉伸强度随改性纳米卷含量的变化趋势见图 17-14。从图中可以看出,加入改性纳米卷后复合材料拉伸强度得到了很大的提高。当改性纳米卷含量为 2%时,聚丙烯拉伸强度与纯聚丙烯的拉伸强度相比,增加了 23.8%,聚丙烯/高岭土纳米卷复合材料的最大拉伸强度为 38.60 MPa,大于插层复合材料的 35.21 MPa。这主要是由于:一方面,片状高岭土在卷曲后,其尺寸已达到纳米级别,具有纳米材料的诸多优异性能;另一方面,聚苯乙烯嵌插于纳米卷壁间、贯穿于纳米卷管内、包覆于纳米卷表面,极大地提高了其在聚丙烯基体中的相容性。因此,聚丙烯/高岭土纳米卷复合材料拉伸强度优于聚丙烯/高岭土插层复合材料。当改性纳米卷含量进一步增加时,纳米卷间的团聚作用也随之加强,出现应力集中现象,导致拉伸强度略有下降。

2. 弯曲性能

图 17-15 为改性纳米卷含量对复合材料弯曲强度的影响。当改性纳米卷含量为 4%时,聚丙烯/高岭土纳米卷复合材料的弯曲强度就达到了最大值 38.16 MPa,与空白聚丙烯相比提高了 42.3%。复合材料的弯曲强度随着改性纳米卷含量呈现出先增大后减小的趋势,而聚丙烯/高岭土插层复合材料在高岭土含量 6%时才达到最大值 34.18 MPa,可见,改性纳米卷对提高聚丙烯的强度更为有效。复合材料弯曲强度的提高主要归结于:通过改性的一维高岭土纳米卷在聚丙烯基体中有极好的相容性,与基体中聚丙烯分子发生缠绕,当复合物收到外界弯曲压力时,高岭土纳米卷的刚性特征赋予了复合材料更高的模量。当改性纳米卷含量进一步

增加时，纳米卷出现少许团聚，弯曲模量略有下降，但仍高于聚丙烯/高岭土插层复合材料的最大值。

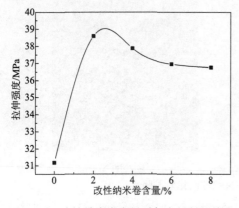
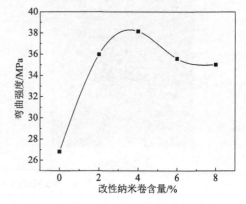

图 17-14　改性纳米卷含量对复合材料拉伸强　　　图 17-15　改性纳米卷含量对复合材料弯曲强
　　　　　　度的影响　　　　　　　　　　　　　　　　　　度的影响

3. 冲击性能

图 17-16 为改性纳米卷含量对复合材料冲击性能的影响。聚丙烯/高岭土纳米卷复合材料冲击强度随着改性纳米卷含量呈现出先增大后减小的趋势。当改性纳米卷含量为 4%时，复合物冲击强度达到最大值 16.03 kJ/m^2，相对于纯聚丙烯的 10.15 kJ/m^2 提高了 57.93%，相比于聚丙烯/高岭土复合材料的最大值 13.28 kJ/m^2 仍有较大提高，可见纳米卷对提高聚丙烯冲击强度更为有效。分析其原因主要有：聚丙烯分子链不仅与纳米卷壁间以及卷管中聚苯乙烯有着较好的亲和性，而且与聚苯乙烯分子链一起缠绕于纳米卷表面，改善了纳米卷与聚丙烯间的界面黏附力，当复合材料受到外界冲击时能分散应力，复合材料冲击强度从而得到提高。当改性纳米卷含量继续增加时，纳米卷出现团聚现象，复合材料出现应力集中，冲击强度下降。

17.4.5　聚丙烯/高岭土纳米卷复合材料的热变形温度

改性纳米卷含量对复合材料热变形温度影响的关系曲线见图 17-17。本试验中，纯聚丙烯的热变形温度为 92.4℃，聚丙烯/高岭土插层复合材料的最大热变形温度为 105.3℃。硅酸盐本身就是一种具有良好的热稳定性的无机材料，添加到聚合物基体中是一种常用的提高聚合物热稳定性的方法。从图中可以看出，改性纳米卷的加入提高了聚丙烯的热变形温度。当改性纳米卷含量为 4%时，热变形温度达到最大值 107.5℃。继续增加改性纳米卷含量，复合物热变形温度基本趋于稳定。这主要是由于：改性纳米卷的加入在提高复合材料良好的热稳定性的同时，也赋予了复合材料较大的弯曲强度，从而使复合材料的热变形温度得到了提高。

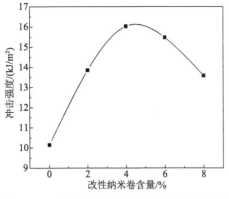

图 17-16　改性纳米卷含量对复合材料冲击强
度的影响

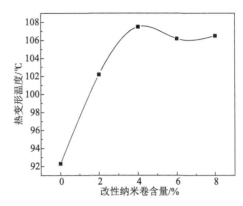

图 17-17　改性纳米卷含量对复合材料热变形
温度的影响

17.4.6　聚丙烯/高岭土纳米卷复合材料的熔体流动速率

图 17-18 为复合材料熔体流动速率受改性纳米卷含量的影响。由图可知，当改性纳米卷含量为 2%时，复合材料的熔体流动速率就达到最大值 6.80 g/10 min，相对于纯聚丙烯的 4.13 g/10 min 提高了 64.6%。当改性纳米含量进一步增加时，复合材料熔体流动速率明显下降。这可能是由于，少量改性纳米卷的加入起到了降低熔体黏度的作用，而当其含量较大时，纳米卷对高分子的流动具有一定的阻碍作用，熔体流动速率降低。与聚丙烯/高岭土插层复合材料不同的是，当改性纳米卷含量增至 8%时，复合材料熔体流动速率仍高于纯聚丙烯。可见，纳米卷对基体流动的阻碍作用小于粒度更大的高岭土。

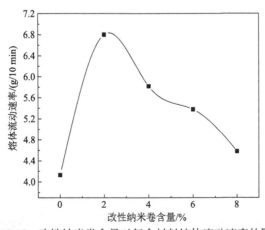

图 17-18　改性纳米卷含量对复合材料熔体流动速率的影响

17.4.7　聚丙烯/高岭土纳米卷复合材料的断面形貌

改性纳米卷含量为 4%时聚丙烯/纳米卷复合材料低温脆断面形貌见图 17-19。
从高岭土纳米卷制备一章的透射及扫描电镜可知，片状高岭土的卷曲与剥离同时
进行，高岭土纳米卷较大的比表面积以及卷与卷间的相互作用使其难以分散开。
从经聚苯乙烯改性并填入聚丙烯的 SEM 照片[图 17-19(a)]可看出，纳米卷在聚丙
烯基体中分散均匀，与聚合物基体展现出极好的相容性，也进一步解释了改性纳
米卷几乎 100%活化指数的原因。在图 17-19(b)中，纳米卷的孔穴结构清晰可见，
说明纳米卷形貌在熔融挤出过程保持较好，未出现开卷现象。从图 17-19(c)和(d)
可看出，纳米卷紧插在聚丙烯基体中、外侧与聚丙烯基体未出现排斥现象。这主
要是因为，聚丙烯分子和纳米卷壁间、管内以及表面的聚苯乙烯分子链相互缠绕
使聚合物与无机纳米粒子紧密结合。改性纳米卷在聚丙烯基体中良好的相容性以
及纳米级的分散性合理解释了聚丙烯/高岭土纳米卷复合材料各项优异的性能。

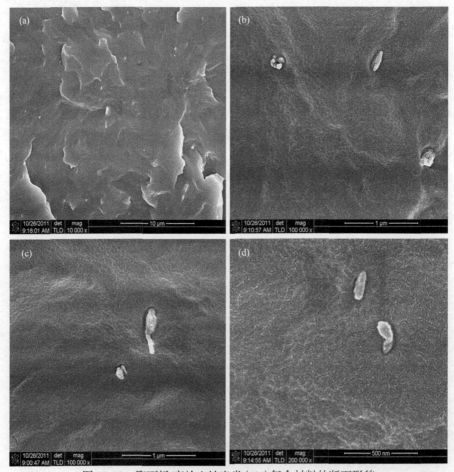

图 17-19　聚丙烯/高岭土纳米卷(4%)复合材料的断面形貌

17.5　本　章　小　结

（1）以聚苯乙烯插层、包覆改性片状高岭土，与聚丙烯熔融共混挤出制备了聚丙烯/高岭土插层复合材料。

（2）聚丙烯/高岭土插层复合材料各项性能均有所提高。其中改性高岭土含量为4%时，拉伸强度、熔体流动速率分别提高了12.9%、16.7%；改性高岭土含量为6%时，弯曲、冲击强度分别提高了27.4%、30.8%，热变形温度提高了12.9℃。

（3）用苯乙烯在纳米卷管内、壁间、表面原位聚合改性高岭土纳米卷，与聚丙烯熔融共混挤出首次制备了聚丙烯/高岭土纳米卷复合材料。

（4）聚丙烯/高岭土纳米卷复合材料各项性能更为优异。改性纳米卷含量为2%时，复合材料拉伸强度、熔体流动速率分别提高了23.8%、64.6%；改性纳米卷含量为4%时，弯曲、冲击强度分别提高了42.3%、57.93%，热变形温度提高了15.1℃。

第 18 章 芳纶纤维/尼龙 6/高岭土复合材料

18.1 引　言

尼龙最早由美国杜邦研发成功，经过几十年的发展，目前已发展成为一个囊括尼龙 66、尼龙 6(PA6)、尼龙 1010、尼龙 610、尼龙 612 等多个类别的工程塑料大家族，并且用量排在五大通用工程塑料的第一位，既可以制成纤维也可以用作树脂，其在汽车行业、电子电器行业及工业零部件都有广泛的应用。PA6 具备较高的机械强度、良好的抗摩擦性和耐高温性等特性，是全球应用量最大的一种工程塑料。但是由于某些场合有着更为严格的要求，像泵叶、轴承、齿轮等这样需要高强度的零部件，必须对其进行改性扩大其应用范围，由此吸引了世界上很大一部分研究者的注意力。尼龙 6 改性大体可分为两个方面，粉末填充和纤维增强改性。

高岭土是比较常见的一种填充增强硅酸盐类无机材料，广泛应用于塑料、涂料、橡胶等领域。由于高岭土表面惰性，在高填充时往往出现团聚现象，影响复合材料的各方面性能，因此为了提高填充含量，改善其与基体的界面黏结性能，常对其表面进行偶联改性处理。

硅烷偶联剂主要包含两大部分，一部分为可以水解的烷氧基或卤素原子，其水解后产生的羟基可与无机填充粉体表面发生双羟基脱水反应；另一部分为反应功能性基团，其主要作用是与基体聚合物发生反应，起到连接聚合物分子的作用。硅烷偶联剂的种类很多，不同的类型用于增强不同的树脂，这主要由其功能反应性基团决定。

通常用以增强 PA6 树脂的纤维有玻璃纤维、天然纤维、芳纶纤维、碳纤维及其他纤维。应用最多的当属玻璃纤维，其有着来源丰富、低价等优势，但具有表面惰性和相对于其他增强纤维强度较弱等缺点，要使 PA6 树脂强度有较大的提升则不得不大剂量添加玻璃纤维，这就会导致材料变脆，使冲击强度下降并且对挤出、注塑的螺杆产生较大的磨损，给后续加工带来极大的不便。碳纤维是一种高强度纤维，兼具高强度和高模量的特点，然而当前生产工艺没有进一步取得突破，成本高居不下，使得高性能的碳纤维只能运用于航空航天等高尖端领域而民用领域使用的产品性能较为普通。芳纶纤维具有高比强度的特点，已发展多年且技术成熟，是被广泛认可的性能优异的增强体纤维。但芳纶纤维单丝表面平滑且缺乏化学活性，造成与高分子基体的界面结合强度较低，针对这一缺点，常运用物理和化学方法对其进行处理以更好地发挥增强体作用。其中常见的物理方法有高能射线、超声、表面涂层等技术、等离子体，其作用是提高芳纶纤维的表面粗糙度或改善其表面极性，增加极性基团；化学方法改性一般条件较为苛刻，但改性效果更佳，其中包括表面刻蚀、金属化反应、表面接枝、表面原位聚合等引入与树脂大分子结构相近的或者能与高聚物分子产生反应的基团，以改善两者的界面黏附性能。本试验所应用的刻蚀技术因具有操作步骤少、试验设备简单等优势而受到广泛关注与应用。

本章主要使用高岭土填充增强 PA6，制成力学强度较为优良的高岭土/PA6 复合材料，主要探究高岭土含量对 PA6 力学性能、晶型、结晶度和热性能等影响。

采用硅烷偶联剂 KH-791，其具有相对较长的分子链，可与基体树脂形成一定的物理交联，并且其末端带极性的氨基可以与极性基体 PA6 树脂形成取向力作用，甚至有可能和 PA6 末端羧基反应，产生化学键合。而且相比于常规使用的硅烷偶联剂 KH-550，KH-791 有两个氨基，这势必会加强其与极性基体的相互作用及与基体尼龙 6 末端反应概率。

采用马来酸酐(MAH)刻蚀芳纶纤维，探究其对芳纶纤维的刻蚀效果，其刻蚀过程更易控制，用以提高芳纶纤维表面粗糙度和增加表面极性基团数目，最后提高芳纶纤维与 PA6 的界面黏结强度。通过控制不同的刻蚀时间，最终优选出力学强度优良的刻蚀芳纶纤维/PA6 复合材料，可应用于制造对力学强度高要求的零件，能产生可观的社会和经济效益。

最后通过两种增强体同时改性 PA6，以期制备高性能芳纶纤维/PA6/高岭土复合材料，更大幅度地提高 PA6 产品的力学性能，推进其在各类承力部件领域中的应用。

18.2　芳纶纤维/尼龙 6/高岭土复合材料的制备

18.2.1　高岭土/PA6 复合材料的制备

将高岭土和 PA 置于鼓风干燥箱中烘干 10 h，温度设定为 110℃。然后按高岭土含量分别为 0 wt%、10 wt%、20 wt%、30 wt%、40 wt%、50 wt%配成高岭土与 PA6 混合物，控制混合物总质量均为 2 kg。再把混合物用新型密封式粉碎机搅拌 3 次，每次时间为 30 s。随后用双螺杆挤出机挤出，挤出机加料频率为 5 Hz，主机频率为 6 Hz，七段温度分别为 220℃、250℃、270℃、275℃、275℃、270℃、260℃。切粒机转速控制为 500 r/min。之后置于鼓风干燥箱中烘干 10 h，温度设定成 110℃。最后用注塑机注塑成相应的标准样条。

18.2.2　偶联改性高岭土/PA6 复合材料的制备

在 1000 mL 的烧杯中加入 720 mL 蒸馏水和 80 mL 工业乙醇。然后在磁力加热搅拌器上边搅拌边滴加硅烷偶联剂 KH-791,偶联剂滴加量分别控制为 0 g、2 g、4 g、6 g、8 g,分别搅拌 10 min。然后加入 400 g 已烘干的高岭土,分别用增力电动搅拌器搅拌 10 min。最后用布氏漏斗抽滤,样品在鼓风干燥箱中 120℃下处理 2 h。再按偶联改性高岭土与 PA6 以 40∶60 的比例,经挤出造粒,最后注塑并测试相应的性能。

18.2.3 刻蚀芳纶纤维/PA6 复合物的制备

1. 芳纶纤维的清洗

先把 5 g 芳纶纤维浸渍在装有 1000 mL 乙醇的大烧杯中,接着用保鲜膜密封住烧杯口,再超声处理 12 h,温度控制在 60℃,加热功率定在 100 W,最后抽提、烘干备用。

2. 芳纶纤维的刻蚀

先将 MAH 捣碎后再加到 1000 mL 烧杯中,接着把盛有 MAH 的烧杯放入集热式恒温加热磁力搅拌器,温度控制在 95℃。将 MAH 边熔融边加入,在液态 MAH 液面达到最大量程刻度线后,加入之前已经清洗好的 5 g 芳纶纤维。为了研究刻蚀时间对芳纶纤维性能的影响,仅以其为变量,设置了对比试验,刻蚀时间分别设定为 0 h、1 h、2 h、3 h、4 h。然后为了洗去残留的 MAH,用 85℃热水浸泡、冲洗经 MAH 处理后的芳纶纤维 5 次,最后将其置于鼓风干燥箱中干燥 12 h,温度设定为 70℃,装入密封袋后备用。

3. 芳纶纤维/PA6 复合材料的制备

把经 MAH 刻蚀 0 h、1 h、2 h、3 h、4 h 的芳纶纤维分别置于粉碎机中预先打散,再加入 PA6 树脂颗粒与之混合均匀,配成芳纶纤维为 1.0 wt% 的共混物,最后将其挤出、注塑制成芳纶纤维/PA6 标准力学测试试样。每种性能对应的样品共测五次,并取均值。为了便于行文简洁和样品类型的区分,故把前述芳纶纤维/PA6 复合材料分别标记为 A_0、A_1、A_2、A_3 和 A_4,详细组分见表 18-1。

表 18-1　5 种芳纶纤维/PA6 复合材料简写符号的含义

符号	尼龙 6 含量/wt%	芳纶纤维含量/wt%	MAH 刻蚀芳纶纤维的时间/h
A_0	99	1	0
A_1	99	1	1
A_2	99	1	2
A_3	99	1	3
A_4	99	1	4

18.2.4　芳纶纤维/PA6/高岭土复合材料的制备

先按 18.2.3 小节的方法制备经 MAH 刻蚀 0 h、1 h、2 h、3 h、4 h 的刻蚀芳纶纤维。然后按 18.2.2 小节中的方法制备偶联改性高岭土/PA6 复合材料，控制改性高岭土与 PA6 的质量比为 40∶59，KH-791 与高岭土的质量比为 1∶100。接着将刻蚀芳纶纤维分别与改性高岭土/PA6 复合材料按 1∶99 的质量比挤出、造粒、注塑制成芳纶纤维/PA6/高岭土复合材料标准测试试样。

18.3　芳纶纤维/尼龙 6/高岭土复合材料的结构与性能表征

18.3.1　高岭土的微观形貌

由图 18-1 高岭土的 SEM 照片可知，试验所用高岭科技产的 MM01 超细高岭土呈片层状结构，粒度绝大多数在 1 μm 以下，其中有个别 1～2 μm 的大片状高岭土。

图 18-1　高岭土的 SEM 照片

18.3.2　高岭土的层间距

由图 18-2 可知，在高岭土的 XRD 谱图中，12.35°、24.90°处出现明显的尖锐峰，分别对应于其(001)和(002)晶面，由布拉格公式 $2d\sin\theta = n\lambda$，计算晶面间距分别为 0.72 nm 和 0.37 nm。而在 20.36°、34.98°、38.46°附近出现较强的三角峰，其晶面间距分别约为 0.44 nm、0.27 nm、0.25 nm。

18.3.3　高岭土表面的官能团

高岭土的红外光谱图见图 18-3。3695.44 cm^{-1}、3668.1 cm^{-1}、3653.57 cm^{-1} 处是高岭土内表面羟基的收缩振动峰，3619.62 cm^{-1} 处是高岭土内羟基伸缩振动峰；1635.45 cm^{-1} 处是吸附水的—OH 变形振动吸收峰，698.8 cm^{-1} 处是 Si—OH 的伸缩振动；1110 cm^{-1} 和 1031.54 cm^{-1} 处分别是 Si—O—Si 反对称伸缩振动峰和 Si—O 伸缩振动峰；912.55 cm^{-1} 处是 Al—O(OH) 弯曲振动峰；798.2 cm^{-1} 处吸收峰是—OH 平移造成的，754.74 cm^{-1} 处吸收峰是 Si—O 垂直造成的，541.48 cm^{-1} 处是 Si—O、Al—O—Si 变形振动峰，469.16 cm^{-1} 处是 Si—O—Si 变形振动峰，430.3 cm^{-1} 处是 Si—O 变形振动峰。

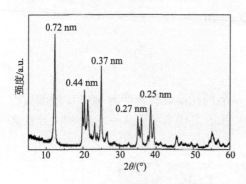

图 18-2　高岭土的 XRD 谱图

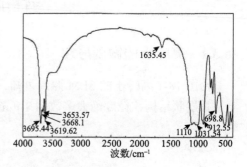

图 18-3　高岭土的红外光谱图

18.3.4　高岭土/PA6 复合材料的力学性能

高岭土含量对高岭土/PA6 复合材料拉伸强度的影响见图 18-4。随着高岭土含量增加，高岭土/PA6 复合材料的拉伸强度逐渐变大，说明高岭土起到了增强的效果，并在高岭土含量为 40 wt%时达到最大值，为 85.45 MPa，相比纯 PA6 提高了9.1%。而高岭土含量继续增加，拉伸强度开始急剧下降，可能是由于在高含量时高岭土产生团聚。

高岭土含量对高岭土/PA6 复合材料弯曲强度的影响见图 18-5。随着高岭土含量增加，高岭土/PA6 复合材料的弯曲强度呈现先上升的趋势，并在高岭土含量为40 wt%时达到最大值，为 116.01 MPa，相比纯 PA6 提高了 72.87%，说明高岭土起到了增强弯曲强度的效果。而高岭土含量继续增加，高岭土/PA6 复合材料的弯曲强度开始下降，可能是高岭土团聚所致。

高岭土含量对高岭土/PA6 复合材料弯曲模量的影响见图 18-6。本试验控制的高岭土含量梯度内，随着高岭土含量增加，高岭土/PA6 复合材料的弯曲模量逐渐变大，而且高含量时，割线斜率更大，说明高岭土含量对弯曲模量的增加效应更加明显。

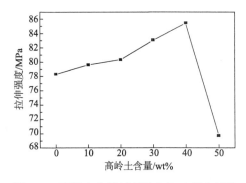

图 18-4　高岭土含量对高岭土/PA6 复合材料
拉伸强度的影响

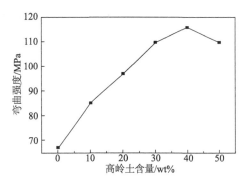

图 18-5　高岭土含量对高岭土/PA6 复合材料
弯曲强度的影响

高岭土含量对高岭土/PA6 复合材料冲击强度的影响见图 18-7。在本试验控制的高岭土含量梯度内，随着高岭土含量的增加，高岭土/PA6 复合材料的冲击强度起先有所上升，但是在高岭土含量超过 10 wt%时，高岭土/PA6 复合材料的冲击强度反而下降，可能是由于未经过表面处理的高岭土与 PA6 的界面相容性不佳，以致于应力不能有效地消散。表 18-2 为高岭土/PA6 复合材料的力学参数的具体数据。

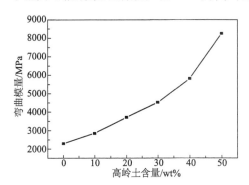

图 18-6　高岭土含量对高岭土/PA6 复合材料
弯曲模量的影响

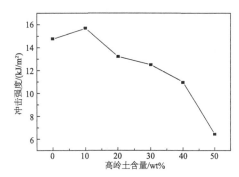

图 18-7　高岭土含量对高岭土/PA6 复合材料
冲击强度的影响

表 18-2　高岭土/PA6 复合材料的力学性能

高岭土含量	拉伸强度/MPa	弯曲强度/MPa	弯曲模量/MPa	冲击强度/(kJ/m²)
0 wt%	78.32±4.35	67.11±3.42	2282.02±11.56	14.77±0.26
10 wt%	79.63±3.14	85.40±4.53	2856.97±15.79	15.70±0.68
20 wt%	80.32±4.49	97.07±4.77	3706.54±18.74	12.23±0.72
30 wt%	83.05±3.84	109.66±5.56	4512.62±19.48	12.50±0.69
40 wt%	85.45±4.24	116.01±6.45	5820.39±30.66	10.98±0.58
50 wt%	69.71±3.03	109.92±4.95	8262.8±41.83	6.43±0.37

18.3.5　高岭土/PA6 复合材料 XRD 分析

不同高岭土含量的高岭土/PA6 复合材料的 XRD 谱图如图 18-8 所示。图 18-8(a) 为纯 PA6 的 XRD 谱图，在 21°左右有一个大的非晶峰，而在 23°~24°处出现文献中的肩峰[131]，此肩峰是 α 晶型对衍射峰和非晶峰综合叠加产生的。高岭

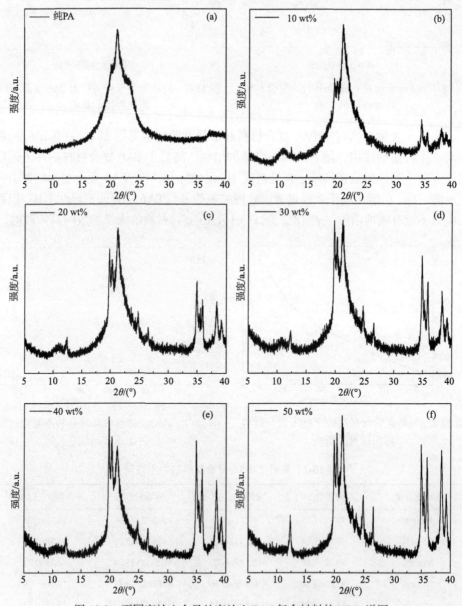

图 18-8　不同高岭土含量的高岭土/PA6 复合材料的 XRD 谱图

土含量增加的同时，在高岭土/PA6 复合材料 XRD 谱图中，高岭土的特征衍射峰逐渐凸显出来。如在高岭土含量仅为 10 wt%时[图 18-8(b)]，在 12.35°处出现高岭土(001)晶面对应的衍射峰，在 20°～22°、35°～37°和 38°～40°处出现高岭土对应的特征三角峰。随着高岭土含量继续增加，如图 18-8(c)～(f)所示，非晶峰中逐渐分裂出高岭土面间距为 0.37 nm 和 0.44 nm 对应的衍射峰，而且特征三角峰不断增强。

18.3.6　高岭土/PA6 复合材料偏光显微分析

图 18-9 为不同高岭土含量的高岭土/PA6 复合材料在 POM 下观察得到的双折

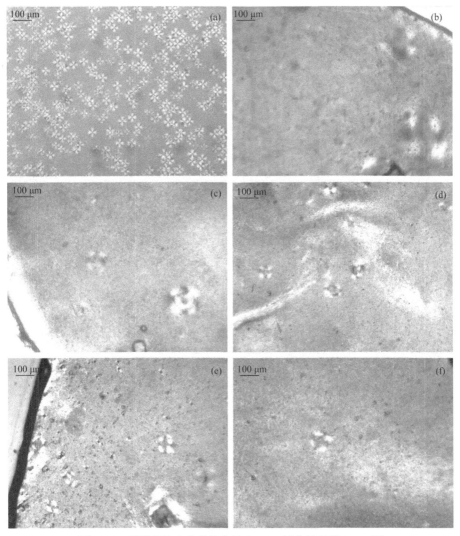

图 18-9　不同高岭土含量的高岭土/PA6 复合材料的 POM 图
(a)纯 PA；(b)10 wt%；(c)20 wt%；(d)30 wt%；(e)40 wt%；(f)50 wt%

射图片。图 18-9(a)为纯 PA6 的 POM 图，其中 PA6 的黑十字消光现象清晰可见，球晶尺寸大部分在 40～55 μm，且球晶在基体中分布较为均匀。从之后的 POM 图中可知，高岭土的加入可使球晶粒度减小，球晶数目相比纯 PA6 减少很多，这与 DSC 测试结果相一致。

18.3.7　高岭土/PA6 复合材料断面分析

图 18-10 是不同高岭土含量的高岭土/PA6 复合材料拉伸断面的 SEM 照片，

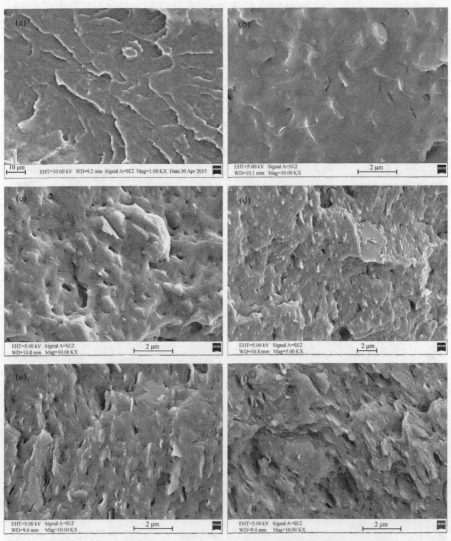

图 18-10　不同高岭土含量的高岭土/PA6 复合材料断面 SEM 照片

(a)纯 PA；(b)10 wt%；(c)20 wt%；(d)30 wt%；(e)40 wt%；(f)50 wt%

未出现 PA6 增韧特有的辉纹，断面较为平整，呈现脆性断裂的特征。在高岭土低含量时，在断裂面上高岭土被 PA6 包覆得较好，很少有高岭土直接露在断裂面上。随着高岭土含量的增加，断裂面直接暴露的高岭土渐渐增多，断裂面较为清晰，高岭土分散得也都较为均匀，大部分高岭土以小片状分布于 PA6 基体中，只有少量呈大块状分布。直到高岭土含量达到 50 wt%，其在 PA6 基体里开始有团聚现象，断面相当模糊，PA6 的连续相结构受到一定程度的破坏，高岭土在其中充当了应力集中物，这也造成了高岭土/PA6 复合材料的拉伸和弯曲强度下降。

18.3.8　高岭土/PA6 复合材料非等温结晶分析

不同高岭土含量的高岭土/PA6 复合材料的结晶曲线见图 18-11。可见由上往下的方向上高岭土含量不断增加，高岭土/PA6 复合材料的结晶温度逐渐降低，可能是由于高岭土的存在使结晶度下降，进而影响了其结晶温度。

18.3.9　高岭土/PA6 复合材料熔融曲线分析

图 18-12 是不同高岭土含量的高岭土/PA6 复合材料 DSC 熔融曲线。可见在高岭土含量较低时，高岭土/PA6 复合材料的熔融峰为单峰，而随着高岭土含量的增加，特别是在高岭土含量为 40 wt%时，出现了明显的双熔融峰。

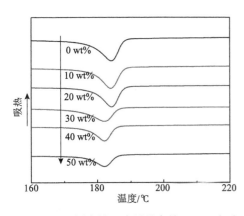
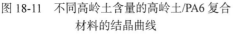

图 18-11　不同高岭土含量的高岭土/PA6 复合材料的结晶曲线

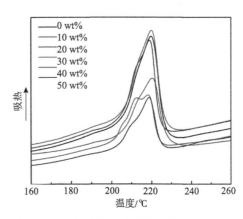

图 18-12　不同高岭土含量的高岭土/PA6 复合材料的 DSC 熔融曲线

18.3.10　高岭土/PA6 复合材料 TG 分析

不同高岭土含量的高岭土/PA6 复合材料的 TG 分析曲线见图 18-13。可见高岭土/PA6 复合材料大幅度失重曲线拐点发生在 365℃，并在 450℃时曲线斜率最大，说明该温度下高岭土/PA6 复合材料分解得最快，最后曲线持续失重到 500℃ 以上后稳定在比高岭土含量略小处，其原因可能是 PA6 吸收了少量水以及高岭土在高温下羟基脱水。而且高岭土含量越大，失重停止的温度越高。故可以得出结论，这段升温失重是由于 PA6 高温分解，而且高岭土的加入有利于提高高岭土/PA6 复合材料的耐热性能。

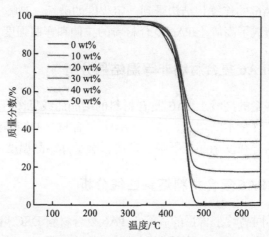

图 18-13　不同高岭土含量的高岭土/PA6 复合材料 TG 分析曲线

18.3.11　高岭土/PA6 复合材料的结晶度

表 18-3 是不同高岭土含量的高岭土/PA6 复合材料的熔融焓和结晶度数据。由表可知，在少量高岭土含量时，结晶度相比 PA6 略有降低，然而在高岭土含量继续增加时，结晶度却减小了。这可能是由于在高岭土在高岭土/PA6 复合材料中起着异相成核的作用，在高岭土含量较少时，对基体 PA6 大分子链段的折叠影响不大，但是高岭土含量继续增加时特别是在高含量下，这种阻碍效应更加明显，故结晶度反而变小。这种结晶度的减小与前述结晶温度随着高岭土含量的增加而下降的趋势相一致。

表 18-3　PA6 和高岭土/PA6 复合材料的熔融焓和结晶度

样品	高岭土含量/wt%	熔融焓/(J/g)	结晶度/%
1#	0	74.66±3.58	31.11±1.49
2#	10	71.41±2.33	29.75±0.97
3#	20	62.66±3.57	26.11±1.49
4#	30	52.96±3.13	22.07±1.30
5#	40	43.55±1.87	18.15±0.78
6#	50	36.18±1.98	15.08±0.83

18.3.12　偶联改性高岭土的表面官能团

KH-791 改性高岭土的红外光谱图见图 18-14。KH-791 改性高岭土中羟基的缩振动峰虽然没有发生位移，但是其峰强度相比未改性的高岭土有了明显的下降，说明高岭土硅羟基的量在减少，可能是由于 KH-791 水解后与高岭土的羟基发生脱水缩合。新出现 3396.09 cm⁻¹ 处吸收峰说明 KH-791 中存在—NH₂、—NH—氮氢键伸缩振动峰。在 2960 cm⁻¹、2931.23 cm⁻¹ 处出峰是因为 KH-791 中—CH₂—的存在，分别对应—CH₂—的对称伸缩振动和不对称伸缩振动峰。1575.03 cm⁻¹ 处是 N—H 变形振动峰，1480.59 cm⁻¹ 处是—CH₂—的弯曲振动峰，1260.95 cm⁻¹ 处是 C—N 伸缩振动峰；1110 cm⁻¹ 处的 Si—O—Si 反对称伸缩振动峰移至 1105.46 cm⁻¹，1031.54 cm⁻¹ 的 Si—O 伸缩振动峰分裂成 1035 cm⁻¹ 和 1008.26 cm⁻¹ 可能是新生成的 R—Si—O—Si 造成的。综上所述，KH-791 已成功接枝到高岭土表面。

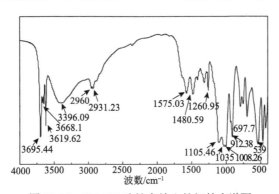

图 18-14　KH-791 改性高岭土的红外光谱图

18.3.13　偶联改性高岭土/PA6 复合材料的力学性能

表 18-4 为不同偶联剂 KH-791 含量下高岭土/PA6 复合材料的力学数据。可见随着 KH-791 与高岭土质量比的增加，偶联改性高岭土/PA6 复合材料的力学性能出现先增大后减小的趋势。其中 KH-791 与高岭土的最佳质量比为 1∶100，此时试样的拉伸强度、弯曲强度、弯曲模量、冲击强度都达到最大值，分别为 92.23 MPa、121.56 MPa、5974.98 MPa 和 12.88 kJ/m²。

表 18-4　不同硅烷偶联剂含量下高岭土/PA6 复合材料的力学性能

KH-791 与高岭土的质量比	拉伸强度/MPa	弯曲强度/MPa	弯曲模量/MPa	冲击强度/(kJ/m²)
0	85.45±4.83	116.01±5.58	5820.39±27.34	10.98±0.42
0.5∶100	90.5±5.33	118.49±6.06	5695.64±28.66	11.70±0.57
1∶100	92.23±4.75	121.56±5.94	5974.98±30.27	12.88±0.61

续表

KH-791 与高岭土的质量比	拉伸强度/MPa	弯曲强度/MPa	弯曲模量/MPa	冲击强度(kJ/m²)
1.5：100	91.31±5.49	119.75±6.35	5875.58±29.56	12.25±0.53

18.3.14　偶联改性高岭土/PA6 复合材料的偏光显微分析

　　图 18-15 为经不同量硅烷偶联剂 KH-791 处理后的改性高岭土填充 PA6 制得的改性高岭土/PA6 复合材料的 POM 照片，图下方的百分比为 KH-791 与高岭土的质量比。从图中可见，每种样品中 PA6 球晶产生的黑十字消光现象清晰可见，球晶大小在 100 μm 左右，特别是 KH-791 与高岭土的质量比为 1：100 时，球晶尺寸略有下降，但数量增多。

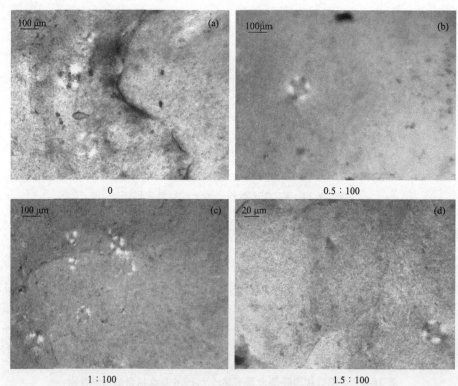

图 18-15　不同硅烷偶联剂 KH-791 含量下尼龙 6 复合材料的 POM 照片

18.3.15　偶联改性高岭土/PA6 复合材料的拉伸断面形貌

　　图 18-16 为经不同量硅烷偶联剂 KH-791 处理后的改性高岭土填充 PA6 制得的改性高岭土/PA6 复合材料拉伸断面的 SEM 照片，图下方的百分比为 KH-791

与高岭土的质量比。从断面 SEM 照片可知，高岭土和改性高岭土都能较为均匀地镶嵌分布在 PA6 树脂中，同时也存在高岭土拔出后留下零星的孔洞。在图 18-16(a)中，未经 KH-791 改性的样品断面高岭土表面比较光滑，黏附的 PA6 很少，高岭土白色片层状结构清晰可见。图 18-16(b)和(c)中高岭土不再那么裸露，表面有 PA6 黏附，而且大部分都在 PA6 基体中，露出来的较少。这说明高岭土和 PA6 之间的界面相容性获得较大的提高。图 18-16(d)中 KH-791 过量，在高岭土表面以分子间作用力堆积，使改性效果下降，导致样品力学强度下降。

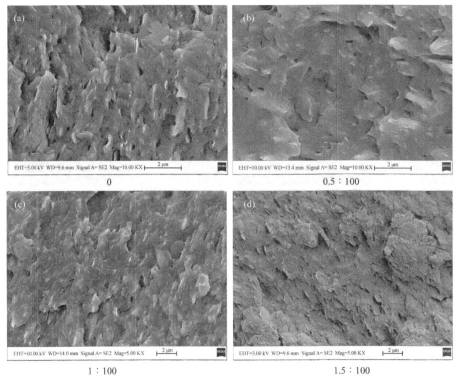

图 18-16 不同硅烷偶联剂 KH-791 含量下尼龙 6 复合材料的 SEM 照片

18.3.16 芳纶纤维单丝的微观形貌

芳纶纤维经不同时间 MAH 刻蚀处理后的 SEM 照片见图 18-17。可知随着处理时间的延长，芳纶纤维表面沟壑慢慢加深：没有刻蚀时，芳纶纤维表面极为平滑；在 MAH 刻蚀处理 1 h 后，芳纶纤维表皮生成了少量的凹坑；在 MAH 刻蚀处理 2 h 后，芳纶纤维表皮开始出现了凹凸交替的周期性浅槽；在 MAH 刻蚀处理 3 h 后，芳纶纤维表面已经刻蚀出相当深的沟壑，出现了像钢筋一样的螺旋状表皮，粗糙程度显著增大，使增强体芳纶纤维和 PA6 树脂间的界面接触面积变大，进而增大了两者的机械啮合力，为下文芳纶纤维/PA6 复合材料力学强度的提升提供了可能与依据。芳纶纤维在 MAH 刻蚀处理前后产生这种形貌变化的机理可能是由于加工过程中的因素使得芳纶纤维表皮本身自带这种周期性褶皱，随着 MAH 刻蚀处理过程的持续，上述褶皱进一步地显现出来，表现出产生钢筋一样的螺旋状表皮。过度刻蚀也会对芳纶纤维产生不利影响，例如，在 MAH 刻蚀处理 4 h 后，芳纶纤维除了形成上文类似钢筋表皮螺旋状花样的同时，轴向上也出现了不浅的贯穿沟壑。究其原因可能是芳纶纤维本身特有的"皮芯"结构，薄皮层在 MAH 长时间刻蚀后，已逐渐被刻蚀并侵蚀到芯层。而分析芯层的微观组成时发现其内部是由沿轴向的串晶聚堆积且这种形式比较松散，所以就出现过度刻蚀时沿轴向的凹槽。

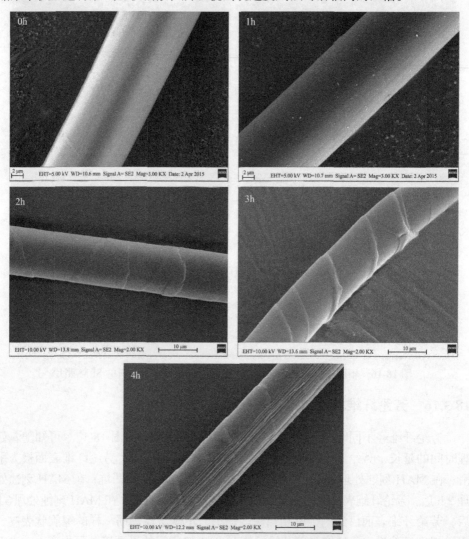

图 18-17　经 MAH 不同时间刻蚀后的芳纶纤维 SEM 照片
(a)0 h；(b)1 h；(c)2 h；(d)3 h；(e)4 h

18.3.17 芳纶纤维表面的元素含量

表18-5是不同的刻蚀处理时间对芳纶纤维表面元素的影响。可知，在刚开始刻蚀的前3h内，MAH刻蚀处理时间越长，芳纶纤维表皮的氧含量则越多，表明其表面含氧基团数目可能在增加，这有利于提升芳纶纤维的表面极性，进而改善芳纶纤维与PA6树脂的界面黏附性能。芳纶纤维的最佳刻蚀时间为3h，此时其表面含氧量和氧碳比同时变为最高，各为17.60 wt%和0.24。进一步刻蚀后芳纶纤维上述参数略有下降，如MAH刻蚀处理4h，这样的结果难以更好地提高芳纶纤维与PA6间的界面性能。

表18-5 不同的刻蚀处理时间对芳纶纤维表面元素的影响

芳纶纤维刻蚀时间	元素含量/wt%			氧碳比
	C	O	N	O/C
0 h	78.29	11.52	10.18	0.15
1 h	76.53	12.81	10.66	0.17
2 h	74.67	14.78	10.56	0.20
3 h	73.79	17.60	8.61	0.24
4 h	73.50	16.31	10.19	0.22

图18-18是芳纶纤维经MAH刻蚀不同时间后的C 1s分峰结果。由于本文更侧重芳纶纤维含氧基团对极性基体界面黏附性能的影响，故图18-18除了只在纯

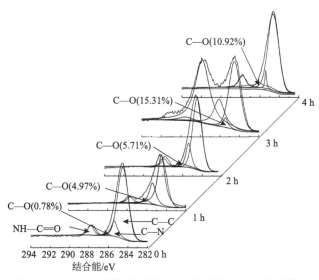

图18-18 MAH不同时间刻蚀后芳纶纤维的C 1s分峰结果

芳纶纤维的 C 1s 分峰详细标出各小峰代表的基团外着重标出其他刻蚀时间下芳纶纤维含有 C—O 相对含量。结果显示其值呈现先变大再变小的趋势，与表 18-5 中氧元素相对含量变化方向相一致。酰胺键上存在 n 电子和 π 电子导致其推电子效应，使得其苯环上邻位电子云密度相对增加，在亲电试剂（如酸酐）的进攻下就会产生一系列化学过程并最终生成 C—O[254]，基于上述原因造成了图 18-18 中 C—O 的变化。此外，由于清洗芳纶纤维时使用超声处理技术使得即使没有 MAH 刻蚀处理其表面也生成了醚键[255]，故 C 1s 分峰中存在微量的 C—O 键。

18.3.18　芳纶纤维/PA6 复合材料的力学性能

芳纶纤维/PA6 复合材料的部分力学性能见表 18-6。可知，随着 MAH 刻蚀芳纶纤维时间的延长，芳纶纤维/PA6 复合材料拉伸与弯曲强度都显现了先增大后减小的趋势。MAH 刻蚀芳纶纤维的最优时间为 3 h，此时制得的芳纶纤维/PA6 复合材料的拉伸与弯曲强度均为最大值，依次是 82.92 MPa 和 76.16 MPa，与未改性前相比分别增加 5.87% 和 13.49%。但是刻蚀时间过长，如 MAH 刻蚀处理 4 h，芳纶纤维单丝表面在轴向形成了沟壑，在应力作用下其作用相当于微裂纹，应力使沟壑慢慢增大，最后发展到整根芳纶纤维撕裂[145]，这是芳纶纤维/PA6 复合材料的破坏起始点，可充当其材料的应力集中点，所以造成材料的力学强度减小。

表 18-6　芳纶纤维/PA6 复合材料的部分力学性能

样品	拉伸强度/MPa	弯曲强度/MPa
纯 PA6	78.32±3.91	67.11±4.33
A_0	79.83±4.02	71.22±3.74
A_1	80.37±4.63	72.73±4.01
A_2	82.02±5.93	74.61±3.78
A_3	82.92±3.74	76.16±4.17
A_4	75.60±4.31	63.75±3.32

18.3.19　芳纶纤维/PA6 复合材料的晶型与晶粒

图 18-19 是纯 PA6 和芳纶纤维/PA6 复合材料样品的 XRD 谱图。可知，MAH 刻蚀处理芳纶纤维时间越长，样品的衍射峰强度越小且半峰宽越窄，表明 PA6 晶粒进一步变小，尤其当芳纶纤维被刻蚀处理 3 h 时，样品的衍射峰强和半峰宽变为最小值。晶粒细化可能是芳纶纤维作为增强体异相成核的原因，例如，在 MAH 刻蚀处理芳纶纤维达 3 h 时，有最大的表面粗糙度，此时活性位点最多，所以 PA6

晶体更倾向于成核。同时本文也得出在衍射角 2θ 为 21.1°时，样品都会出峰，该峰是由 PA6 的 γ 晶型所引起的[256]。同时在衍射角超过该值时，MAH 刻蚀处理芳纶纤维时间越长，芳纶纤维/PA6 复合材料衍射峰强度仅下降少许。尤其值得注意的是在 2θ 为 22°～23°产生明显与文献相似的肩峰[256]，这应该是 α 晶型对应 2θ = 23.7°出现的衍射峰与原有衍射峰叠加的结果，由此推测芳纶纤维的加入使 PA6 更倾向于生成 α 晶型。

18.3.20 芳纶纤维/PA6 复合材料的热分析

图 18-20 是纯 PA6 和芳纶纤维/PA6 复合材料样品内部的 DSC 测试结果。单一 PA6 在低熔融温度 T_{m1}=210℃和高熔融温度 T_{m2}=220℃处分别出现了 γ 晶型和 α 晶型所对应的熔融峰[257]，而芳纶纤维/PA6 复合材料低温熔融峰相对变弱，高温熔融峰依旧凸显，峰强变大但出峰位置未产生明显位移。这说明芳纶纤维的加入有利于生成 α 晶型，这与 XRD 分析所得结论一致。根据 DSC 曲线求积分可知五种试样的实际熔融焓，由下式计算试样各自的结晶度(%)。

结晶度=实际熔融焓/(聚合物 100%结晶的熔融焓×聚合物的质量分数)　　(18-1)

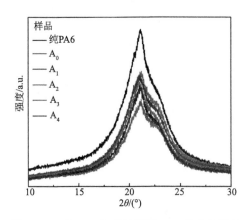

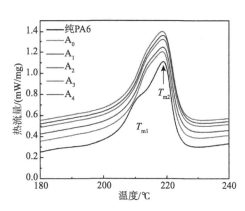

图 18-19 纯 PA6 和芳纶纤维/PA6 复合材料的　图 18-20 纯 PA6 和芳纶纤维/PA6 复合材料样
　　　　XRD 谱图　　　　　　　　　　　　　　　　　品 DSC 分析

表 18-7 为试样的熔融焓和结晶度信息。可知，随着 MAH 刻蚀处理芳纶纤维时间的延长，芳纶纤维/PA6 复合材料的结晶度也逐渐增大，其原因可能是芳纶纤维的异相成核作用，芳纶纤维表面越粗糙，成核活性点越多；在试样内部没有和模具之间接触，温度速率较缓慢，PA6 大分子链段更容易运动，趋向于形成更稳定的 α 晶型。

表 18-7　PA6 和芳纶纤维/PA6 复合材料样品内部熔融焓和结晶度

样品	熔融焓/(J/g)	结晶度/%
纯 PA6	61.65±3.38	25.69±1.41
A_0	62.31±4.13	25.96±1.72
A_1	62.97±3.43	26.24±1.43
A_2	64.65±4.12	26.94±1.72
A_3	65.27±3.53	27.20±1.47
A_4	65.02±2.97	27.09±1.24

18.3.21　芳纶纤维/PA6 复合材料的断面形貌

图 18-21 是纯 PA6 以及芳纶纤维/PA6 复合材料冲击断面的 SEM 照片。可见，每种试样冲击断面基本出现了脆性断裂特有的平整断面，此外断面处芳纶纤维表面明显有部分原纤撕裂出来，并且随着 MAH 刻蚀处理时间的延长，芳纶纤维表面黏附的 PA6 树脂也增多。图 18-21(b)中断面处芳纶纤维表面无 PA6 黏附。但是图 18-21(c)中开始出现有少量 PA6 附着在芳纶纤维表面的现象，此外部分芳纶纤

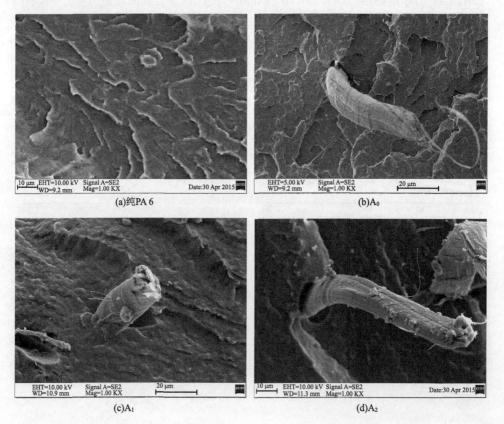

(a)纯PA 6　　　　　　　　　　　　　　(b)A_0

(c)A_1　　　　　　　　　　　　　　(d)A_2

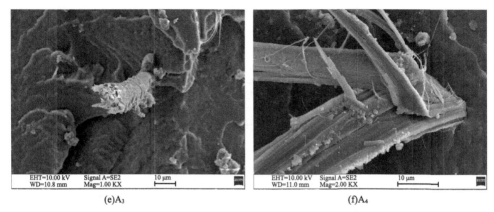

(e)A₃   (f)A₄

图 18-21 纯 PA6 和芳纶纤维/PA6 复合材料冲击断面 SEM 照片

维还残存在 PA6 基体中。图 18-21(d)中芳纶纤维表面黏附的 PA6 进一步增多，表明芳纶纤维与 PA6 间的界面黏附性能得到相应的改善。在图 18-21(e)中芳纶纤维表面有大量的基体 PA6 颗粒黏附，说明此时芳纶纤维表面已有许多活性中心，与 PA6 的界面强度大大增强，这也促使芳纶纤维/PA6 复合材料的力学强度得到增加。图 18-21(f)中芳纶纤维表面虽然也黏附不少的 PA6 树脂，但芳纶纤维已沿轴向断裂分叉，可能是因为长时间的刻蚀作用造成芳纶纤维轴向上产生微裂缝，在应力作用下其逐渐发展直到使芳纶纤维沿着轴向撕裂为止。

18.3.22 芳纶纤维/PA6/高岭土复合材料的力学性能

表 18-8 为高性能芳纶纤维/PA6/高岭土复合材料的力学性能数据。由该表可知，相比于单纯使用改性高岭土填充增强 PA6，第三组分刻蚀芳纶纤维发挥了其作为纤维增强体高强度、高模量的优势，进一步提高了 PA6 基复合材料的力学强度，并最终优选出 4#配方，此时芳纶纤维表面粗糙度最大并且含有较多的极性含氧基团，能与 PA6 有较大的界面黏附性能。4#配方制得的试样拉伸强度、弯曲强度、弯曲模量分别为 95.42 MPa、127.67 MPa、6458.35 MPa，相比纯 PA6 分别提高了21.83%、90.24%、183.01%。冲击强度略有变小，降为 13.93 kJ/m²，降幅为 5.69%。

表 18-8 芳纶纤维/PA6/高岭土复合材料的力学性能

配方	芳纶纤维刻蚀时间/h	芳纶纤维/wt%	高岭土/wt%	KH-791 与高岭土的质量比	PA6/wt%	拉伸强度/MPa	弯曲强度/MPa	弯曲模量/MPa	冲击强度/(kJ/m²)
1#	0	1	40	1∶100	59	92.83±5.31	122.28±6.52	6047.81±25.38	13.06±0.48
2#	1	1	40	1∶100	59	93.15±3.94	123.92±5.98	6173.24±30.72	13.23±0.63

配方	芳纶纤维 刻蚀时间 /h	芳纶纤维 /wt%	高岭土 /wt%	KH-791 与 高岭土的质 量比	PA6 /wt%	拉伸强度 /MPa	弯曲强度 /MPa	弯曲模量/MPa	冲击强度 /(kJ/m²)
3#	2	1	40	1：100	59	94.87±4.16	125.83±6.03	6276.35±22.93	13.56±0.52
4#	3	1	40	1：100	59	95.42±4.77	127.67±7.33	6458.35±27.85	13.93±0.71

18.3.23　芳纶纤维/PA6/高岭土复合材料的断面形貌

图 18-22 为芳纶纤维/PA6/高岭土复合材料的拉伸断面 SEM 照片，1#、2#、3#、4#代表的含义见表 18-8。在图 18-16 中，高岭土经 KH-791 处理后在 PA6 基体中分散得更为均匀，断面处高岭土表面不再裸露且光滑，而更多是包埋在 PA6 基体中或者露出部分有 PA6 树脂黏附，这些现象表明改性高岭土与 PA6 基体有较好的界面相容性。在图 18-22 中，芳纶纤维随着刻蚀时间的延长，在芳纶纤维/PA6/高岭土复合材料断面处残留的芳纶纤维表面上黏附的 PA6 树脂越来越多，说明芳纶纤维和 PA6 的界面黏附性能逐渐增强。综上所述，结合 SEM 照片得出的结论也与芳纶纤维/PA6/高岭土复合材料力学强度数据相一致。

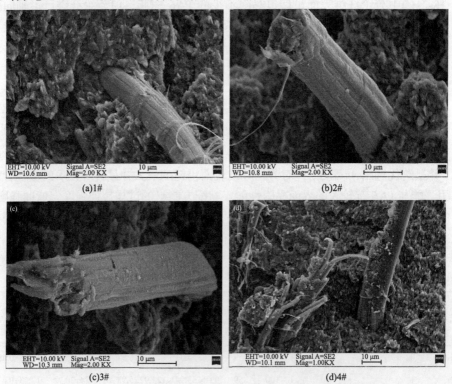

(a)1#　　　　　　　　　　　　　　(b)2#

(c)3#　　　　　　　　　　　　　　(d)4#

图 18-22　芳纶纤维/PA6/高岭土复合材料的拉伸断面 SEM 照片

18.3.24　芳纶纤维/PA6/高岭土复合材料的 XRD 分析

由图 18-23 是芳纶纤维/PA6/高岭土复合材料的 XRD 谱图。由图可知在高岭土含量为 40 wt%时，不同时间 MAH 刻蚀的芳纶纤维对上述复合材料的 XRD 谱图几乎没有影响，主要被高岭土谱图所覆盖。

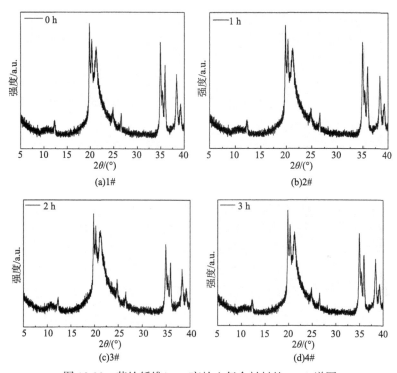

图 18-23　芳纶纤维/PA6/高岭土复合材料的 XRD 谱图

18.3.25　芳纶纤维/PA6/高岭土复合材料的结晶度

由表 18-9 可知，芳纶纤维的加入有利于提高芳纶纤维/PA6/高岭土复合材料的结晶度，但提高的幅度有限。随着芳纶纤维刻蚀时间的延长，芳纶纤维/PA6/高岭土复合材料的结晶度随之略微增加。

表 18-9　芳纶纤维/PA6/高岭土复合材料的熔融焓和结晶度

样品	熔融焓/(J/g)	结晶度/%
1#	43.55±2.17	18.15±0.90
2#	44.93±1.59	18.72±0.66
3#	45.86±0.96	19.11±0.40
4#	47.17±1.54	19.65±0.64

18.4　本　章　小　结

(1)通过对高岭科技产的 MM01 高岭土进行表征，结果显示该类型高岭土呈片层状结构，(001)晶面间距约为 0.72 nm，存在—OH、Si—O、Al—O—Si 等基团。

(2)通过不同含量高岭土填充 PA6，力学测试结果显示，在高岭土填充量为 40 wt%时，拉伸强度和弯曲强度最大，分别达 85.45 MPa 和 116.01 MPa，相比纯 PA6 分别提高了 11.51%和 57.07%。

(3)高岭土的加入还可使球晶粒度增大，而且高岭土含量越大，结晶度越低。

(4)高岭土的加入使高岭土/PA6 复合材料的结晶温度降低，但可以提高其分解温度，提高其耐热性能。

(5)红外光谱分析表明，KH-791 已接枝到高岭土表面。

(6)力学性能测试表明，当 KH-791 与高岭土的质量比为 1:100 时，偶联改性高岭土/PA6 复合材料力学性能最优，拉伸强度、弯曲强度、弯曲模量、冲击强度分别为 92.23 MPa、121.56 MPa、5974.98 MPa、12.88 kJ/m^2。

(7)偏光显微镜分析表明当 KH-791 与高岭土的质量比为 1：100 时，偶联改性高岭土/PA6 复合材料的球晶半径最小。

(8)SEM 分析表明，KH-791 的加入有利于改善高岭土与 PA6 的界面黏附性能。

(9)芳纶纤维经 MAH 刻蚀的最佳时间为 3 h，此时其表面含氧量和氧碳比同时为最高，分别为 17.60%和 0.24。

(10)将芳纶纤维控制在 1 wt%，将不同时间 MAH 刻蚀的芳纶纤维制成芳纶纤维/PA6 复合材料。力学测试表明，在刻蚀处理 3 h 时样品的拉伸和弯曲强度增加到最大值，依次是 82.92 MPa 和 76.16 MPa，与未增强前相比各增加 5.87%和 13.49%。

(11)刻蚀芳纶纤维使 PA6 倾向于生成 α 晶型，同时使其倾向于成核。其中刻蚀 3 h 后的芳纶纤维与 PA6 制成的芳纶纤维/PA6 复合材料结晶度最大，达到 27.20%。

(12)力学测试表明，芳纶纤维/PA6/高岭土复合材料综合力学性能最优条件为：芳纶纤维经 MAH 刻蚀 3 h，偶联剂 KH-791 与高岭土的质量比为 1：100，三种组分的比例刻蚀芳纶纤维：偶联改性-高岭土：PA6 的质量比为 1：40：59。

(13)SEM 测试表明，两种增强体芳纶纤维和高岭土经改性处理后，能在 PA6 树脂均匀地分散并且界面黏附性能也有明显的改善。

(14)随着芳纶纤维刻蚀时间的延长，芳纶纤维/PA6/高岭土复合材料的结晶度随之略微增加。

第 19 章 总 结

本书以龙岩高岭土为主要原料，采取提纯、预插层、二次插层和原位聚合等方法进行改性，目的是提高龙岩高岭土的附加值。本书研究了龙岩高岭土的改性工艺，并将改性后的功能化高岭土应用到聚丙烯、尼龙 6 和聚氯乙烯三种聚合物中，主要得到以下结论。

(1) 以龙岩高岭土为主要原料，采用乙酸钾、二甲亚砜和尿素三种插层物改性高岭土。考察了这三种插层物对高岭土的插层效果，结果如下。①通过对乙酸钾插层高岭土工艺分析，得出最佳插层工艺为饱和乙酸钾溶液在 80℃下反应 3 天，综合插层率可以达到 86%以上。FTIR 的内表面羟基振动峰插层后变弱，这说明乙酸根和内表面羟基进行了结合，而内羟基则无变化。TG 分析表明插层复合物的脱羟基温度明显比纯高岭土的要低。这也证明了乙酸钾的插入破坏了高岭土原有的羟基结构。②考察了反应条件对 DMSO 插层高岭土的影响。含水量 9 wt%的 DMSO 在 80℃下反应 3 天以上，插层率可以超过 90%。FTIR 在 3698 cm^{-1} 处内表面羟基振动峰变弱，在 1038 cm^{-1} 出现 S═O 键的伸缩振动峰，证明了 DMSO 分子已经插入高岭土层间。TG、^{29}Si CP/MAS NMR 和 XPS 都能证明 Si—O 和 Al—O 与羟基的作用。同时 DMSO 插层高岭土一次插层剂工艺简单，连续性较好。③考察了尿素插层高岭土，用 6 mol/L、8 mol/L 和 12 mol/L 的尿素溶液，制备了高岭土/尿素插层复合物。FTIR 和 TG 也都证明了键合的发生。但是插层率不高和效率较差影响了其进一步规模生产的可能。综上可知，二甲亚砜作为预插层体的综合效果最佳。

(2) 以 K/DMSO 为预插层体，通过甲醇二次置换得到高岭土/甲醇插层复合物。并且采用原位聚合和接枝等手段得到两种功能化高岭土产品。①甲醇二次插层的研究中，XRD 表明每 12 h 更换一次甲醇溶液，需要 3 天才能将 DMSO 置换完全。热分析结果也印证了上述结论。置换完全后，K/MeOH 湿样的层间距变为 1.08 nm，风干后的 K/MeOH 的层间距变为 0.86 nm。用 FTIR、XPS、^{29}Si CP/MAS NMR 等验证了甲基在层间的插层。②在超声仪中，用苯乙烯置换 K/DMSO 中的 DMSO。采用本体聚合的方法，使苯乙烯在高岭土层间聚合。XRD 显示，聚合之后层间距由 0.86 nm 扩大为 1.11 nm。用热分析得到 Kao-PS 中高岭土和聚苯乙烯的质量比约为 1.375∶1。③以 K/MeOH 为原料，将 MDI 接枝到高岭土上，并用己内酰胺封端。得到 Kao-CL，这可以提高高岭土在尼龙 6 中的分散性。

(3)制备了 PP/Kao-PS 纳米复合材料，研究结果表明：随着 Kao-PS 的加入，聚丙烯的拉伸强度、弯曲强度、冲击强度、热变形温度均有不同程度的提高，这归结于高岭土在基体中的良好分散以及聚丙烯分子链段进入高岭土层间。而冲击强度的提高还要一部分归结于 β 晶的产生。熔体流动速率的变化为先升高后降低。XRD 和 POM 结果表明，加入高岭土后，PP 球晶的晶粒尺寸减小，晶粒明显细化，而且产生 β 晶。当 Kao-PS 含量为 5 wt%时，β 晶含量最高为 24.83%。根据热分析结果，插层型高岭土能够明显提高聚丙烯的热稳定性。流变测试表明，高岭土的加入限制了大分子链的运动，松弛时间延长，弹性形变松弛效应减弱，tanδ 减小，屈服应力增大。

(4)研究了 PP/Kao-PS 纳米复合材料的等温结晶动力学。iPP 和 PP/Kao-PS 达到结晶峰位置所需要的时间、诱导时间和半结晶期都随着结晶温度的升高而增加。在结晶温度相等的情况下(123℃、125℃和 128℃)，PP/Kao-PS 达到结晶峰位置所需要的时间、诱导时间和半结晶期都小于 iPP。PP/Kao-PS 的 Avrami 方程参数 Z 和 Avrami 系数 n 都大于 iPP。以上结果表明 Kao-PS 的加入提高了聚丙烯的结晶速率。等温结晶后的熔融显示，PP/Kao-PS 比 iPP 多了一个 β 晶的熔融峰。这也与 XRD 的结果相一致。根据 Hoffman-Weeks 理论，得出 iPP 的 α 晶平衡熔点为 172.52℃，Kao-PP 中 α 晶的平衡熔点为 175.90℃，β 晶的平衡熔点为 162.13℃。通过球晶生长速率计算，PP/Kao-PS 的动力学参数(K_g)和端表面自由能(σ_e)均低于 iPP，表明 Kao-PS 促进了聚丙烯结晶时分子链的折叠，提高了聚丙烯的结晶能力。

(5)非等温结晶结果表明，Jeziorny 改进了 Avrami 方程，能够处理非等温结晶过程，但是其动力学参数缺乏明确的物理意义。根据 Ozawa 方法所作的结晶动力学曲线，线性都不明显，说明采用 Ozawa 模型不适用于描述该非等温结晶过程。采用莫志深方法分析 iPP 和 PP/Kao-PS 非等温结晶动力学时，曲线线性关系都比较明显，且在给定的相对结晶度 X_T 下，PP/Kao-PS 的 $F(T)$ 比 iPP 小，表明了 Kao-PS 能提高聚丙烯的结晶速率。

(6)用 Kissinger 法和 Cebe 法计算材料的结晶活化能。PP/Kao-PS 的结晶活化的绝对值能明显大于 PP 的结晶活化能。这是因为 Kao-PS 在聚丙烯中的双重作用：一方面，Kao-PS 在聚丙烯熔体中作为异相晶核诱导分子链在其表面结晶，提高了结晶速率；另一方面，由于 Kao-PS 与高分子熔体的结合力很弱，反而阻挡了链段从熔体到晶体生长面的转移，这种阻碍作用导致了活化能的增加。在聚丙烯结晶过程中，成核作用占主导地位，因此总体来说，Kao-PS 的加入提高了聚丙烯的总结晶速率和结晶温度。

(7)用 Kao-CL 制备了 MCPA6/Kao-CL 纳米复合材料。①考察了聚合条件对己内酰胺阴离子聚合的影响，当己内酰胺为 1 mol 时，综合考察最优工艺条件为：聚合温度 180℃，NaOH 用量 0.003 mol，MDI 用量 0.003 mol。②在考察的高岭土含量范围内，复合材料的拉伸强度以及缺口冲击强度随 Kao-CL 含量的增加而先增加后减小；弯曲强度则一直呈增加趋势。Kao-CL 含量 3 wt%时，综合力学性能最优。通过 POM 和 SEM 观察结晶情况和断面形貌，也证明了 Kao-CL 含量 3 wt%时，复合材料结晶完善，Kao-CL 分布均匀，无团聚。XRD 结果表明 Kao-CL 的加入能够促进 α_1 晶结晶，抑制 α_2 晶结晶。Molau 试验表明高岭土表面接枝 N-酰化己内酰胺，可以作为聚合活性中心，聚合物在其表面聚合后界面结合力较强，不易被甲酸溶解。③用 Jeziorny 法、Ozawa 法和莫志深方法研究了 MCPA6 和 MCPA6/Kao-CL 复合材料的非等温结晶动力学。Jeziorny 法是基于 Avrami 方程，对结晶前期描述良好，但是后期有很大的偏移。Ozawa 法无法合理描述该过程。莫志深方法可以很好地描述这两种材料的非等温结晶过程。

(8)合成了一系列羊毛酸金属皂稳定剂，并考察了自制稀土复合稳定剂对 PVC/Kao-PS 纳米复合材料性能的影响。力学测试表明，高岭土-PS 的含量为 5 wt%时，复合材料的拉伸性能比纯 PVC 提高 15.1%，冲击性能提高 52.99%。复合材料的维卡热变形温度在高岭土-PS 的含量为 7 wt%时达到最大值，与纯 PVC 相比提高了 5℃。加工流变性能测试和 XRD 表明，稀土复合体系能改善 PVC 的加工性能和高岭土的分散情况。扫描电镜结果显示，添加稀土复合稳定剂后，高岭土分散情况良好。TG 结果表明，当 Kao-PS 含量大于 3 wt%时，复合材料的热分解速率小于纯 PVC，热稳定性提高。

(9)采用铝钛复合偶联剂对高岭土进行有机化改性处理，可以抑制高岭土的团聚现象，改善无机高岭土粒子与 PVC 的相容性，提高高岭土在 PVC 基质中的分散性。当改性高岭土含量为 10 wt%时，高岭土/PVC 复合材料的综合力学性能达到最佳，拉伸强度、断裂伸长率和撕裂强度分别提高了 0.7 MPa、79.5%和 9.8 kN/m。

(10)煅烧高岭土中活性氧化铝能吸收 PVC 长链热降解中产生的氯化氢，在一定程度上抑制或延缓了氯化氢催化降解 PVC 长链形成共轭多烯结构的作用。高岭土在 PVC 体系中能与钡锌稳定剂形成协同效应，可以进一步提高高岭土/PVC 复合材料体系的热稳定性。

(11)PVC 糊用掺混树脂颗粒结构较紧密，孔隙率低，具有较优的表面积-体积比，与 PVC 糊树脂混合使用时，可以获得良好的填充效应，降低增塑糊体系的黏度。随着掺混树脂含量的增加，增塑糊体系的黏度逐渐下降，当掺混树脂的含量超过 30 wt%时，增塑糊体系的黏度下降已趋于平缓。

(12)添加高岭土填料后，PVC 增塑糊体系的流动性随之降低。在含有填料的 PVC 增塑糊体系中，配比使用掺混树脂可以明显降低体系的黏度，同时也提高了存储性能。在高岭土添加量超过 14 wt%后，体系的黏度上升开始变快。

(13)添加了高岭土的 PVC 膜在第一和第二个失重台阶中的失重率都要比纯 PVC 膜的低，表明高岭土可以提高 PVC 体系的热稳定性。随着塑化温度由 160℃

提高到200℃,未添加高岭土的PVC膜的第一失重台阶的最大热失重温度由284℃提高到291℃,而添加了10 wt%高岭土的PVC膜的第一失重台阶的最大热失重温度由287℃下降到278℃。添加了10 wt%高岭土的PVC膜的第二失重台阶的最大热失重温度较未添加高岭土的PVC膜提高了10℃。

(14)采用甲醇置换高岭土/二甲亚砜插层复合物中的二甲亚砜,制备了高岭土/甲醇插层复合物,以此为前驱体与表面活性剂十六烷基三甲基氯化铵进行插层反应,成功制备了卷状高岭土插层复合物。以卷状高岭土插层复合物为原料,经过高温煅烧和盐酸溶液洗涤,可以去除活性氧化铝,同时卷状结构大部分得以保持,可以制备二氧化硅纳米管。

(15)以二氧化硅纳米管为载体,采用溶胶-凝胶法与 TiO_2 复合制备了复合光催化剂。催化降解甲基橙测试表明,与纯 TiO_2 相比,复合催化剂的光催化降解效率在光照反应 30 min 和 60 min 后,分别提高了23%和18%;吸附能力提高了20%。

(16)制备 Si-NT 浓缩液的最佳条件为:分散转速 4000～5000 r/min;分散时间 1.5～2 h;偶联剂 KH-570 用量 1.0 wt%～1.5 wt%。

(17)PVC 膜材经过涂层剂表面处理后,其白度、光泽度、色差及耐污性等表面性质得到明显改善。Si-NT 改性含氟涂层剂处理过的膜材,其表面性质最优,经过 1000 h 紫外加速老化后,白度仅下降 1.9,光泽度仅下降 5.1,色差变化最小,通过环境扫描电镜发现,膜材表面仍然比较光滑,并未出现无机填料的溶出现象。在户外暴露 6 个月后,其表面耐污性最优。

(18)Si-NT 改性含氟涂层剂的耐磨性较好,未经过表面处理、采用含氟涂层剂处理和 Si-NT 改性含氟涂层剂处理的膜材的磨损量分别为 0.0687 g、0.0325 g 和 0.0126 g。

(19)以茂名高岭土为原料,利用液相插层法将二甲亚砜分子插入高岭土层间,讨论了二甲亚砜浓度、反应时间对复合物插层率的影响,制备了插层率高达98.2%的 K/DMSO 复合物。其层间距由 0.72 nm 增至 1.12 nm,二甲亚砜一个甲基已嵌入高岭土复三方空穴中。复合物中平均每个高岭土结构单元含有 0.61 个 DMSO 分子,复合物化学式为 $Al_2Si_2O_5(OH)_4(DMSO)_{0.61}$。采用甲醇二次插层置换,成功制备 K/MeOH 复合物。K/MeOH 湿样层间距为 1.08 nm,K/MeOH 之所以具有一定通用性是因为高岭土羟基与甲醇发生接枝反应,羟基数量减少,层与层之间的氢键作用减弱;镶嵌于高岭土层间的甲醇分子极不稳定,易被其他客体分子置换。自然风干后层间距为 0.86 nm,二次插层后高岭土每 4 个羟基有 0.28 个与甲醇发生了接枝反应,K/MeOH 干样化学式为 $Al_2Si_2O_5(OH)_{3.72}(CH_3O)_{0.28}$。

(20)以片状 K/MeOH 湿样为前驱体,表面活性剂 CTAC 插层的方法,成功制备了高岭土纳米卷。纳米卷内径约 20 nm,CTAC 分子排列于纳米卷壁间,纳米卷壁间距 3.76 nm。高岭土片层的卷曲和剥离同时进行,随着 CTAC 甲醇溶液浓度的增加以及反应时间的延长，高岭土纳米卷的内径基本不变，卷壁层数、外径增加，高岭土的卷曲程度更高。卷壁间 CTAC 分子被洗去后，NS/MeOH 复合物仍然保持卷状结构，纳米卷内径基本不变、卷壁收缩，卷壁间距在湿态和自然风干后分别为 1.10 nm 和 0.86 nm。高岭土纳米卷形成机理与 CTAC 分子的插层减弱高岭土层与层间的作用、加强高岭土铝氧八面体和硅氧四面体的不适应性以及表面活性剂的模板效应有关。

(21)以 K/MeOH 湿样为前驱体，丙烯酰胺单体插入高岭土层间，250℃热引发聚合成功制备了 K/PAM 插层复合材料，聚合前后高岭土层间距均为 1.13 nm。红外光谱以及紫外-可见漫反射研究表明，单体聚合前后与高岭土层形成的氢键有所不同，但 C=O 在聚合前后均未形成氢键。根据热重分析可知，K/AM 复合物化学分子式为 $Al_2Si_2O_5(OH)_{3.72}(CH_3O)_{0.28}(C_3H_5ON)_{0.49}$，K/PAM 插层复合物化学分子式为 $Al_2Si_2O_5(OH)_{3.72}(CH_3O)_{0.28}(C_3H_5ON)_{0.24}$。丙烯酰胺在高岭土层间聚合过程有约 50%单体分子发生脱嵌。

(22)以 NS/MeOH 湿样为前驱体，丙烯酰胺单体插入纳米卷壁间，150℃热引发聚合首次制备了 NS/PAM 复合材料。聚合前后高岭土纳米卷壁间距均为 1.13 nm。分析表明，丙烯酰胺单体对纳米卷插层能力比对片状高岭土强，单体分子在纳米卷壁间聚合也比在高岭土层间更加容易。NS/AM 复合物化学分子式为 $Al_2Si_2O_5(OH)_{3.70}(CH_3O)_{0.30}(C_3H_5ON)_{0.85}$，NS/PAM 化学分子式为 $Al_2Si_2O_5(OH)_{3.70}(CH_3O)_{0.30}(C_3H_5ON)_{0.56}$。C=O 与高岭土层在聚合前并未形成氢键，而聚合后与纳米卷壁间羟基却有氢键形成。丙烯酰胺单体在聚合前后与纳米卷的相互作用改变较大。

(23)以聚苯乙烯插层、包覆改性片状高岭土，与聚丙烯熔融共混挤出制备了聚丙烯/高岭土插层复合材料。聚丙烯/高岭土插层复合材料各项性能均有所提高。其中改性高岭土含量为 4%时，拉伸强度、熔融指数分别提高了 12.9%、16.7%；高岭土含量为 6%时，弯曲、冲击强度分别提高了 27.4%、30.8%，热变形温度提高了 12.9℃。

(24)用苯乙烯在纳米卷管内、壁间、表面原位聚合改性高岭土纳米卷，与聚丙烯熔融共混挤出首次制备了聚丙烯/高岭土纳米卷复合材料。聚丙烯/高岭土纳米卷复合材料各项性能更为优异。改性纳米卷含量为 2%时，复合材料拉伸强度、熔融指数分别提高了 23.8%、64.6%；改性纳米卷含量为 4%时，弯曲、冲击强度分别提高了 42.3%、57.9%，热变形温度提高了 15.1℃。改性纳米卷是一种能较好地提高聚丙烯树脂性能的填料。

(25)用高岭土填充增强尼龙 PA6，通过力学性能测试，确定高岭土的最佳含量为 40 wt%，此时高岭土/PA6 复合材料的拉伸强度和弯曲强度最大，分别达 85.45 MPa 和 116.01 MPa，相比纯 PA6 分别提高了 11.51%和 57.07%。高岭土的加入还可使球晶粒度增大，而且高岭土含量越大，结晶度越低。高岭土的加入使高岭土/PA6 复合材料的结晶温度降低，但可以提高其分解温度，提高其耐热性能。

(26)红外光谱分析表明，KH-791 已成功接枝到高岭土表面。力学性能测试表明，在 KH-791 与高岭土的质量比为 1∶100 时，偶联改性高岭土/PA6 复合材料的综合力学性能最优，拉伸强度、弯曲强度、弯曲模量、冲击强度分别为 92.23 MPa、121.56 MPa、5974.98 MPa、12.88 kJ/m^2。偏光显微镜分析表明，当 KH-791 与高岭土的质量比为 1∶100 时，偶联改性高岭土/PA6 复合材料的球晶半径最小。SEM 分析表明，KH-791 的加入有利于改善高岭土与 PA6 的界面黏附性能。

(27)芳纶纤维经 MAH 刻蚀的最佳时间为 3 h，此时其表面含氧量和氧碳比同时变为最高，各为 17.60%和 0.24。将芳纶纤维控制在 1 wt%，把不同时间 MAH 刻蚀的芳纶纤维制成芳纶纤维/PA6 复合材料。力学测试表明，所含芳纶纤维处理 3 h 时样品的拉伸和弯曲强度增加到最大值，依次是 82.92 MPa 和 76.16 MPa，与没有增强前对比各增加 5.87%和 13.49%。XRD 和 DSC 表明刻蚀芳纶纤维使 PA6 倾向于生成 α 晶型，同时使其倾向于成核。其中经 MAH 刻蚀 3h 后的芳纶纤维与 PA6 制成的芳纶纤维/PA6 复合材料结晶度最大，达到 27.20%。

(28)力学测试表明，芳纶纤维/PA6/高岭土复合材料综合力学性能最优条件为：芳纶纤维经 MAH 刻蚀 3 h，偶联剂 KH-791 与高岭土的质量比为 1∶100，三种组分的比例刻蚀芳纶纤维∶偶联改性高岭土∶PA6 的质量比为 1∶40∶59。SEM 测试表明，两种增强体芳纶纤维和高岭土经改性处理后，能在 PA6 树脂均匀地分散并且界面黏附性能也有明显的改善。

参 考 文 献

[1] James E, Clarke A C. A Companion to Science Fiction. New York: Blackwell Publishing, 2005: 431-440.

[2] Fukushima Y, Inagaki S. Synthesis of an intercalated compound of montmorillonite and 6-polyamide. Journal of Inclusion Phenomena, 1987, 5(4): 473-482.

[3] 许红亮, 王萌, 刘钦甫, 等. 煤系高岭土/二甲基亚砜插层复合材料研究. 功能材料, 2010, (4): 620-622.

[4] Belver C, Muñoz M A B, Vicente M A. Chemical activation of a kaolinite under acid and alkaline conditions. Chemistry of Materials, 2002, (14): 2033-2043.

[5] Okada K, Kawashima H, Saito Y. New preparation method for mesoporous γ-alumina by selective leaching of calcined ceramic clay minerals. Journal of Materials Chemistry, 1995, (5): 1241-1244.

[6] Okada K, Tomita T, Yasumori A. Gas adsorption properties of mesoporous γ-alumina prepared by a selective leaching method. Journal of Materials Chemistry, 1998, (8): 2863-2867.

[7] Barrer R M, Cole J F, Sticher H. Chemistry of soil minerals. Part V. Low temperature hydrothermal transformations of kaolinite. Journal of the Chemical Society a: Inorganic Physical, theoretical, 1968: 2475-2485.

[8] Cheng h, Liu Q, Zhang J, et al. Delamination of kaolinite-potassium acetate intercalates by ball-milling. Journal of Colloid and Interface Science, 2010, 348(2): 355-359.

[9] Frost R L, Van Der Gaast S, Zbik M, et al. Birdwood kaolinite: a highly ordered kaolinite that is difficult to intercalate—an XRD, SEM and Raman spectroscopic study. Applied Clay Science, 2002, 20(4-5): 177-187.

[10] Wada K. Oriented penetration of ionic compounds between the silicate layers of halloysite. American Mineralogist, 1959, (44): 153-165.

[11] Ledoux R L, White J L. Infrared studies of hydrogen bonding interaction between kaolinite surfaces and intercalated potassium acetate, hydrazine, formamide, and urea. Journal of Colloid and Interface Science, 1966, 21(2): 127-152.

[12] Olejnik S, Aylmore L, Posner A, et al. Infrared spectra of kaolin mineral-dimethyl sulfoxide complexes. Journal of Physical Chemistry, 1968, 72(1): 241-249.

[13] Tunney J J, Detellier C. Preparation and characterization of two distinct ethylene glycol derivatives of kaolinite. Clays and Clay Minerals, 1994, 42(5): 552-560.

[14] 傅强, 杜荣昵, 邱方遒, 等. 茂金属聚乙烯的支化非均匀性与结晶形态. 高分子学报, 2000, (2): 142-146.

[15] Bizaia N, Faria E H, Ricci G P, et al. Porphyrin—kaolinite as efficient catalyst for oxidation reactions. ACS Applied Materials & Interfaces, 2009, 1(11): 2667-2678.

[16] Frost R L, Kristof J, Horvath E, et al. Deintercalation of dimethylsulphoxide intercalated kaolinites—a DTA/TGA and Raman spectroscopic study. Thermochimica Acta, 1999, 327(1-2): 155-166.

[17] Frost R L, Kristof J, Horvath E, et al. Rehydration and phase changes of potassium acetate-intercalated halloysite at 298 K. Journal of Colloid and Interface Science, 2000, 226(2): 318-327.

[18] Frost R L, Kristof J, Horvath E, et al. Complexity of intercalation of hydrazine into kaolinite—A controlled rate thermal analysis and DRIFT spectroscopic study. Journal of Colloid and Interface Science, 2002, 251 (2): 350-359.

[19] Frost R L, Kristof J, Paroz G N, et al. Modification of the kaolinite hydroxyl surfaces through intercalation with potassium acetate under pressure. Journal of Colloid and Interface Science, 1998, 208 (2): 478-486.

[20] Tunney J J, Detellier C. Chemically modified kaolinite. Grafting of methoxy groups on the interlamellar aluminol surface of kaolinite. Journal of Materials Chemistry, 1996, 6 (10): 1679-1685.

[21] Komori Y, Sugahara Y, Kuroda K. Intercalation of alkylamines and water into kaolinite with methanol kaolinite as an intermediate. Applied Clay Science, 1999, 15 (1): 241-252.

[22] Takenawa R, Komori Y, Hayashi S, et al. Intercalation of nitroanilines into kaolinite and second harmonic generation. Chemistry of Materials, 2001, 13 (10): 3741-3746.

[23] Kuroda Y, Ito K, Itabashi K, et al. One-step exfoliation of kaolinites and their transformation into nanoscrolls. Langmuir the ACS Journal of Surfaces & Colloids, 2011, 27 (5): 2028-2035.

[24] Komori Y, Enoto H, Takenawa R, et al. Modification of the interlayer surface of kaolinite with methoxy groups. Langmuir, 2000, 16 (12): 5506-5508.

[25] Komori Y, Sugahara Y, Kuroda K. A kaolinite-NMF-methanol intercalation compound as a versatile intermediate for further intercalation reaction of kaolinite. Journal of Materials Research, 1998, 13 (4): 930-934.

[26] Komori Y, Sugahara Y, Kuroda K. Direct intercalation of poly (vinylpyrrolidone) into kaolinite by a refined guest displacement method. Chemistry of Materials, 1999, 11 (1): 3-6.

[27] Sugahara Y, Satokawa S, Kuroda K, et al. Evidence for the formation of interlayer polyacrylonitrile in kaolinite. Clays and Clay Minerals, 1988, 36 (4): 343-348.

[28] Li Y, Zhang B, Pan X. Preparation and characterization of PMMA-kaolinite intercalation composites. Composites Science & Technology, 2008, 68 (9): 1954-1961.

[29] Zhao S, Qiu S, Zheng Y, et al. Synthesis and characterization of kaolin with polystyrene via *in-situ* polymerization and their application on polypropylene. Materials & Design, 2011, 32 (2): 957-963.

[30] Vaia R A, Jandt K D, Kramer E J, et al. Kinetics of polymer melt intercalation. Macromolecules, 1995, 28 (24): 8080-8085.

[31] Zeng C, Lee L J. Poly (methyl methacrylate) and polystyrene/clay nanocomposites prepared by in-situ polymerization. Macromolecules, 2001, 34 (12): 4098-4103.

[32] 戈明亮, 贾德民. 有机季鏻盐插层改性黏土诱发聚丙烯 γ 晶. 高分子学报, 2010, (10): 1199-1203.

[33] Tunney J J, Detellier C. Aluminosilicate nanocomposite materials. Poly (ethylene glycol) kaolinite intercalates. Chemistry of Materials, 1996, 8 (4): 927-935.

[34] 高莉, 王林江, 张烨, 等. 高岭石-葡萄糖插层原位合成 Sialon 粉体. 稀有金属材料与工程, 2007, 36 (A01): 80-83.

[35] 漆宗能, 柯扬船, 李强. 一种聚酯/层状硅酸盐纳米复合材料及其制备方法. 中国: 02123499. 2000-11-08.

[36] Kuroda K, Hiraguri K, Komori Y, et al. An acentric arrangement of *p*-nitroaniline molecules between the layers of kaolinite. Chemical Communications, 1999, (22): 2253-2254.

[37] 石阳阳. 表面改性高岭土的制备及其在聚合物中的应用研究. 合肥: 安徽大学硕士学位论文, 2015.

[38] 刘曙光. PP/改性高岭土复合材料制备及性能研究. 淄博: 山东理工大学硕士学位论文, 2014.

[39] 郑玉婴, 李峰. 改性高岭土填充聚丙烯的光谱分析. 光谱学与光谱分析, 2011, 31 (11): 3036-3039.

[40] 宋理想. 插层改性高岭土在聚丙烯／膨胀阻燃体系的阻燃应用及机理分析. 北京: 北京化工大学硕士学位论文, 2017.

[41] 王鉴, 李红伶, 祝宝东. 聚丙烯／高岭土复合材料的结构与性能. 塑料工业, 2015, 43(1): 71-74.

[42] Pavlidou S, Papaspyrides C D. A review on polymer-layered silicate nanocomposites. Progress in Polymer Science, 2008, 33(12): 1119-1198.

[43] 刘晓辉, 范家起, 李强, 等. 聚丙烯/蒙脱土纳米复合材料. 高分子学报, 2000, (5): 563-567.

[44] Chiu F C, Chu P H. Characterization of solution-mixed polypropylene/clay nanocomposites without compatibilizers. Journal of Polymer Research, 2006, 13(1): 73-78.

[45] Kurokawa Y, Yasuda H, Oya A. Preparation of a nanocomposite of polypropylene and smectite. Journal of Materials Science Letters, 1996, 15(17): 1481-1483.

[46] Kurokawa Y, Yasuda H, Kashiwagi M, et al. Structure and properties of a montmorillonite/ polypropylene nanocomposite. Journal of Materials Science Letters, 1997, 16(20): 1670-1672.

[47] Liu X, Wu Q. PP/clay nanocomposites prepared by grafting-melt intercalation. Polymer, 2001, 42(25): 10013-10019.

[48] 马晓燕, 鹿海军, 梁国正, 等. 累托石/聚丙烯插层纳米复合材料的制备与性能. 高分子学报, 2004, (1): 88-92.

[49] 戈明亮. 固相法改性黏土及其在聚合物中的应用研究. 广州: 华南理工大学博士学位论文, 2008.

[50] Lee S S, Ma Y T, Rhee H W, et al. Exfoliation of layered silicate facilitated by ring-opening reaction of cyclic oligomers in PET-clay nanocomposites. Polymer, 2005, 46(7): 2201-2210.

[51] Sun T, Garces J M. High-performance polypropylene-clay nanocomposites by *in-situ* polymerization with metallocene/clay catalysts. Advanced Materials, 2002, 14(2): 128-130.

[52] Hwu J M, Jiang G J. Preparation and characterization of polypropylene-montmorillonite nanocomposites generated by *in situ* metallocene catalyst polymerization. Journal of Applied Polymer Science, 2005, 95(5): 1228-1236.

[53] 冯西桥. 聚合物/层状硅酸盐纳米复合材料的有效模量. 科学通报, 2001, 46(4): 348-351.

[54] Xu W, Liang G, Zhai H, et al. Preparation and crystallization behaviour of PP/PP-g-MAH/ Org-MMT nanocomposite. European Polymer Journal, 2003, 39(7): 1467-1474.

[55] 徐卫兵, 梁国栋. PP-g-MAH/蒙脱土纳米复合材料的制备和性能. 高分子材料科学与工程, 2003, 19(6): 123-125.

[56] 程雷. 高性能聚丙烯的制备及应用基础研究. 福州: 福州大学博士学位论文, 2010.

[57] Maiti P, Nam P H, Okamoto M, et al. Influence of crystallization on intercalation, morphology, and mechanical properties of polypropylene/clay nanocomposites. Macromolecules, 2002, 35(6): 2042-2049.

[58] Yuan Q, Awate S, Misra R D K. Nonisothermal crystallization behavior of polypropylene-clay nanocomposites. European Polymer Journal, 2006, 42(9): 1994-2003.

[59] Ray V V, Banthia A K, Schick C. Fast isothermal calorimetry of modified polypropylene clay nanocomposites. Polymer, 2007, 48(8): 2404-2414.

[60] 马继盛, 漆宗能. 聚丙烯/蒙脱土纳米复合材料的等温结晶研究. 高分子学报, 2001, (5): 589-593.

[61] 欧玉春, 方晓萍, 施怀球, 等. 界面改性剂在聚丙烯/高岭土二相复合体系中的作用. 高分子学报, 1996, (1): 59-64.

[62] Liu M, Guo B, Du M, et al. Halloysite nanotubes as a novel β-nucleating agent for isotactic polypropylene. Polymer, 2009, 50(13): 3022-3030.

[63] Nam P h, Maiti P, Okamoto M, et al. A hierarchical structure and properties of intercalated polypropylene/clay nanocomposites. Polymer, 2001, 42(23): 9633-9640.

[64] 任显诚, 陈健中. 聚丙烯/高岭土复合材料抗紫外线性能研究. 中国塑料, 2001, 15(12): 36-39.

[65] Tidjani A, Wilkie C A. Photo-oxidation of polymeric-inorganic nanocomposites: chemical, thermal stability and fire retardancy investigations. Polymer Degradation and Stability, 2001, 74(1): 33-37.

[66] Wolf D, Fuchs A, Wagenknecht U, et al. Nanocomposites of polyolefin clay hybrids. Proceedings of the Eurofiller, 1999, 99: 6-9.

[67] Solomon M J, Almusallam A S, Seefeldt K F, et al. Rheology of polypropylene/clay hybrid materials. Macromolecules, 2001, 34(6): 1864-1872.

[68] Liu L, Qi Z, Zhu X. Studies on nylon 6/clay nanocomposites by melt-intercalation process. Journal of Applied Polymer Science, 1999, 71(7): 1133-1138.

[69] Hasegawa N, Okamoto H, Kato M, et al. Nylon 6/Na-montmorillonite nanocomposites prepared by compounding Nylon 6 with Na-montmorillonite slurry. Polymer, 2003, 44(10): 2933-2937.

[70] Chavarria F, Paul D. Comparison of nanocomposites based on nylon 6 and nylon 66. Polymer, 2004, 45(25): 8501-8515.

[71] Gonzáles I, Eguiazábal J, Nazábal J. Rubber toughened polyamide 6/caly nanocomposites. Composites Scisence Technology, 2006, 66(11-12): 1833-1843.

[72] Cho J, Paul D. Nylon 6 nanocomposites by melt compounding. Polymer, 2001, 42(3): 1083-1094.

[73] Hao X, Gai G, Liu J, et al. Flame retardancy and antidripping effect of OMT/PA nanocomposites. Materials Chemistry and Physics, 2006, 96(1): 34-41.

[74] 侯丽丽, 霍瑞亭, 顾振亚. PVC 建筑膜材表面涂层技术的现状及发展趋势. 施工技术: 城市建设, 2009, (46): 169-170.

[75] 刘洪珠. 氟含量与氟碳涂料性能关系浅析. 现代涂料与涂装, 2005, (3): 4-6.

[76] Jiang X, Tian X, Gu J, et al. Cotton fabric coated with nano TiO$_2$-acrylate copolymer for photocatalytic self-cleaning by *in-situ* suspension polymerization. Applied Surface Science, 2011, (257): 8451-8456.

[77] Yuranova T, Mosteo R, Bandara J, et al. Self-cleaning cotton fabrics surfaces modified by photoactive SiO$_2$/TiO$_2$ coating. Journal of molecular Catalysis A: Chemical, 2006, (244): 160-167.

[78] Dashtizadeh A, Abdouss M, Mahdavi H, et al. Acrylic coatings exhibiting improved hardness, solvent resistance and glossiness by using silica nano-composites. Applied Surface Science, 2011, (257): 2118-2125.

[79] Posthumus W, Magusin P C M M, Brokken-Zijp J C M, et al. Surface modification of oxidic nanoparticles using 3-methacryloxy propyl trimethoxy silane. Journal of Colloid and Interface Science, 2004, (269): 109-116.

[80] Henderson M A. A surface science perspective on TiO$_2$ photocatalysis. Surface Science Reports, 2011, (66): 185-297.

[81] Fujishima A, Zhang X, Tryk D A. TiO$_2$ photocatalysis and related surface phenomena. Surface Science Reports, 2008, (63): 515-582.

[82] 郑玉婴, 王灿耀, 傅明连. 硬聚氯乙烯/蒙脱土纳米复合材料的制备与性能. 高分子材料科学与工程, 2005, 21(5): 293-295.

[83] Ren J, Huang Y, Liu Y, et al. Preparation, characterization and properties of poly(vinyl chloride)/compatibilizer/organophilic-montmorillonite nanocomposites by melt intercalation. Polymer Testing, 2005, 24(3): 316-323.

[84] Lepoittevin B, Pantoustier N, Devalckenaere M, et al. Polymer/layered silicate nanocomposites by combined

intercalative polymerization and melt intercalation: a masterbatch process. Polymer, 2003, 44(7): 2033-2040.

[85] Pan M, Shi X, Li X, et al. Morphology and properties of PVC/clay nanocomposites via *in situ* emulsion polymerization. Journal of Applied Polymer Science, 2004, 94(1): 277-286.

[86] Gong F, Feng M, Zhao C, et al. Particle configuration and mechanical properties of poly(vinyl chloride)/montmorillonite nanocomposites via *in situ* suspension polymerization. Polymer Testing, 2004, 23(7): 847-853.

[87] Shi X, Pan M, Li X, et al. Studies on the morphology and properties of PVC/Na$^+$-MMT nanocomposites prepared by *in situ* emulsion polymerization. Acta Polymerica Sinica, 2004, (1): 149-153.

[88] Madaleno L, Schjødt-Thomsen J, Pinto J C. Morphology, thermal and mechanical properties of PVC/MMT nanocomposites prepared by solution blending and solution blending+ melt compounding. Composites Science & Technology, 2010, 70(5): 804-814.

[89] 戈明亮, 夏晶, 贾德民. 偶联剂对聚氯乙烯/黏土纳米复合材料结构与性能的影响. 高分子材料科学与工程, 2008, 24(7): 1906-1908.

[90] Yarahmadi N, Jakubowicz I, Hjertberg T. Development of poly(vinyl chloride)/ montmorillonite nanocomposites using chelating agents. Polymer Degradation and Stability, 2010, 95(2): 132-137.

[91] 陈建军, 李侃社, 陈英红, 等. 纳米高岭土的固相剪切碾磨制备及对 PVC 的增强增韧. 高分子材料科学与工程, 2011, 27(11): 114-117.

[92] Liang Z M, Wan C Y, Zhang Y, et al. PVC/montmorillonite nanocomposites based on a thermally stable, rigid-rod aromatic amine modifier. Journal of Applied Polymer Science, 2004, 92(1): 567-575.

[93] Gong F, Feng M, Zhao C, et al. Thermal properties of poly(vinyl chloride)/ montmorillonite nanocomposites. Polymer Degradation and Stability, 2004, 84(2): 289-294.

[94] Leszczyńska A, Njuguna J, Pielichowski K, et al. Polymer/montmorillonite nanocomposites with improved thermal properties: Part I. Factors influencing thermal stability and mechanisms of thermal stability improvement. Thermochimica Acta, 2007, 453(2): 75-96.

[95] Peprnicek T, Kalendová A, Pavlová E, et al. Poly(vinyl chloride)-paste/clay nanocomposites: Investigation of thermal and morphological characteristics. Polymer Degradation and Stability, 2006, 91(12): 3322-3329.

[96] Sterky K, Hjertberg T, Jacobsen H. Effect of montmorillonite treatment on the thermal stability of poly(vinyl chloride) nanocomposites. Polymer Degradation and Stability, 2009, 94(9): 1564-1570.

[97] Wang D, Parlow D, Yao Q, et al. PVC-clay nanocomposites: Preparation, thermal and mechanical properties. Journal of Vinyl and Additive Technology, 2001, 7(4): 203-213.

[98] Yoo Y, Kim S S, Won J C, et al. Enhancement of the thermal stability, mechanical properties and morphologies of recycled PVC/clay nanocomposites. Polymer Bulletin, 2004, 52(5): 373-380.

[99] Peprnicek T, Duchet J, Kovarova L, et al. Poly(vinyl chloride)/clay nanocomposites: X-ray diffraction, thermal and rheological behaviour. Polymer Degradation and Stability, 2006, 91(8): 1855-1860.

[100] Sugahara Y, Satokawa S, Kuroda K, et al. Preparation of a kaolinite-polyacrylamide intercalation compound. Clays and Clay Minerals, 1990, 38(2): 137-143.

[101] Komori Y, Sugahara Y, Kuroda K. Thermal transformation of a kaolinite-poly (acrylamide) intercalation compound. Journal of Materials Chemistry, 1999, (9): 3081-3085.

[102] 王林江, 吴大清, 刁桂仪. 高岭石/聚丙烯酰胺的制备与表征. 无机化学学报, 2002, 18(10): 1028-1031.

[103] 王林江, 吴大清. 高岭石-聚丙烯酰胺插层原位合成 Sialon 粉体. 矿物岩石, 2005, 25(3): 79-82.

[104] Wang Y L, Lee Bor-Shiunn, Chang K C, et al. Characterization, fluoride release and recharge properties of

polymer kaolinite nanocomposite resins. Composites Science and Technology, 2007, (67): 3409-3416.

[105] 唐爱民, 王鑫, 陈港. 超声波作用下对位芳纶纤维的超微结构. 高分子材料科学与工程, 2011, 27(7): 27-30.

[106] Graham J F, McCague C, Warren O L, et al. Spatially resolved nanomechanical properties of kevlar fibers. Polymer, 2000, 41: 4761-4764.

[107] 严岩. 芳纶纤维表面改性及其与橡胶黏合性能研究. 北京: 北京化工大学硕士学位论文, 2014.

[108] 郝英哲. 芳纶纤维复合材料细观力学性能研究. 北京: 北京化工大学硕士学位论文, 2014.

[109] 张慧茹, 梁晶晶, 邹新国, 等. 抗电磁辐射-抗光老化芳纶织物的研制. 高分子材料科学与工程, 2011, 27(9): 146-149.

[110] Bazhenov S. Dissipation of energy by bulletproof aramid fabric. Journal of Materials Science, 1997, 32(15): 4167-4173.

[111] 冯艳丽, 张楚旋, 白玉龙, 等. 高性能纤维复合材料在航空阻尼材料方面的应用. 高科技纤维与应用, 2013, 38(4): 42-45.

[112] 段洲洋. 芳纶纤维/EVA复合发泡材料的制备及性能研究. 西安: 陕西科技大学硕士学位论文, 2013.

[113] 齐国权, 吴寅, 戚东涛, 等. 芳纶纤维增强PE-RT管耐高温性能的试验研究. 天然气工业, 2015, 35(8): 1-8.

[114] Ozawa T. Kinetic analysis of derivative curves in thermal analysis. Journal of Thermal Analysis and Calorimetry, 1970, 2(3): 301-324.

[115] Gutiérrez G, Fayolle F, Régnier G, et al. Thermal oxidation of clay-nanoreinforced polypropylene. Polymer Degradation and Stability, 2010, 95(9): 1708-1715.

[116] Jeziorny A. Parameters characterizing the kinetics of the non-isothermal crystallization of poly (ethylene terephthalate) determined by DSC. Polymer, 1978, 19(10): 1142-1144.

[117] Lai J T, Filla D, Shea R. Functional polymers from novel carboxyl-terminated trithiocarbonates as highly efficient RAFT agents. Macromolecules, 2002, 35(18): 6754-6756.

[118] Elbokl T A, Detellier C. Intercalation of cyclic imides in kaolinite. Journal of Colloid and Interface Science, 2008, 323(2): 338-348.

[119] Hayashi S, Ueda T, Hayamizu K, et al. NMR study of kaolinite. 1. Silicon-29, aluminum-27, and proton spectra. Journal of Physical Chemistry, 1992, 96(26): 10922-10928.

[120] Magi M, Lippmaa E, Samoson A, et al. Solid-state high-resolution Silicon-29 chemical shifts in silicates. Journal of Physical Chemistry, 1984, 88(8): 1518-1522.

[121] Makó É, Kristóf J, Horváth E, et al. Kaolinite-urea complexes obtained by mechanochemical and aqueous suspension techniques—A comparative study. Journal of Colloid & Interface Science, 2009, 330(2): 367-373.

[122] Rutkai G, Makó É, Kristóf T. Simulation and experimental study of intercalation of urea in kaolinite. Journal of Colloid and Interface Science, 2009, 334(1): 65-69.

[123] Zhu X, Yan C, Chen J. Application of urea-intercalated kaolinite for paper coating. Applied Clay Science, 2012, 55: 114-119.

[124] Kawasumi M, Hasegawa N, Kato M, et al. Preparation and mechanical properties of polypropylene-clay hybrids. Macromolecules, 1997, 30(20): 6333-6338.

[125] Liu X, Hu N, Zhang H, et al. Effects of modified ceramic clay on the crystallization property of PP/ceramic clay nanocomposites. Science in China Series B: Chemistry, 2005, 48(4): 326-333.

[126] Zelenski C M, Dorhout P K. Template synthesis of near-monodisperse1 microscale nanofibers and

nanotubules of MoS₂. Journal of the American Chemical Society, 1998, 120(4): 734-742.

[127] Du G, Chen Q, Yu Y, et al. Synthesis, modification and characterization of K₄Nb₆O₁₇-type nanotubes. Journal of Materials Chemistry, 2004, 14(9): 1437-1442.

[128] Itagaki T, Kuroda K. Organic modification of the interlayer surface of kaolinite with propanediols by transesterification. Journal of Materials Chemistry, 2003, 13(5): 1064-1068.

[129] Elbokl T A, Detellier C. Kaolinite poly(methacrylamide) intercalated nanocomposite via *in situ* polymerization. Canadian Jouranl Chemistry, 2009, 87(1): 272-279.

[130] Sayyed M M, Maldar N N. Novel poly(arylene-ether-ether-ketone)s containing preformed imide unit and pendant long chain alkyl group. Materials Science and Engineering-Lausanne-B, 2010, 168(1): 164-170.

[131] Mohammadian-Gezaz S, Ghasemi I, Oromiehie A. Preparation of anionic polymerized polyamide 6 using internal mixer: The effect of styrene maleic anhydride as a macroactivator. Polymer Testing, 2009, 28(5): 534-542.

[132] 张福华, 王荣国, 赫晓东, 等. 1,6-己二胺化学修饰多壁碳纳米管. 新型炭材料, 2009, 24(4): 369-374.

[133] 金邦坤, 季明荣, 杨碚芳, 等. 聚酰亚胺LB膜热解制备SiC薄膜的XPS研究. 高分子学报, 2002, (2): 208-212.

[134] Yang X, Deng B, Liu Z, et al. Microfiltration membranes prepared from acryl amide grafted poly(vinylidene fluoride) powder and their pH sensitive behaviour. Journal of Membrane Science, 2010, 362(1-2): 298-305.

[135] Leuteritz A, Pospiech D, Kretzschmar B, et al. Progress in polypropylene nanocomposite development. Advanced Engineering Materials, 2003, 5(9): 678-681.

[136] Jikan S, Ariff Z, Ariffin A. Influence of filler content and processing parameter on the crystallization behaviour of PP/ceramic clay composites. Journal of Thermal Analysis & Calorimetry, 2010, 102(3): 1011-1017.

[137] Tjong S, Shen J, Li R. Morphological behaviour and instrumented dart impact properties of β-crystalline-phase polypropylene. Polymer, 1996, 37(12): 2309-2316.

[138] Zeng A, Zheng Y, Guo Y, et al. Effect of tetra-needle-shaped zinc oxide whisker (T-ZnOw) on mechanical properties and crystallization behavior of isotactic polypropylene. Materials & Design, 2012, 34: 691-698.

[139] Hsiao C. Analysis of Panel Data. Cambridge: Cambridge University Press, 2003.

[140] Huo h, Jiang S, An L, et al. Influence of shear on crystallization behavior of the β phase in isotactic polypropylene with β-nucleating agent. Macromolecules, 2004, 37(7): 2478-2483.

[141] Song S, Wu P, Feng J, et al. Influence of pre-shearing on the crystallization of an impact-resistant polypropylene copolymer. Polymer, 2009, 50(1): 286-295.

[142] Raka L, Sorrention A, Bogoeva Gaceva G. Isothermal crystallization kinetics of polypropylene latex-based nanocomposites with organo-modified clay. Journal of Polymer Science Part B: Polymer Physics, 2010, 48(17): 1927-1938.

[143] Zhao S, Cai Z, Xin Z. A highly active novel β-nucleating agent for isotactic polypropylene. Polymer, 2008, 49(11): 2745-2754.

[144] Paik P, Kar K K. Kinetics of thermal degradation and estimation of lifetime for polypropylene particles: effects of particle size. Polymer Degradation and Stability, 2008, 93(1): 24-35.

[145] 丁超, 贾德民, 何慧, 等. 聚丙烯/有机蒙脱土纳米复合材料的流变行为. 华南理工大学学报(自然科学版), 2006, 34(1): 105-109.

[146] Sun T, Chen F, Dong X, et al. Rheological studies on the quasi-quiescent crystallization of polypropylene nanocomposites. Polymer, 2008, 49(11): 2717-2727.

[147] Wang K, Liang S, Zhao P, et al. Correlation of rheology-orientation-tensile property in isotactic polypropylene/organoclay nanocomposites. Acta Materialia, 2007, 55(9): 3143-3154.

[148] Han C D, Baek D M, Kim J K. Effect of microdomain structure on the order-disorder transition temperature of polystyrene-block-polyisoprene-block-polyst-yrene copolymers. Macromolecules, 1990, 23(2): 561-570.

[149] Han C D, Kim S S. Shear-induced isotropic-to-nematic transition in a thermotropic liquid-crystalline polymer. Macromolecules, 1995, 28(6): 2089-2092.

[150] Polymer. Effects of silicalite-1 nanoparticles on rheological and physical properties of HDPE. Polymer, 2006, 47(10): 3609-3615.

[151] 周持兴. 聚合物流变实验与应用. 上海: 上海交通大学出版社, 2003: 94.

[152] Chae D W, Kim K J, Kim B C. Effects of silicalite-1 nanoparticles on rheological and physical properties of HDPE. Polymer, 2006, 47(10): 3609-3615.

[153] Chae D W, Kim B C. Thermal and rheological properties of highly concentrated PET composites with ferrite nanoparticles. Composites Science and Technology, 2007, 67(7-8): 1348-1352.

[154] Avrami M. Kinetics of phase change. II. Transformation-time relations for random distribution of nuclei. Journal of Chemical Physics, 1940, 8(2): 212-224.

[155] Ozawa T. Kinetics of non-isothermal crystallization. Polymer, 1971, 12(3): 150-158.

[156] Avrami M. Kinetics of phase change. I General theory. Journal of Chemical Physics, 1939, (7): 1103-1114.

[157] Johnson W A, Mehl R F. Reaction kinetics in processes of nucleation and growth. Trans Aime Inst Min Met Eng, 1939, 135(8): 396-415.

[158] Kolmogorov A N. On the statistical theory of the crystallization of metals. Bulletin of the Academy of Sciences of the USSR, 1937, (1): 355-359.

[159] Liu T, Mo Z, Wang S, et al. Nonisothermal melt and cold crystallization kinetics of poly(aryl ether ether ketone ketone). Polymer Engineering & Science, 1997, 37(3): 568-575.

[160] Avrami M. Granulation, phase change, and microstructure kinetics of phase change. III. Journal of Chemical Physics, 1941, (9): 177-180.

[161] Allegra G, Corradini P, Elias H, et al. IUPAC commission on macromolecular nomenclature. Pure & Applied Chemistry, 1989, 61(4): 769-785.

[162] Wu P L, Woo E M. Linear versus nonlinear determinations of equilibrium melting temperatures of poly(trimethylene terephthalate) and miscible blend with poly(ether imide) exhibiting multiple melting peaks. Journal of Polymer Science Part B: Polymer Physics, 2002, 40(15): 1571-1581.

[163] Juhász P, Varga J, Belina K, et al. Determination of the equilibrium melting point of the β-form of polypropylene. Journal of Thermal Analysis and Calorimetry, 2002, 69(2): 561-574.

[164] John D H. Regime III crystallization in melt-crystallized polymers: the variable cluster model of chain folding. Polymer, 1983, 24(1): 3-26.

[165] Clark E J, Hoffman J D. Regime III crystallization in polypropylene. Macromolecules, 1984, 17(4): 878-885.

[166] Krikorian V, Pochan D J. Unusual crystallization behavior of organoclay reinforced poly (L-lactic acid) nanocomposites. Macromolecules, 2004, 37(17): 6480-6491.

[167] Zhishen M. A method for the non-isothermal crystallization kinetics of polymers. Acta Polymerica Sinica,

2008, (7): 656-661.

[168] Yuan Q, Awate S, Misra R D K. Nonisothermal crystallization behavior of polypropylene-clay nanocomposites. European Polymer Journal, 2006, 42(9): 1994-2003.

[169] Kissinger H E. Reaction kinetics in differential thermal analysis. Analytical Chemistry, 1957, 29(11): 1702-1706.

[170] Kissinger H E. Variation of peak temperature with heating rate in differential thermal analysis. Journal of Research of the National Bureau of Standards, 1956, 57(4): 217-221.

[171] Cebe P, Hong S D. Crystallization behaviour of poly(ether-ether-ketone). Polymer, 1986, 27(8): 1183-1192.

[172] Yan D, Xie T, Yang G. *In situ* synthesis of polyamide 6/MWNTs nanocomposites by anionic ring opening polymerization. Journal of Applied Polymer Science, 2009, 111(3): 1278-1285.

[173] Fornes T D, Paul D R. Crystallization behavior of nylon 6 nanocomposites. Polymer, 2003, (44): 3945-3961.

[174] 吴唯, 何三雄, 浦伟光. 相容剂甲基丙烯酸缩水甘油酯对尼龙 6/SEBS-g-MA/蒙脱土复合材料的性能影响及机理. 高分子材料科学与工程, 2012, 28 (1): 75-78.

[175] Liu A, Xie T, Yang G. Synthesis of exfoliated monomer casting polyamide 6/Na$^+$-montmorillonite nanocomposites by anionic ring opening polymerization. Macromolecular Chemistry and Physics, 2006, 207(7): 701-707.

[176] Lonkar S P, Morlat-Therias S, Caperaa N, et al. Preparation and nonisothermal crystallization behavior of polypropylene/layered double hydroxide nanocomposites. Polymer, 2009, 50(6): 1505-1515.

[177] Bridgens B, Birchall M. Form and function: the significance of material properties in the design of tensile fabric structures. Engineering Structures, 2012, 44: 1-12.

[178] Bigaud D, Szostkiewicz C, Hamelin P. Tearing analysis for textile reinforced soft composites under mono-axial and bi-axial tensile stresses. Composite Structures, 2003, 62(2): 129-137.

[179] Luo Y, Hu H. Mechanical properties of PVC coated bi-axial warp knitted fabric with and without initial cracks under multi-axial tensile loads. Composite Structures, 2009, 89(4): 536-542.

[180] Koch H J. Membranes in textile building construction. International Textile Bulletin: Nonwovens, Industrial Textiles, 2001, 47(1): 17-19.

[181] Karayildirima T, Yanik J, Yuksel M, et al. The effect of some fillers on PVC degradation. Journal of Analytical and Applied Pyrolysis, 2006, (75): 112-119.

[182] Savrık S A, Erdoğan B C, Balköse D, et al. Statistical thermal stability of PVC. Journal of Applied Polymer Science, 2010, 116(3): 1811-1822.

[183] Matusik J, Gaweł A, Bielańska E, et al. The effect of structural order on nanotubes derived from ceramic clay-group minerals. Clays and Clay Minerals, 2009, 57(4): 452-464.

[184] Silva M A, Vieira M G A, Macumoto A C G, et al. Polyvinychloride (PVC) and natural rubber films plasticized with a natural polymeric plasticizer obtained through polyesterification of rice fatty acid. Polymer Testing, 2011, 30(5): 478-484.

[185] Liu J, Chen G, Yang J. Preparation and characterization of poly(vinyl chloride)/layered double hydroxide nanocomposites with enhanced thermal stability. Polymer, 2008, (49): 3923-3927.

[186] Zhang Q, Li H. Investigation on the thermal stability of PVC filled with hydrotalcite by the UV-vis spectroscopy. Spectrochimica Acta Part A, 2008, (69): 62-64.

[187] Baltacıoğlu H, Balköse D. Effect of zinc stearate and/or epoxidized soybean oil on gelation and thermal stability of PVC-DOP plastigels. Journal of Applied Polymer Science, 1999, (74): 2488-2498.

[188] Boudhani H, Laine C, Fulchiron R, et al. Rheology and gelation kinetics of PVC plastisols. Rheologica Acta, 2007, 46(6): 825-838.

[189] López J, Balart R, Jiménez A. Influence of crystallinity in the curing mechanism of PVC plastisols. Journal of Applied Polymer Science, 2004, 91(1): 538-544.

[190] 蒋石生. 一种浸渍用 PVC 增塑糊的制备与应用研究. 化学工程与装备, 2011, (12): 59-61.

[191] Bharti V, Kaura T, Nath R. Improved piezoelectricity in solvent-cast PVC films. IEEE Transactions on Dielectrics and Electrical Insulation, 1995, 2(6): 1106-1110.

[192] Jourdan J S, Owen D P. Nanoscopic characterization of a plastisol gelation and fusion process utilizing scanning electron microscopy and atomic force microscopy. Journal of Vinyl & Additive Technology, 2008, 14(3): 99-104.

[193] Obande O P, Gilbert M. Crystallinity changes during PVC processing. Journal of Applied Polymer Science, 1989, 37(6): 1713-1726.

[194] Fenollar O, García D, Sánchez L, et al. Optimization of the curing conditions of PVC plastisols based on the use of an epoxidized fatty acid ester plasticizer. European Polymer Journal, 2009, 45(9): 2674-2684.

[195] Diego B, David L, Girard-Reydet E, et al. Multiscale morphology and thermo-mechanical history of poly(vinylchloride) (PVC). Polymer International, 2004, (53): 515-522.

[196] Matusik J, Gaweł A, Bielańska E, et al. The effect of structural order on nanotubes derived from ceramic clay-group minerals. Clays & Clay Minerals, 2009, 57(4): 452-464.

[197] Kun R, Mogyorósi K, Dékány I. Synthesis and structural and photocatalytic properties of TiO$_2$/montmorillonite nanocomposites. Applied Clay Science, 2006, 32(1): 99-110.

[198] Ménesi J, Körösi L, Bazso E, et al. Photocatalytic oxidation of organic pollutants on titania-clay composites. Chemosphere, 2008, 70(3): 538-542.

[199] Ökte A N, Sayınsöz E. Characterization and photocatalytic activity of TiO$_2$ supported sepiolite catalysts. Separation & Purification Technology, 2008, 62(3): 535-543.

[200] Vohra M S, Tanaka K. Photocatalytic degradation of aqueous pollutants using silica-modified TiO$_2$. Water Research, 2003, 37(16): 3992-3996.

[201] Nakagaki S, Machado G S, Halma M, et al. Immobilization of iron porphyrins in tubular kaolinite obtained by an intercalation/delamination procedure. Journal of Catalysis, 2006, 242(1): 110-117.

[202] Chong M N, Vimonses V, Lei S M, et al. Synthesis and characterization of novel titania impregnated kaolinite nano-photocatalyst. Microporous and Mesoporous Materials, 2009, 117(1-2): 233-242.

[203] Vimonses V, Chong M N, Jin B. Evaluation of the physical properties and photodegradation ability of titania nanocrystalline impregnated onto modified ceramic clay. Microporous and Mesoporous Materials, 2010, 132(1-2): 201-209.

[204] Brandt K B, Elbokl T A, Detellier C. Intercalation and interlamellar grafting of polyols in layered aluminosilicates, D-sorbitol and adonitol derivatives of kaolinite. Journal of Materials Chemistry, 2003, 13(10): 2566-2572.

[205] Letaief S, Detellier C. Clay-polymer nanocomposite material from the delamination of kaolinite in the presence of sodium polyacrylate. Langmuir, 2009, 25(18): 10975-10979.

[206] Adachi M, harada T, Harada M. Fromation processes of silica nanotubes through a surfactant-assissted

templating mechanism in laurylamine hydrochloride/tetraethoxysilane system. Langmuir, 2000, 16: 2376-2384.

[207] Okada K, Yoshizaki H, Kameshima Y, et al. Effect of the crystallinity of kaolinite precursors on the properties of mesoporous silicas. Applied Clay Science, 2008, (41): 10-16.

[208] Galliot C, Luchsinger R H A. Simple model describing the non-linear biaxial tensile behaviour of PVC-coated polyester fabrics for use in finite element analysis. Composite Structures, 2009, 90(4): 438-447.

[209] Abdul Razaka H, Chuaa C S, Toyodab H. Weatherability of coated fabrics as roofing material in tropical environment. Building and Environment, 2004, 39(1): 87-92.

[210] Ocskay G, Nyitrai Z, Varfalvi F, et al. Investigation of degradation processes in PVC based on the concomitant colour changes. European Polymer Journal, 1971, 7(8): 1135-1145.

[211] Benavides R, Edge M, Allen N, et al. Stabilization of poly(vinyl chloride) with preheated metal stearates and costabilizers. I. Use of a β-diketone. Journal of Applied Polymer Science, 1998, 68(1): 1-10.

[212] Benavides R, Edge M, Allen N, et al. Stabilization of poly(vinyl chloride) with preheated metal stearates and costabilizers. II. Use of a polyol. Journal of Applied Polymer Science, 1998, 68(1): 11-27.

[213] Ureta E, Cantu M E. Zinc maleate and zinc anthranilate as thermal stabilizers for PVC. Journal of Applied Polymer Science, 2000, 77(12): 2603-2605.

[214] Gökçel H, Balköse D, Köktürk U. Effects of mixed metal stearates on thermal stability of rigid PVC. European Polymer Journal, 1999, 35(8): 1501-1508.

[215] Sterky K, Jacobsen H, Jakubowicz I, et al. Influence of processing technique on morphology and mechanical properties of PVC nanocomposites. European Polymer Journal, 2010, 46(6): 1203-1209.

[216] 崔宁, 万超瑛, 张勇, 等. 聚氯乙烯/蒙脱土复合材料的动态热降解动力学. 上海交通大学学报, 2004, 38(10): 1768-1771.

[217] Komori Y, Sugahara Y, Kuroda K. Intercalation of alkylamines and water into kaolinite with methanol kaolinite as an intermediate. Applied Clay Science, 1999, 15(1-2): 241-252.

[218] Takenawa R, Komori Y, Hayashi S, et al. Intercalation of nitroanilines into kaolinite and second harmonic generation. Chemistry of Materials, 2001, 13(10): 3741-3746.

[219] 王万军. 高岭石有机插层复合物的制备、表征及应用探讨. 长沙: 中南大学博士学位论文, 2005.

[220] Gardolinski J E, Pereira L, Souza J P, et al. Intercalation of benzamide into kaolinite. Journal of Colloid and Interface Science, 2000, 221(2): 284-290.

[221] Gardolinski J E, Peralta-Zamora P, Wypych F. Preparation and characterization of a kaolinite-1-methyl-2-pyrrolidone intercalation compound. Journal of Colloid and Interface Science, 1999, 211(1): 137-141.

[222] Tunney J J, Detellier C. Chemically modified kaolinite. Grafting of methoxy groups on the interlamellar aluminol surface of kaolinite. Journal of Materials Chemistry, 1996, 6(10): 1679-1685.

[223] Letaief S, Detellier C. Interlayer grafting of glycidol (2, 3-epoxy-1-propanol) on kaolinite. Canadian Journal of Chemistry, 2008, 86(1): 1-6.

[224] Elbokl T A, Detellier C. Intercalation of cyclic imides in kaolinite. Journal of Colloid and Interface Science, 2008, (323): 338-348.

[225] Letaief S, Detellier C. Nanohybrid materials from the intercalation of imidazolium ionic liquids in kaolinite. Journal of Materials Chemistry, 2007, 17(15): 1476-1484.

[226] Gleiter H, Marquardt P. Nano crystalline structures—an approach to new materials. Zeitschrift fur Metallkunde, 1984, 75(4): 263-267.

[227] Fendier J H. Self-assembled nanostructured materials. Chemistry of Materials, 1996, 8(8): 1616-1624.

[228] Sun Y P, Rollins H W. Preparation of polymer-protected semiconductor nanoparticles through the rapid expansion of supercritical fluid solution. Chemical Physics Letters, 1998, 288(2-4): 585-588.

[229] 舒磊, 俞书宏, 钱逸泰. 半导体硫化物纳米微粒的制备. 无机化学学报, 1999, 15(1): 1-7.

[230] Stamm C, Marty F, Vaterlaus A, et al. Two-dimensional magnetic particles. Science, 1998, 282: 449-451.

[231] Zelenski C M, Dorhout P K. Template synthesis of near-monodisperse microscale nanofibers and nanotubules of MoS$_2$. Journal of the American Chemical Society, 1998, 120(4): 734-742.

[232] hacohen Y R, Popovitz B R, Grunbaum E, et al. Vapor-Liquid-Solid (VLS) growth of NiCl$_2$ nanotubes via reactive gas laser ablation. Advanced Materials, 2002, 14(15): 1075-1078.

[233] Ntho T A, Anderson J A, Scurrell M S. CO oxidation over titanate nanotube supported Au: deactivation due to bicarbonate. Journal of Catalysis, 2009, 261(1): 94-100.

[234] Kitano M, Nakajima K, Kondo J N, et al. Protonated titanate nanotubes as solid acid catalyst. Journal of the American Chemical Society, 2010, 132: 6622-6623.

[235] Du G H, Chen Q, Yu Y, et al. Synthesis, modification and characterization of K$_4$Nb$_6$O$_{17}$-type nanotubes. Journal of Materials Chemistry, 2004, 14(9): 1437-1442.

[236] Sun X M, Li Y D. Synthesis and characterization of ion-exchangeable titanate nanotubes. Chemistery-A . European Journal, 2003, 9: 2229-2238.

[237] Maeda K, Eguchi M, Youngblood W J, et al. Niobium oxide nanoscrolls as building blocks for dye-sensitized hydrogen production from water under visible light irradiation. Chemistry of Materials, 2008, 20(21): 6770-6778.

[238] Niu H, Zhang S, Zhang X, et al. Alginate-polymer-caged, C$_{18}$-functionalized magnetic titanate nanotubes for fast and efficient extraction of phthalate esters from water samples with complex matrix. ACS Applied Materials & Interfaces, 2010, 2(4): 1157-1163.

[239] Vergaro V, Abdullayev E, Lvov Y M, et al. Cytocompatibility and uptake of halloysite clay nanotubes. Biomacromolecules, 2010, 11(3): 820-826.

[240] Lvov Y M, Shchukin D G, et al. Halloysite clay nanotubes for controlled release of protective agents. ACS Nano, 2008, 2(5): 814-820.

[241] Singh B, Mackinnon, Lan D R. Experimental transformation of ceramic clay ite to halloysite. Clays Clay Minerals, 1996, 44(6): 825-834.

[242] Gardolinski J, Lagaly G. Grafted organic derivatives of kaolinite: I. Synthesis, chemical and rheological characterization. Clay Minerals, 2005, 40(4): 537-546.

[243] Gardolinski J, Lagaly G. Grafted organic derivatives of kaolinite: II. Intercalation of primary n-alkylamines and delamination. Clay Minerals, 2005, 40(4): 547-556.

[244] Dong W J, Li W J, Yu K F, et al. Synthesis of silica nanotubes from kaolin clay. Chemical Communications, 2003, 1(11): 1302-1303.

[245] Lin H P, Cheng S, Mou C Y. Mesoporous molecular sieves MCM-41 with a hollow tubular morphology. Chemistry of Materials, 1998, 10(2): 581-589.

[246] Sugahara Y, Satokawa S, Kuroda K, et al. Evidence for the formation of interlayer polyacrylonitrile in kaolinite. Clays and Clay Minerals, 1988, 36(4): 343-348.

[247] Tunney J J, Detellier C. Aluminosilicate nanocomposite materials. Poly(ethylene glycol) kaolinite intercalates. Chemistry of Materials, 1996, 8(4): 927-935.

[248] Kurokawa Y, Yasuda H, Kashiwagi M, et al. Structure and properties of a montmorillonite/ polypropylene nanocomposite. Journal of Materials Science Letters, 1997, 16(20): 1670-1672.

[249] Liu S P, Liang C W. Preparation and mechanical properties of polypropylene/montmorilonite nanocomposites-after grafted with hard/soft grafting agent. International Communications in Heat and Mass Transfer, 2011, 38(4): 434-441.

[250] Zhu S P, Chen J Y, Zuo Y, et al. Montmorillonite/polypropylene nanocomposites: mechanical properties, crystallization and rheological behaviors. Applied Clay Science, 2011, 52(1-2): 171-178.

[251] 邱军. 偶联剂对高岭土增韧聚丙烯的影响. 塑料科技, 2000, (6): 5-8.

[252] 刘钦甫, 范雪辉, 陆银平, 等. 高岭土表面改性及其在 PP 中的应用. 非金属矿, 2007, 30(S1): 4-5.

[253] 侯桂香, 武鹏, 桑晓明, 等. PP/纳米有机高岭土复合材料的制备及性能. 塑料, 2010, 39(4): 69-71.

[254] 王杨, 李鹏, 于运花, 等. 磷酸处理芳纶纤维的缠绕环氧树脂基体. 复合材料学报, 2007, (5): 33-37.

[255] 刘丽, 张翔, 黄玉东, 等. 超声作用对芳纶纤维表面性质的影响. 复合材料学报, 2003, 20(2): 35-40.

[256] 邹晓燕. 尼龙 6/高岭土复合材料的性能研究. 青岛: 青岛科技大学硕士学位论文, 2010.

[257] 李宏林, 杨桂生, 吴玉程. 反应挤出纳米类水滑石/尼龙 6 复合材料的结构与性能. 复合材料学报, 2015, 32(2): 403-408.

索　引